"十三五"
国家重点图书出版规划项目
ICT认证系列丛书

U0394440

华为信息与网络技术学院指定教材

数据存储技术

林康平 孙杨 / 编著

人民邮电出版社
北　京

图书在版编目（CIP）数据

数据存储技术 / 林康平，孙杨 编著. -- 北京：
人民邮电出版社，2017.11（2024.7重印）
（ICT认证系列丛书）
ISBN 978-7-115-45652-6

Ⅰ．①数… Ⅱ．①林… ②孙… Ⅲ．①数据管理—教
材 Ⅳ．①TP274

中国版本图书馆CIP数据核字（2017）第223596号

内 容 提 要

本书是华为 ICT 学院数据存储技术官方教材，旨在帮助学生学习数据存储技术的基本概念和原理以及存储系统的搭建和使用。

本书从信息传递方式的变迁引出数字化信息管理与存储的概念，进而概述存储系统构成和存储基础技术，再以磁盘阵列技术作为案例来阐述在同一存储设备上获得性能、容量、可用性三方面提升的设计思路；接下来从存储接口、传输协议、关键技术和功能支持等方面讨论几类存储系统，包括直接连接存储、存储区域网络、网络附加存储、海量存储和灾备存储等。

本书不仅适用于华为 ICT 学院的学生，同样适用于正在备考 HCNA-Storage 认证，或者正在参加 HCNA- Storage 技术培训的学员进行阅读和参考。其他有志于从事 ICT 行业的人员和数据存储技术爱好者也可以通过阅读本书，加深自己对数据存储技术的理解。

◆ 编　著　林康平　孙　杨
　　责任编辑　李　静
　　责任印制　彭志环

◆ 人民邮电出版社出版发行　　北京市丰台区成寿寺路11号
　　邮编　100164　电子邮件　315@ptpress.com.cn
　　网址　http://www.ptpress.com.cn
　　固安县铭成印刷有限公司印刷

◆ 开本：787×1092　1/16
　　印张：19.5　　　　　　　　2017年11月第1版
　　字数：403千字　　　　　　2024年7月河北第33次印刷

定价：69.00 元
读者服务热线：(010)53913866　印装质量热线：(010)81055316
反盗版热线：(010)81055315

序

物联网、云计算、大数据、人工智能等新技术的兴起，推动着社会的数字化演进。全球正在从"人人互联"发展至"万物互联"，未来二三十年，人类社会将演变成以"万物感知、万物互联、万物智能"为特征的智能社会。

新兴技术快速渗透并推动企业加快数字化转型，企业业务应用系统趋于横向贯通，数据趋于融合互联，ICT 正在成为企业新一代公共基础设施和创新引擎，成为企业的核心生产系统。据华为 GIV（全球 ICT 产业愿景）预测，到 2025 年，全球的联接数将达到 1 000 亿，85%的企业应用上云，100%的企业会联接云服务，工业智能的普及率将超过 20%。数字化发展为各行业带来的纵深影响远超出想象。

作为企业数字化转型中的关键使能者，ICT 人才将站在更新的高度，以更为全局的视角审视整个行业，并依靠新思想、新技术驱动行业发展。因此，企业对于融合型 ICT 人才需求也更为迫切。未来 5 年，华为所领导的全球 ICT 产业生态系统对人才的需求将超过 80 万。华为积累了 20 余年的 ICT 人才培养经验，对 ICT 行业发展现状及趋势有着深刻的理解。面对数字化转型背景下的企业 ICT 人才短缺，华为致力于构建良性的 ICT 人才生态。2013 年，华为开始与高校合作，共同制定 ICT 人才培养计划，设立华为信息与网络技术学院（简称华为 ICT 学院），依据企业对 ICT 人才的新需求，将物联网、云计算、大数据等新技术和最佳实践经验融入到课程与教学中。华为希望通过校企合作，让大学生在校园内就能掌握新技术，并积累实践经验，促使他们快速成长为有应用能力、会复合创新、能动态成长的融合型人才。

教材是知识传递、人才培养的重要载体，华为聚合技术专家、高校教师倾心打造 ICT 学院系列精品教材，希望帮助大学生快速完成知识积累，奠定坚实的理论基础，助力同学们更好地开启 ICT 职业道路，奔向更美好的未来。

亲爱的同学们，面对新时代对 ICT 人才的呼唤，请抓住历史机遇，拥抱精彩的 ICT 时代，书写未来职业的光荣与梦想吧！华为，将始终与你同行！

前　　言

　　人类通过识别自然界和社会的不同信息来区分不同事物，进而认识世界和改造世界。信息技术推动社会向前发展，21世纪以来，信息技术的不断进步加速了全球化进程，产业格局也随之发生颠覆性变化。随着智能终端、互联网、物联网、云计算、社交网络的飞速发展，数据量呈现日益剧增趋势。图灵奖获得者 Jim Gray 曾提出一个经验定律："网络环境下每18个月产生的数据量等于有史以来数据量之和"，到目前为止，数据量的增长基本满足这个规律；另外，数据已成为一种新的生产要素，与土地、劳动力、技术、资本、管理等要素相提并论，数据的价值进一步凸显。如果数据出现丢失或损坏，不仅会造成经济损失，而且会影响企业发展。调查显示，全球每年有近百万企业因数据丢失而倒闭。因此，怎样安全可靠地存储大规模数据成为存储系统设计者面临的一大挑战。

　　过去几十年中，存储设备面临以下三个挑战：（1）性能挑战。尽管单个存储设备的性能得到很大发展，但其发展速度仍赶不上处理器和网络的性能增长速度；（2）容量挑战。单个存储设备的容量在快速增长，却依然无法满足新兴应用的需求；（3）可用性挑战。由于存储介质单位容量密度提高，存储设备出现错误数也增多，而容量增长往往会放大存储数据的出错概率，进而影响到数据可用性。针对此，按照冗余放置、分散布局等方法来组织和管理存储数据，已成为构建高性能、大容量、高可用性存储系统的一种技术趋势。

　　因此，过去十几年，数据存储相关技术［如磁盘阵列（RAID）、存储区域网络（SAN）、网络附加存储（NAS）等］得到越来越广泛的关注，并成为科研界和产业界的研究热点。在传统存储系统结构中，存储子系统仅仅被视作主机/服务器的外围 I/O 设备；而现有存储系统则是具有计算处理单元、数据存储空间和网络传输部件的独立计算机系统，能够提供独立的数据存储服务。案例一，主机硬盘的容量扩展性和空间利用率受到限制，影响系统整体性能的提升，存储阵列技术的出现很好地解决了这一不足，其通过使用多磁盘并行存取数据来大幅提高数据吞吐率；通过数据校验来支持容错功能，提高存储数据的可用性。案例二，分布式存储系统在系统层面采用高速网络技术连接多个存储设备或者存储服务器，并融合多种存储技术，如存储虚拟化、负载均衡、副本冗余等，从而为大数据、云计算、电子商务等新兴应用领域提供高可管理性、高可扩展性、高可靠性的存储解决方案。

目前，存储领域的文献资料，要么为科研界所关注的存储原理研究和技术探索，要么为产品界所侧重的技术开发文档和产品功能介绍。对于大数据存储领域，国内外都缺乏从"技术研究和产品开发"两个方面来介绍存储系统的教材，而兼顾"存储基础原理及相关存储产品支撑技术"正是本书的撰写初衷。

本书主要内容

本书整体分为两个部分：第一部分（包括第 1～5 章）从信息传递方式的变迁引出数字化信息管理与存储的概念，进而概述存储系统构成和存储基础技术，最后以磁盘阵列技术作为案例来阐述"在同一存储设备上获得性能、容量、可用性三方面提升"的设计思路；第二部分（从第 6～12 章）从存储接口、传输协议、关键技术和功能支持等方面来讨论几类存储系统，包括直接连接存储、存储区域网、网络附加存储、海量存储和灾备存储等。

本书各章结合实际存储产品以实例方式来细致描述存储系统的设计方案和开发思路，有助于读者加深理解数据存储技术及其特点，相信本书能为存储系统原理研究、技术开发和产业发展提供一定帮助。本书主要面向信息存储领域的从业者，对专业研究者和各大院校计算机系统结构专业师生有一定的参考作用。

第 1 章　信息数据管理

信息泛指人类社会传播的一切内容。人类通过获取、识别自然界和社会的不同信息来区别不同事物，在此基础上认识世界和改造世界。人类社会的文明发展史也是一部信息技术发展史，人类经历了五次信息革命，使得信息的传递和存储超越了时间和地域的限制，而不断积累的信息则推动社会向前发展。本章主要介绍信息基本概念，重点阐述信息及信息存储的重要性。

第 2 章　存储系统介绍

在著作《The World Is Flat》中，美国作家托马斯·弗里德曼（Thomas L. Friedman）阐述了一个观点：21 世纪以来，信息技术的不断进步加速了全球化进程。随着信息化程度的不断提高，人们的生活已经和信息技术密不可分。信息进行传输和处理可称为"动"；诚然，有"动"必有"静"，信息保存在存储介质可称为"静"，本章将对存储系统进行详细的介绍。

第 3 章　存储技术和组网

随着网络信息化时代的到来，智能终端、物联网、云计算、社交网络等行业飞速发展，数据呈现日益剧增趋势，怎样安全地、可靠地存储大规模数据成为存储系统设计的一大挑战。 本章以存储阵列为例，围绕存储容量扩展、数据安全性、数据可靠性来阐述存储阵列组网技术。

第 4 章　传统磁盘驱动器的读写技术

20 世纪 80 年代以来，CPU 处理性能的提升速度远高于磁盘驱动器的数据传输率的增长速度，两者性能上的不匹配严重制约了系统整体性能的提升，而 RAID 技术的出现很好地缓解了这一矛盾。RAID 通过使用多磁盘并行存取数据来大幅提高数据吞吐率；另外，通过数据校验，RAID 可以提供容错功能，提高存储数据的可用性。目前，RAID 已成为保障存储性能和数据安全性的一项基本技术。本章主要讲述传统 RAID 技术的相关知识。

第 5 章　RAID 2.0+技术

硬盘容量快速增长，而读写速度却增长缓慢，按照传统 RAID 组重构方式，重构时间将大幅增加，从而导致"重构时间增加，重构期间硬盘故障概率增加，数据丢失风险随之增大"这一问题。针对此，一些存储公司将磁盘阵列从基于磁盘的 RAID 发展成基于块虚拟化的 RAID 2.0/RAID 2.0+技术，不仅大大降低重构时间，提高系统可靠性，而且充分满足虚拟机环境对存储的应用需求。本章重点介绍 RAID 2.0/RAID 2.0+技术，特别是 RAID 2.0+技术的工作原理。

第 6 章　DAS 技术介绍

直接连接存储（Direct Attached Storage, DAS）是一种将存储设备通过电缆直接连接到主机服务器上的一种存储方式。数据存储设备采用 SCSI 或 FC 协议直接连接在内部总线上，构成整个服务器结构的一部分。本章介绍直接连接存储的相关内容，以及存储系统中基本而常用的 SCSI 协议。

第 7 章　SAN 技术介绍

存储区域网络（Storage Area Network, SAN）是一种面向网络的、以数据存储为中心的存储架构。SAN 采用可扩展的网络拓扑结构连接服务器和存储设备，并将数据的存储和管理集中在相对独立的专用网络中，向服务器提供数据存储服务。以 SAN 为核心的网络存储系统具有良好的可用性、可扩展性、可维护性，能保障存储网络业务的高效运行。

第 8 章　常用存储高级技术

随着信息技术的发展，企业数据量增多，很多企业考虑购置或已经购置满足需求的存储产品；然而，在存储产品使用过程中常常会面临存储空间浪费、存储性能低下、数据丢失等问题。本节的存储高级技术涉及提高空间利用率、提升存储性能、增强数据可用性等方面，掌握本章知识有助于系统架构师在前期规划、中期实施、后期优化中最大化利用存储资源以满足用户需求。

第 9 章　NAS 技术介绍

网络附加存储（Network Attached Storage, NAS）是基于 IP 网络、通过文件级的数据访问和共享提供存储资源的网络存储架构。本章主要介绍 NAS 产生与发展的背景以及 NAS 的组成与部件，重点介绍 NAS 文件共享协议 CIFS 和 NFS，并概括 NAS 与 SAN 两者的区别。

第 10 章　大数据存储基础

博客、社交网络、云计算、物联网等新兴服务促使人类社会的数据种类和规模以前所未有的速度发展，大数据时代正式到来，而数据也从一种简单处理对象转变为基础性资源。一方面，如何更好地存储、管理、分析和利用大数据已成为科研界和产业界共同关注的话题；另一方面，大数据的规模效应给数据存储、管理及分析利用带来了极大的技术挑战。本章主要介绍大数据的由来、定义、组成、特征以及处理方式等，并概述大数据的相关知识和大数据管理系统的设计需求。

第 11 章　容灾备份技术基础

随着 IT 技术的广泛应用，各类应用系统均对存储提出了安全性需求和业务连续性需求。为了增强数据安全性，企业需要使用数据备份技术。为了保障业务连续性和系统可用性，企业需要使用容灾技术。本章主要介绍容灾和备份的技术基础。

第 12 章　存储系统配置、运维和管理

当企业、政府、研究所等机构购买存储设备或存储系统后，往往需要进行配置与部署。具体地，在使用存储系统时，为了保证业务能正常、顺利地运行，往往需要人为参与管理；而存储系统在运行过程中，可能会遇到因操作不当等因素而引起的人为故障，导致业务中断，甚至数据丢失，造成巨大的损失。因此，掌握存储系统的配置、运维和管理方法是至关重要的，本章详细介绍这些方法。

关于本书读者

本书定位是华为 ICT 学院数据存储技术官方教材，本书适合于以下几类读者。

- 华为 ICT 学院的学生。
- 各大高校学生。
- 正在学习 HCNA-Storage 课程的学员和正在备考 HCNA-Storage 认证的考生。
- 有志于从事 ICT 行业的初学者。
- 数据存储技术爱好者。

联合创作

本书是由华为技术有限公司联合泰克教育集团、高校专家共同为华为 ICT 学院打造的存储技术官方教材。泰克教育集团自 2003 年成立以来，致力于 ICT 校企合作、课程资源建设和人才培养服务。泰克教育集团秉承"技术为王，服务至上"的理念，连续多年被评为"中国区优秀服务合作伙伴"，为 ICT 人才生态良性发展提供有力的支持。

本书作者

编著：林康平、孙杨

编委人员（排名不分先后）：代劲、黄建忠、强彦、徐来、沈噉容、陈峰、杨玟珊、李露露

技术审校（排名不分先后）：代锦秀、刘洋、吴万兵、张博、张亮、周源

目　　录

第1章
信息数据管理

信息泛指人类社会传播的一切内容。人类通过获取、识别自然界和社会的不同信息来区别不同事物，在此基础上认识世界和改造世界。人类社会的文明发展史也是一部信息技术发展史，人类经历了 5 次信息革命，使信息的传递和存储超越了时间和地域的限制，而不断积累的信息则推动社会向前发展。本章主要介绍信息的基本概念，重点阐述信息及信息存储的重要性。

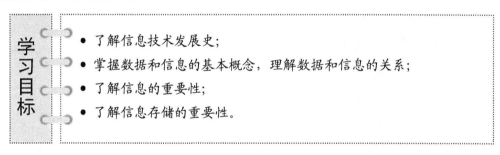

学习目标

- 了解信息技术发展史；
- 掌握数据和信息的基本概念，理解数据和信息的关系；
- 了解信息的重要性；
- 了解信息存储的重要性。

1.1　信息技术发展史

在人类发展历程中，物质、能量和信息是支配人类活动的三种不可或缺的要素。当今社会，信息无处不在，它在人类社会生活的各个方面和各个领域被广泛使用。然而对于信息却没有公认的定义。下面列举了一些比较典型和具有代表性的定义，使读者对信息的概念有一个比较全面的认识。

信息就是信息，既不是物质也不是能量。

信息是事物之间的差异。

信息是系统的复杂性。

信息是事物相互作用的表现形式。

信息是物质的普遍属性。

信息是消除不确定性的东西。

信息是反映的差异。

信息就是消息。

信息就是信号。

信息就是经验。

信息是资料。

信息就是知识。

这些对信息的理解，有从哲学角度出发的，有从经济角度出发的，有从文化角度出发的。广义上的信息包含了自然界和人类社会中的各种信息，而本文的研究对象是计算机科学领域的存储信息。

人类社会的文明发展史也是一部信息技术发展史，下面介绍一下信息的发展历程。一般来说，从古至今，人类经历了 5 次信息革命，具体如下。

1. 第一次信息革命

第一次信息技术革命的标志是语言的使用，发生在距今约 50000 年前。

语言的使用是从猿进化到人的一个重要标志。

类人猿是一种类似于人类的猿类，经过千百万年的劳动过程，演变、进化、发展成为现代人，与此同时，语言也随着劳动而产生。

2. 第二次信息革命

第二次信息技术革命的标志是文字的创造。大约在公元前 3500 年出现了文字。文字的创造使得信息的存储和传递打破了时间和地域的限制。

如在原始社会母系氏族繁荣时期的居民使用的陶器上发现了符号。河姆渡和半坡原始居民是母系氏族公社繁荣时期的代表。大约在公元前 5000 年至公元前 3000 年，河姆渡和半坡原始居民已经普遍使用磨制石器，并且会烧制陶器。河姆渡的黑陶是用谷壳与泥土混合烧制而成；而半坡彩陶品种样式多，上面绘有构思巧妙的花纹，是原始艺术的精品。

甲骨文字可考的历史从商朝开始，甲骨文是一种比较成熟的文字，反映了商王的活动和商朝的社会生产状况、阶级关系，记录了商朝后期大量的史实。

金文（也叫铜器铭文），它是一种铸刻在青铜器的钟或鼎上的文字。金文起于商代，盛行于周代，是在甲骨文的基础上发展起来的文字。因铸刻于钟鼎之上，有时也称为"钟鼎文"。据统计，可知的金文有一千多字，较甲骨文略多。金文上承甲骨文，下启秦代小篆，流传书迹多刻于钟鼎之上，所以较甲骨文更能保存书写原迹，具有古朴的风格。

3. 第三次信息技术革命

第三次信息技术革命的标志是印刷术的发明。北宋庆历年间（1041 年—1048 年）中国的毕昇（970 年—1051 年）发明了泥活字，标志活字印刷术的诞生。他是世界上第一个发明活字印刷术的人，比德国人约翰内斯·古腾堡发明活字印刷术早约400 年。

纸张是重要的信息存储介质。汉朝以前使用竹木简或帛作书写材料。公元 105 年，东汉的蔡伦改进了造纸术，被封为"龙亭侯"。由于新造纸方法是蔡伦发明的，人们把这种采用新造纸方法生产出来的纸叫"蔡侯纸"。从后唐到后周，封建政府雕版刊印了儒家经书，这是我国官府大规模印书的开始，成都、开封、临安和建阳是当时雕版印刷中心。

4. 第四次信息革命

第四次信息革命的标志是电报、电话、广播和电视的发明和普及应用。19 世纪中期以后，随着电报、电话的发明，以及电磁波的发现，人类通信领域产生了根本性的变革，实现了通过金属导线上的电脉冲来传递信息以及通过电磁波来进行无线通信。

图 1-1 为 1837 年美国人莫尔斯研制的世界上第一台有线电报机。

图 1-1 电报机

1864 年英国著名物理学家麦克斯韦发表了一篇论文《电与磁》。在这篇论文中麦克斯韦预言了电磁波的存在，说明了电磁波与光具有相同的性质，都是以光速传播的。

1875 年，亚历山大·贝尔发明了世界上第一台电话机，并于 1878 年在相距 300 千米的波世顿和纽约之间进行了首次长途电话实验，并获得成功。

1876 年 3 月 10 日，贝尔用自制的电话同他的助手通了话。

1895 年俄国人波波夫和意大利人马可尼分别成功地进行了无线电通信实验。

1894 年电影问世，爱迪生实验室发明了"电影视镜"，仅供一人观赏。

1925 年，英国的电子工程师约翰·贝尔德首次成功装配世界第一台电视机，并进行首次播映。

5. 第五次信息技术革命

第五次信息技术革命的标志是电子计算机的普及应用，以及计算机与现代通信技术的结合。计算机技术与现代通信技术的普及应用始于 20 世纪 60 年代，这是一次信息传播和信息处理的革命，对人类社会产生了空前的影响，使信息数字化成为了可能，从而使信息产业得以发展。

1946 年，世界上第一台通用计算机"ENIAC"在美国宾夕法尼亚大学诞生，发明人是美国人莫克利和艾克特。美国国防部用它来进行弹道计算。如图 1-2 所示，它是一个庞然大物，用了 18000 个电子管，占地 170 平方米，重达 30 吨，耗电功率约 150 千瓦，每秒可进行 5000 次运算。

图 1-2　第一代电子计算机

计算机的发展经历了以下几个阶段。

1946～1958 年第一代电子计算机。

1958～1964 年第二代晶体管电子计算机。

1964～1970 年第三代集成电路计算机。

1971～20 世纪 80 年代第四代大规模集成电路计算机。

至今正在研究第五代智能化计算机。

1.2　数据与信息概述

经常能听到"互联网引发数据大爆炸""现在是一个信息大爆炸的时代""数据是爆

炸了，信息却很贫乏"等用语，那么数据与信息之间到底是什么关系？

1.2.1 数据的概念

数据是指对客观事件进行记录并可以鉴别的符号，是针对客观事物的相互关系、状态和性质等进行记录的物理符号或多种物理符号的组合。它是可以鉴别的、抽象的符号。

数据可以指狭义上的数字，如银行账户上的存款余额、道路宽度、城市面积等，也可以是具有一定意义的文字、字母、数字符号的组合、图形、图像、视频、音频等，还可以是客观事物的属性、数量、位置及其相互关系的抽象表示，例如，"0、1、2……""阴、雨、湿度、气温"、学生的档案记录、货物的运输情况等。

在计算机科学中，数据指的是输入到计算机内的所有可以被计算机处理的符号或符号组合的总称，同时也是用于输入计算机中进行处理的具有一定含义的数字、字母和字符串等的通称。现在计算机处理的对象十分广泛，存储的内容多样，即表示这些对象的数据也随之变得越来越复杂。

存储网络工业协会（Storage Networking Industrial Association，SNIA）关于数据的定义是"The digital representation of anything in any form"，含义是"数据是对任意形式的任何事物的数字表示"。

根据数据结构特征，数据主要可以分为：结构化数据、半结构化数据和非结构化数据。能够用数据或统一的结构加以表示的数据，如数字、符号。结构化数据可以用二维表结构来逻辑表达，是传统的关系数据模型中的行数据包括财务系统、企业资源计划系统（Enterprise Resource Planning，ERP）、客户关系管理系统（Customer Relationship Management,CRM）等，在其数据库中存储的都是结构化数据。半结构化数据是结构化数据的一种表达形式，它是位于结构化和完全无结构（如声音、图像文件等）之间的数据。半结构化数据中同一类集合可以有不同的属性，即使他们被组合在一起，这些属性的顺序并不重要；它还可以自由地传达出很多需要的信息，所以半结构化数据具有很好的扩展性，如 XML 和 JSON。非结构化数据是指其字段长度可变，不方便采用结构化数据来逻辑表达的数据，非结构化数据包括全文文本、办公文档、图像、图片、声音、音频、影视、视频和各类报表等数据。

统计表明，在上文的各种结构数据中，大多数商业企业产生和存放的数据中 70%都是静态数据。所谓静态数据就是那些被保存之后在较长的时间内不会被访问的数据，在较长的时间内不会被访问。这就带来一个问题"是否有必要保存这些长时间不被访问的数据"。按照信息生命周期管理的理念，信息需要经历'消亡'过程；然而，很多企业无法判断这些数据的价值，这些数据是否是有用的信息，将来有没有可能会用到这些数据或信息，因此只好先保存这些数据和信息。

1.2.2　信息的概念

信息是一种经过挑选、分析和综合的数据，用户可以在使用过程中对正在发生的事有更清晰的认知。换言之，信息是加工后的数据。所以，数据是原材料，信息是产品，信息是数据的表现形式。

数据和信息是相对的，如某些数据对某些人而言是数据不是信息，而对另外某些人而言则是信息而不是数据。例如，在物流运输中，物流运输单对司机或快递员而言是信息，因为司机或快递员可以从该快递单上知道运输时间、运输物品、客户地址等信息；而对负责经营的管理者来说，运输单只是经营数据，因为只有运输单无法提供本月运输物品数量、现有空闲司机或快递员、现有空闲运输工具等信息。

信息的获取受到人的主观因素影响，因为信息是加工了的数据，所以采用什么模型（或公式）、多长的时间间隔来加工数据以获得信息，受到人对客观事物变化规律的认识的制约，并由人的知识水平决定。因此，揭示数据内在含义的信息是主观的。

信息的功能同信息的形态密不可分，并往往融合在一起。例如，信息的形态是指信息的"模样"，而信息的功能是指信息"能干什么"。信息有 4 种形态，分别是：数据、文本、声音、图像。这 4 种形态可以相互转换。信息能通过 4 种形态中的任意一种形态"捕捉"到环境中存在的数据，并把它表示出来。例如，打字机捕获作者写出的文字，并把它生成书籍；录音机捕获歌唱家发出的声音，并把它生成录音带；照相机捕获了风景的图像，并把它生成图画等。实际上，信息的生成就是把已知的数据用一种容易理解的形式表现出来。因为计算机和网络的发展，数字信息也成为主流。数字信息就是把信息数字化，将其整理成'二进位制'数。一旦信息被数字化——变成"0"和"1"，所有形态的信息都能被处理。当照片被分解（即，"读"）成数字（即，图）时，图中的每一个点都被赋予一定的值，然后，照片便能通过网络发送出去。

1.2.3　数据与信息的关系

数据和信息之间是相互联系的。数据是反映客观事物属性的记录，是信息的具体表现形式。数据经过加工处理之后，就成为信息；而信息需要经过数字化转变成数据才能存储和传输。

从信息论的观点来看，描述信源的数据是信息和数据冗余，即：数据 = 信息 + 数据冗余，如图 1-3 所示，数据冗余指在一个数据集合中重复的数据。数据是数据采集时提供的，信息是从采集的数据中获取的有用数据，简言之，数据经过加工处理才能得到有用数据，即信息。由此可见，可以简单地将信息理解为数据中包含的有用内容。

上面定性分析了数据和信息之间的区别和联系，下面对数据和信息进行定量分析。数据量大并不意味着信息量大。同时，一个消息越不可预测，它所含的信息量就越大。

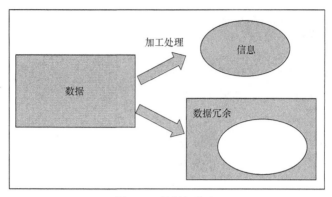

图 1-3　数据与信息

事实上，信息的基本作用就是消除人们对事物了解的不确定性。信息量是指从 N 个相等的可能事件中选出一个事件所需要的信息度量和含量。在概率论中，用 $P(x)$ 表示在 N 个相等的可能事件出现某一个事件的概率，即 $P(x)=1/N$。信息量 $I(x)$ 定义为：

$$I(x)=\log_2(N)=-\log_2(1/N)=-\log_2(P(x))$$

从这个定义看，信息量跟概率是密切相关的，具体地，事件 x 的概率 $P(x)$ 越低，即 x 越是小概率事件，x 所包含的信息量 $I(x)$ 就越大。

1.3　信息的重要性

信息的重要性是不言而喻的，它已经影响到了当今社会的方方面面，在生活中去医院看病，医生需要知道您身体的信息；在商业活动中如果没有信息即使企业资金等充足也会使企业缺乏活力；在工业活动中信息可以提高生产力；在社会活动中信息可以促进社会体系产生变革等。

学者詹姆斯·马丁认为科学技术的"裂变效应"将导致知识更新速度不断加快，现代科学技术的发展极其迅速并越来越快，新的科技知识和信息量增速极大且体量惊人。人类知识信息的倍增周期在缩短，如在 19 世纪，人类知识倍增周期为 50 年，20 世纪中期为 10 年左右，到了 20 世纪 70 年代缩短为 5 年，20 世纪 80 年代末 90 年代初知识已倍增到了每 3 年翻一番的程度。近年来，每年出版的图书达 50 多万种，每年出版的音像制品 5 万多种，每年登记的新专利达 70 万项，全世界每天发表的论文达 13000～14000 篇。新理论、新材料、新工艺、新方法的不断涌现，使知识更新的速度加快。数据表明"据统计，一个人所掌握的知识半衰期在 18 世纪为 80～90 年，19～20 世纪为 30 年，21 世纪 60 年代为 15 年，进入 21 世纪 80 年代，缩短为 5 年左右，近十年更是缩短为 3 年左右。还有报告称，全球印刷信息的生产量每 5 年翻一番，《纽约时报》一周的信息量即相当于 17 世纪学者毕生所能接触到的信息量的总和。近 30 年来，人类生产的信息已超过过去 5000 年信息生产的总和。[1]"

信息量增长的速度远比人类理解的速度要快，并渗透到人类的各个方面。

1.3.1　信息与生活

当代，信息已经切切实实影响到人们的日常生活，信息技术也已经发展到了可以超越时空距离的程度，数字化、网络化、智能化已成为人们不可或缺的生活模式和生存方式。公交地铁、手机通信、水电缴费、图书借阅、酒店就餐、超市购物、银行支付等都需要用到信息。

通信工具使信息的流通更加通畅，信息正日益成为百姓日常生活不可或缺的主体。现在人们利用手机可以上网冲浪、下载音乐、搜索视频，感受网络世界的精彩；还可以享受手机银行、手机炒股、手机购物等多种"以手代步"的便捷服务。手机为移动办公和休闲娱乐提供了诸多便利。信息技术的发展颠覆了许多传统的生活模式，例如手机作为信息化终端设备的出现，功能手机以语音通信功能为主，而智能手机可支持发烧级别的音响效果以及媲美专业相机的拍照功能。苹果手机于 2014 年 10 月上线的 Apple Pay功能支持手机支付，使手机有了银行卡功能。

除了个人，企业和机构也离不开信息通信。在政府机构、企事业单位云集的城市中，信息沟通方式的变迁也让人惊叹。网上办公、网上交易、网上查询等一系列互联网应用，使得宽带通信成为不可缺少的电子商务渠道。利用视频会议系统，政府机关和大型企业不仅节约了成本，而且提升了工作效率。特别是在重大事件发生时，各级政府能通过这一系统迅速做出反应和部署。

1.3.2　信息与商业

从广义的角度上讲，商业信息是指能够反映商业经济活动情况、与商品交换和管理有关的各种消息、数据、情报和资料的统称。商业信息的范畴不但包括直接反映商业购销和市场供求变化的信息，而且包括各种影响市场供求关系的信息，如自然灾害或政治事件会影响当年或来年市场商品的购买力,有关这方面的信息也可纳入商业信息的范围。从狭义的角度看，商业信息是指直接反映商品买卖活动的特征、变化等情况的各种消息、情报、资料的统称。

随着世界经济和科技的迅猛发展，生产社会化的程度越来越高；而随着信息时代的到来，商业企业管理的本质和核心就是对企业信息流进行有效控制。业界流行这样一种观点，即"控制信息就是控制企业的命运，失去信息就失去一切"。这充分说明了信息对企业的重要性。从商业企业管理的角度看，现代商业信息主要有以下几个特点。

（1）信息量急剧增加。"信息爆炸""知识爆炸"是这个时代的特征之一，"信息爆炸"主要体现为信息量呈爆炸式增长。19 世纪，人类的知识每 50 年增长 1 倍；20 世纪，每 10 年增长 1 倍；目前信息的增长量每 2 年增长 1 倍。

（2）信息处理与传递的高度现代化。20 世纪 50 年代中期计算机进入流通领域以后，商业营销活动发生了重大变革。从购销货物统计、费用核算、市场预测与分析，到库存控制、资金管理、工资结算，都可以利用计算机完成，企业的信息处理技术及设备日益向着高度现代化发展。

（3）处理方法的复杂化。随着市场竞争的日益激烈，为了挖掘潜力，获得最大的经济效益，企业会不断提高其管理水平，企业的决策过程也将越来越复杂。另外，企业对信息的及时性、可靠性、准确性、时效性要求越来越高，这也导致了信息处理的复杂度大大增加。

商业信息是人们对与商业活动相关的事物及其变化规律的认识。这些认识被某种载体记录，进而加工、处理和传播，使其具有更高的利用价值。

在商业信息系统中，商业信息以某种方式被记录下来，由此产生商业数据，由此可见，商业数据是记录商业信息的载体，而商业信息是对商业数据的解释，是具有价值的数据。对商业数据进行计算加工，得到新的商业数据，这些新的商业数据可以为进一步的管理、决策提供依据，是具有更高价值的商业信息，经过这样螺旋式的上升，商业信息管理将成为商品流通和企业不断发展的推动力，这也正是管理商业信息的最终目的。

信息在现代经济生活中的作用越来越大，已经成为市场竞争的重要手段。对于企业来说，信息的重要性更是不言而喻。缺乏信息，即使有了资金、厂房、物资和能源，维持企业也十分困难，因为企业没有生命力。因而，对企业来说，商业信息是最重要的资源，谁占有的信息多、掌握的信息准确，谁就有了制胜的先机。

1.3.3 信息与工业

当今，信息化主导着全球工业发展的大趋势。信息化和工业化存在如下关系：一方面，工业化是信息化的基础；另一方面，信息化是工业化的发展引擎和动力。

从产业结构变迁看，工业化是农业主导经济向工业主导经济的演变过程，信息化则是工业主导经济向信息主导经济的演变过程。信息化是在工业化的基础上发展起来的。作为信息化基础的工业化，其发展从以下几个方面为信息化的兴起创造了条件。（1）提供物质基础。信息化需要大量进行信息基础设施建设、发展信息技术装备、实施应用信息工程。这些都离不开来自工业的钢铁、机械、建筑、电力等方面的支撑。（2）扩大市场容量。信息化以技术信息化泛应用为主导、以信息资源开发利用为核心，以信息产业成长壮大为支撑，工业化为信息产业营造了服务对象。（3）集聚建设资金。进行信息化建设，需要投入大量资金，比如要投资信息基础设施，要投资建设信息项目，创建信息产业和企业也要资金。工业化的发展为信息化积累了资金，特别是通过工业化形成的资本市场及其金融创新，替信息化开拓了多种融资渠道。（4）输送专业人才。信息化所需的人才，既与工业化需求有共同之处，如一定的知识水平；又有与工业化的需求的不同之处，如其要求更富灵活性和创造性。

信息化是工业化的延伸和发展。工业化培育了信息化，而信息化发展了工业化，信息化对工业化的发展可概括为以下几个方面。（1）信息技术改造和提升了传统工业，特别是传统制造业。传统的制造业通过采用新型的信息技术可以很好地提高自己的生产效率以达到重新发展的目的。（2）提高工业的整体素质和过激竞争力。（3）帮助工业企业降低成本、提高效率、减少污染、增加商机。此外，信息化对工业有以下三种作用。一是补充作用。信息经济越发展，越能弥补工业经济的不足，如提高能耗效率。二是替代作用。信息经济越发展，越能用信息资源来替代更大一部分的物质资源和能量资源。三是带动作用，信息经济越发展，越能使工业经济的发展有机会和新途径，信息化可以带动工业化，从而实现生产力的跨越式发展。

信息化时代的世界已成为一个地球村。信息化技术让人类突破了传统的时空界限，以及物流、信息流、知识流的限制，实现了全球的互通。以产品生产为例，一些工业产品的生产已经突破地域限制，实现多个国家之间的紧密合作，发挥各个国家和地区的技术、劳动力成本等方面的优势，最终生产出国际性的产品。例如，波音 747 飞机共由 45 万个零件组成，他们由 6 个国家的 1100 家大型企业和 15000 家小企业所生产，其中包括西安生产的飞机尾翼。

1.3.4 信息与社会

信息对当代社会有着深远的影响。信息社会也称为信息化社会，是工业化社会之后，信息将起主要作用的社会。"信息化"的概念在 20 世纪 60 年代初提出。一般认为，信息化是指信息技术和信息产业在经济和社会发展中作用日益加强，并发挥主导作用的动态发展过程。它以信息产业在国民经济中的比重、信息技术在传统产业中的应用程度和信息基础设施建设水平为主要标志。

从内容上看，信息化可分为信息的生产、应用和保障三大方面。

（1）信息生产，即信息产业化，要求发展一系列信息技术及产业，涉及信息和数据的采集、处理、存储技术，包括通信设备、计算机、软件和消费类电子产品制造等领域。

（2）信息应用，即产业和社会领域的信息化，主要表现在利用信息技术改造和提升农业、制造业、服务业等传统产业，大大提高各种物质和能量资源的利用效率，促使产业结构的调整、转换和升级，促进人类生活方式、社会体系和社会文化发生深刻变革。

（3）信息保障，指保障信息传输的基础设施和安全机制，使人类能够可持续地提升获取信息的能力，包括基础设施建设、信息安全保障机制、信息科技创新体系、信息传播途径和信息能力教育等。

1.4　信息生命周期管理

信息是一种具有生命周期的资源，信息生命周期是信息运动的自然规律，信息会随着所处生命周期的不同阶段而起起落落。在信息生命周期基础上衍生出来的信息生命周期管理（Information Lifecycle Management，ILM）不仅是一种信息管理策略，而且是一种结合了人员、流程和技术，旨在有效管理数据和信息的战略[2][3]。信息生命周期管理是一种主动管理信息的策略过程，对信息的所有生命阶段进行管理，目的在于能在信息生命周期的各个阶段以最低成本获得最大价值。

具体来说，信息生命周期管理从信息产生、保护、读取、更改、迁移、存档、再次激活，到消失（不再有利用价值、不再被传播）这些阶段对信息进行综合管理。与早期的数据储存管理方法不同，信息生命周期管理技术根据用户的操作全方位地对数据进行管理，而不仅仅是让数据储存流程自动化。例如，信息生命周期管理可以根据各项数据标准自动把数据归到速度不同的存储媒体上，并且自动完成数据在各层（如高性能层、性能层、容量层）之间的移动。一般管理规则就是把新数据和常用数据放在速度比较快、比较好的储存媒体上，而不重要的数据就放在速度较慢、比较便宜的存储介质上。不过，该管理系统在界定数据的重要性时并不仅仅根据数据的使用年限和常用性，用户可以自己制订规则，调整数据在不同时期的重要性，并通过延长它的使用周期来保持它的重要性。

信息在存储介质或网络中的流动构成了信息生命周期，图 1-4 所示为企业信息流动过程。一笔业务信息从客户订单下达时就产生了，此时的信息拥有的价值较高，许多相关部门的人员都要对信息进行存取和处理，当一个订单完成以后，该笔信息的价值开始逐渐下降，此时将它转存到低成本的存储介质中可以节约成本。而当该笔业务出现后续服务问题，比如质量、咨询和改进等，企业又需要该业务的信息，把它重新激活，提取到高效设备中。随着质量保证期期满，这一信息的价值又重新下降，直到一定时间以后，退出它的生命周期。

在进行信息生命周期管理时，除了关注信息的流动性，还要进行信息的保存和备份。一方面，不能因为信息进入"消亡/退出"这一生命阶段就将其删除，信息的保存需要符合法律和法规的要求。随着信息化的普遍应用，企业各方面的信息都开始进入电子化。国家对于企业信息，特别是财务信息等重要信息，都有法规要求。一些国家的重点行业，如金融，电信和政府部门等，对信息的保存时间有专门的规定。

另一方面是信息的灾难恢复。当不可抗力的情况发生时，会对信息造成无法挽回的损失。如果企业重要的业务数据丢失，那么对企业造成的损失就不仅仅是数据本身，还有商业机会的可能丧失，客户服务水平的下降。从小的方面说，个别硬件系统的意外和不稳定同样会对企业重要信息造成破坏，给企业造成难以弥补的损失。

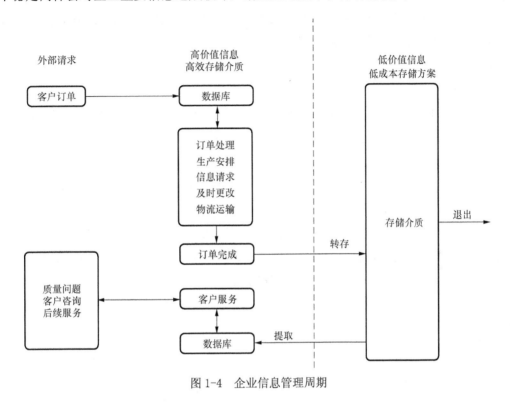

图 1-4　企业信息管理周期

1.5　信息存储的挑战

上面阐述了信息的重要性。当今社会已经步入信息化时代，信息技术渗透到人类社会生活的方方面面。在信息技术革命推动的全球信息化浪潮中，信息已成为第一生产要素，是构成信息化社会的重要技术基础。下面分述信息数据量的增长趋势，以及信息存储系统面临的技术挑战。

1.5.1　数字信息的增长

1.　网络化助推数字化信息快速增长

网络信息资源是指通过计算机网络可以利用的各种信息资源的总和。具体地讲，网络信息资源是指所有以电子数据形式把文字、图像、声音、动画等多种类型的信息存储在光、磁等非纸质介质的载体中，并通过网络通信终端、计算机或其他终端等方式再现出来的资源。

信息在流动中实现其自身的价值。网络是信息流动的重要媒介。早在网络体系建立之前，信息就已经存在于物质世界并被人们初步运用，但是信息的大规模开发利用有赖于"网络化"。报纸、广播和电视是三大传统媒体。随着现代科技的发展，特别是进入 20 世纪 90 年代以后，新兴的媒体种类不断涌现，第四媒体——网络媒体、第五媒体——网络电视以及第六媒体——手机及其无线增值服务等登上舞台，三大传统媒体一统天下的格局已经不复存在。

进入 20 世纪 90 年代，信息量以几何级别增长，到 20 世纪 90 年代末，伴随着互联网的出现，信息更是增长到难以想象的地步，原因在于互联网让信息的产生和传播变得简单。目前，互联网已经成为信息社会必不可少的基础设施，借助互联网，信息采集、传播的速度和规模达到空前的水平，并实现了全球信息共享与交互。另外，现代通信和传播技术也大大提高了信息传播的速度和广度。

图 1-5 所示为 Excelcom 公司发布的一份"互联网一分钟产生数据"的图表。以上列出的仅仅是一些比较知名的美国互联网公司，如果再加上其他国家的网络服务，数据将会更大。以中国为例，2016 年，全球网民数量超过 30 亿，中国以 7.31 亿的网民数量成为全球最大的互联网市场，在中国，每天有上亿人登录微信，百度每天收到的搜索请求超过 60 亿次等。

图 1-5　互联网一分钟产生数据

2. 科技让信息产生变得容易

截至 2003 年，人类共创造出 5EB 的数据，而 2011 年产生如此多的信息量只需要不到 2 天，2013 年产生此数据量只需要 10 分钟，预计到 2020 年，每年创造的数据容量将高达 40ZB（注：$1ZB=10^{21}$ Byte）[4]。信息数据量快速增长是信息技术发展的必然结果，下面列出几个重要因素。

（1）智能终端普及。过去几年，智能手机、平板电脑、摄像机、照相机等终端设备不断充斥着人们的生活和工作。据统计，目前世界上有 60 亿部手机在使用，手机基本上都内置了高分辨率的摄像头，单张照片的分辨率是 5 年前的 10 倍。借助智能手机的音视频硬件，人们创建了越来越多的社交媒体数据，例如与他人分享图片、音频、视频等文件。

（2）物联网飞速发展。国内外物联网产业快速发展，并逐步成为新兴产业发展的重要领域[5]。物联网将世界上越来越多的智能设备连接到全球网络中，例如大量的网络摄像头、医疗保健/健身可穿戴设备等。未来将会出现更多的智能设备，如智能家电、车载设备、工业领域的 RFID 系统等。可以预计，在不远的将来，物联网会产生出更多的数据。

（3）互联网和高速宽带。在科技史上，互联网可以和"火"与"电"的发明相媲美，互联网将孤立的计算机连接起来，改变了人们生活，成为人们获取数据的首要渠道，也成为人们共享数据的重要途径。另外，传输数据的网络在持续不断地升级，客观上加速了数据量的增长，比如，现在每个人都习惯用宽带上网，4G 无线网络已经广泛使用，共享数据变得快速而方便。

（4）云计算。在云计算出现之前，数据大多分散存储在个人电脑或公司服务器中，云计算的出现改变了数据的存储和访问方式，使绝大部分数据被集中存储到"数据中心"，即所谓的"云端"。各大银行、大型互联网公司、电信行业都拥有各自的数据中心，实现了全国级数据访问和管理[6]。云计算客观上为大数据提供了存储空间和访问渠道。

（5）社交网络。社交媒体的兴起是互联网发展史上一个重要里程碑，它将人类社会真实的人际关系完美地映射到互联网空间。例如，通过社交网络，人们可以分享各自的喜怒哀乐，并相互传播。知名的社交媒体有微博、微信、Facebook 等。

1.5.2 信息存储的载体

信息载体（Carrier）是信息传播中携带信息的媒介，是信息赖以附载的物质基础，即用于记录、传输、积累和保存信息的实体。信息载体包括运用声波、光波、电波传递信息的无形载体和运用纸张、胶卷、胶片、磁带、磁盘、光盘传递和记载信息的有形载体。信息本身不是实体，但消息、情报、指令、数据和信号中所包含的内容，必须依靠某种媒介进行传递。信息载体的演变推动着人类信息活动的发展。从某种意义上说，传播信号革命就是信息载体的革命。

人类在原始时代就开始使用语言，语言是人类传递信息的第一载体，是社会交际、交流思想的工具，是人类社会中最方便、最复杂、最通用、最重要的信息载体。随着生产的发展和社会的不断进步，出现了信息的第二载体，即文字。世界上有 500 多种文字在使用。文字的发明，为信息的记载和远距离传递提供了可能，是人类的一大进步。电磁波和电信号成为人类的第三信息载体，使大量信息以光的速度传递，沟通了整个世界，使人类信息活动进入了新纪元。

随着信息量的剧增，信息广泛交流需要容量更大的信息载体。计算机、光纤、通信卫星等新的信息运载工具成为新技术形势下主要的信息载体。一根头发丝粗细的光纤可以同时传输几十万路电话或上千路电视。卫星通信可把信息送到世界任何一个角落。新的信息载体可能会带来新的信息革命。比如，报纸是信息载体，报纸上刊登的文字是信息；照片是信息载体，照片存储的模拟图像是信息；磁带是信息载体，磁带录音记录是信息；电视是信息载体，电视上播出的画面声音是信息。从报纸到电视的变革，使信息从枯燥的文字演变为声情并茂的画面和声音。

信息的存储是信息在一定的时间范围内得以顺利传输的基础，也是信息得以进一步综合、加工、积累和创造的基础，在人类和社会发展中有重要意义。造纸术、印刷术、摄影、摄像技术、录音、录像技术以及磁盘、磁带、光盘等都是信息存储驱动而产生的技术。这些人造的信息存储技术与设备不仅在存储容量、存取速度方面扩大着人脑存储能力，而且让信息交流超越时间和地域的限制。（1）把人主观认识世界的信息迁移到客观世界的存储介质中，可以不受死亡的限制而代代相传。（2）将人大脑的知识变为人类社会共享的知识，不同地域的人们可以进行信息交流。

存储系统是计算机系统中由存放程序和数据的各种存储设备、控制部件（硬件）及管理信息调度的算法（软件）所组成的系统。计算机的主存储器不能同时满足存取速度快、存储容量大和成本低的要求，在计算机中必须有速度由慢到快、容量由大到小的多层级存储器，以最优的控制调度算法和合理的成本，实现性能可接受的存储系统。

1.5.3　存储系统的发展

如前文所述，数据是信息的具体表现形式。数据存在于全球经济的每一个部门，如同固定资产和人力资本等生产要素一样，时刻推动着现代经济活动。另外，现在社会中，决定产业兴衰的已经不仅仅是土地、劳动力、技术、资本、管理等生产要素，还包括数据资产这一根本性要素。

数据量的增长速度超乎想象，"怎样安全地、可靠地保存这些不断增长的数据"是存储系统设计面临的一个挑战。为了应对这个挑战，按照冗余放置、分散布局等方法来组织和管理存储数据，已成为构建高性能、大容量、高可用性存储系统的一种技术趋势。下面介绍两个案例。（1）主机内空间限制导致硬盘容量扩展和利用率受到限制，主机硬盘的容量扩展性和空间利用率受到限制，影响系统整体性能的提升，磁盘阵列技术的出现很好地解决了这一不足，其通过使用多磁盘并行存取数据来大幅提高数据吞吐率；通过数据校验来支持容错功能，提高存储数据的可用性；（2）分布式存储系统在系统层面采用高速网络技术连接多个存储设备或者存储节点，并融合多种存储技术，如负载均衡、副本冗余等，从而为大数据、云计算、电子商务等新兴应用领域提供高可管理性、高可扩展性、高可靠性的存储解决方案。

1. 阵列存储

磁盘阵列（RAID）是由多个独立的高性能磁盘驱动器组成的磁盘子系统，可以提供比单个磁盘更好的存储性能和数据保护。RAID 包括多个级别，如，RAID 0、RAID 1、RAID 3、RAID 5、RAID 6、RAID 10、RAID 50 等，如图 1-6 所示，不同 RAID 级别在成本、性能和可靠性上有所区别。本书第 4 章和第 5 章将对 RAID 技术进行详细介绍。

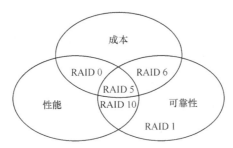

图 1-6　不同 RAID 级别在成本、性能和可靠性上的表现

RAID 存储应用广泛，可以满足许多数据存储需求，其主要优势体现在以下几个方面。

（1）大容量。RAID 扩大了磁盘的容量，由多个磁盘组成的 RAID 系统具有更大的存储空间。现在单个磁盘的容量就可以到 1TB 以上，这样 RAID 的存储容量就可以达到 PB 级，可以满足大多数的存储需求。一般来说，RAID 可用容量要小于所有成员磁盘的总容量。不同等级的 RAID 算法需要一定的冗余开销，具体容量开销与采用算法相关。如果已知 RAID 算法和容量，可以计算出 RAID 的可用容量。通常，RAID 容量利用率在 50%～90%。

（2）高性能。RAID 的高性能受益于数据条带化技术。单个磁盘的 I/O 性能受到接口、带宽等计算机技术的限制，往往很有限，容易成为系统性能的瓶颈。通过数据条带化，RAID 将数据 I/O 分散到各个成员磁盘上，从而获得比单个磁盘更好的聚合 I/O 性能。

（3）可靠性。从理论上讲，由多个磁盘组成的 RAID 系统在可靠性方面应该比单个磁盘要差。这里有个隐含假定：单个磁盘故障将导致整个 RAID 不可用。RAID 采用镜像和数据校验等数据冗余技术，打破了这个假定。镜像是最为原始的冗余技术，把某组磁盘驱动器上的数据完全复制到另一组磁盘驱动器上，保证总有数据副本可用。比起镜像 50% 的冗余开销，数据校验要小很多，它利用校验冗余信息对数据进行校验和纠错。RAID 冗余技术大幅提升数据可用性和可靠性，保证了若干磁盘出错时，不会导致数据的丢失，不影响业务的连续运行。

（4）可管理性。RAID 是一种虚拟化技术，它将多个物理磁盘驱动器虚拟成一个大容量的逻辑驱动器。对于外部主机系统来说，RAID 是一个单一的、快速可靠的大容量磁盘驱动器。这样，用户就可以在这个虚拟驱动器上组织和存储应用系统数据。从用户应用角度看，这样的存储系统简单易用，管理也很便利。由于 RAID 内部完成了大量的存储管理工作，管理员只需要管理单个虚拟驱动器，因此可以节省大量的管理工作。另外，RAID可以动态增减磁盘驱动器，可自动进行数据重建恢复。

2. 数据中心存储

Facebook 的全球用户总数已经超过 15 亿，其每天处理来自全球的 3.5 亿张照片、45 亿个"点赞"和 100 亿条消息，这意味着 Facebook 需要为此配备巨大的基础设施来处理和存储这些海量信息。为了存储海量数据，Facebook 数据中心通常部署几万甚至十几万台服务器；为了应对快速的数据增长速度，Facebook 数据中心的存储架构和网络架构是高可扩展的。

对于存储架构，Facebook 设计了几个存储系统。（1）针对小文件的海量图片存储系统 Haystack[7]，Haystack 包含三个核心组件：Haystack Store、Haystack Directory 和 Haystack Cache。Haystack Store 用于持久存储图片数据和图片元数据；Haystack Directory 用于维护逻辑到物理卷的映射；Haystack Cache 缓存热门图片，尽量避免访问 Haystack Store。（2）Facebook 部署了针对大文件的高可靠文件系统 HDFS，Facebook HDFS 可以管理几千存储节点上几亿个文件和数据块，具有良好的可扩展性[8]。（3）Facebook HBase 是一种构建在 HDFS 之上的面向列队分布式存储系统，可以提供实时计算的分布式数据库管理，其针对的是实时读写、随机访问的超大规模数据集[9]。

对于网络架构，Facebook 的设计宗旨是高可扩展性、高性能和高可靠性，并要求该网络架构能快速地扩展规模和性能。为了达到这个目的，Facebook 将网络分解成为小的单元—server pod，pod 直接全互联。如图 1-7 所示，一个 pod 里面最多有 48 个机架，每个机架和 4 个 fabric 交换机相连，每个机架交换机有 4×40Gbit/s 总共 160Gbit/s 的出口带宽，机架内部的服务器之间 10Gbit/s 互联。

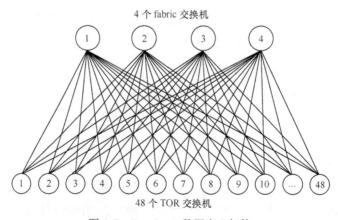

图 1-7 Facebook 数据中心架构

如图 1-8 所示，pod 之间的互联依靠 spine 交换机，每个 spine 平面最多有 48 个独立的 spine 交换机，pod 之间形成一个高性能的全互联网络；另外，edge 平面的交换机负责出口流量。所有机架之间存在多种路径，交换机根据流量自动选择路径，因此能够容忍若干网络路径的故障。

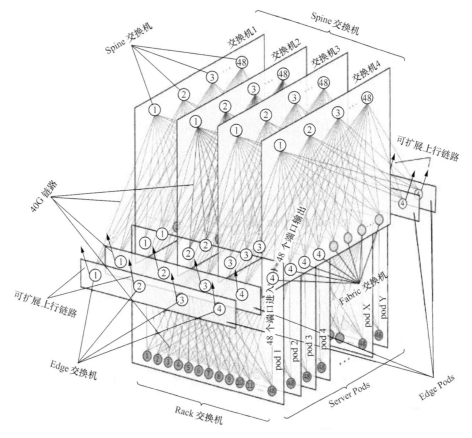

图 1-8 Pod 互连网络

图 1-9 所示为 Facebook 数据中心下的一组服务器机架，每台机架部署十几台服务器。

图 1-9 Facebook 数据中心

1.6　本章小结

　　当今社会已经成为一个信息化社会，信息无处不在、无时不在。通常来说，生产要素包含土地、劳动力、资本，管理、信息、技术。在过去，土地、劳动和资本这些资源对于人们的经济活动和社会活动显得相对比较重要；而如今，信息、管理和技术这些资源已上升到比较重要的位置。人类活动已经离不开信息，大到国家、中到企业、小到个人，信息已成为决策的重要依据。鉴于信息的重要性，收集信息、保存信息、检索信息的存储系统也就成为重中之重，特别是信息数据量呈爆炸式增长态势，存储系统面临容量可扩展性、性能可扩展性、易管理性、安全性等挑战。

练习题

选择题

1. 下列选项中属于信息表现形式的是（　　　）

A. 书　　　　　　　　B. 文字　　　　　　C. 光盘　　　　　　　D. 网络

2. 将几幅看似无关的旧照片通过图像处理软件（如 Photoshop）加工后，形成一幅富有创意、有实际用途的图片，这体现了信息是（　　　）

　A. 需依附一定载体的　　　　　　　B. 可以共享的

　C. 可以加工的　　　　　　　　　　D. 具有时效性的

3. 下列选项，不能称为信息的是（　　　）

　A. 报上登载"神七成功进行出舱活动"的消息

　B. 高中信息技术（选修）课本

　C. 电视中播出的奥运会各国金牌数

　D. 高中信息技术水平测试成绩

4. 以下选项中应用了信息技术的有（　　　）

　A. 数码电影　　　　B. 电子商务　　　C. 智能家电　　　　　D. 排爆机器人

5. 在信息技术的发展史上，首先使信息存储和传递超越了时间和地域局限的标记是（　　　）

　A. 语言的使用　　　　　　　　　B. 文字的创造

　C. 电报电话的发明　　　　　　　D. 计算机网络技术的普及

第2章
存储系统介绍

在著作《The World Is Flat》中，美国作家托马斯·弗里德曼（Thomas L. Friedman）阐述了一个观点：21 世纪以来，信息技术的不断进步加速了全球化进程。随着信息化程度的不断提高，人们的生活已经和信息技术密不可分。信息进行传输和处理可称为"动"，诚然，有"动"必有"静"，信息保存在存储介质可称为"静"。本章将对存储系统进行详细的介绍。

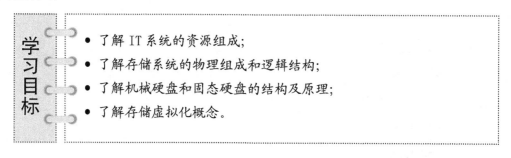

学习目标

- 了解 IT 系统的资源组成;
- 了解存储系统的物理组成和逻辑结构;
- 了解机械硬盘和固态硬盘的结构及原理;
- 了解存储虚拟化概念。

2.1　IT 系统介绍

现代通信与计算机技术的发展，使信息系统（Information System）的处理能力得到很大的提高。现在各种信息系统已经离不开现代通信与计算机技术，我们现在所说的信息系统一般均指人、机共存的系统，是由计算机硬件、网络和通讯设备、计算机软件、信息资源、信息用户和规章制度组成的以处理信息流为目的的人机一体化系统。随着大型计算能力、海量数据存储的发展，信息系统对计算能力、数据存储资源方面都有更高的要求，独立的计算机系统已经很难满足。因此，就需要把多个计算机系统集成起来，构成一个整体的 IT 系统。IT 系统是在计算机系统的基础上所进行的扩展和延伸，如图 2-1 所示，IT 系统由软件资源、计算资源、网络资源和存储资源组成。

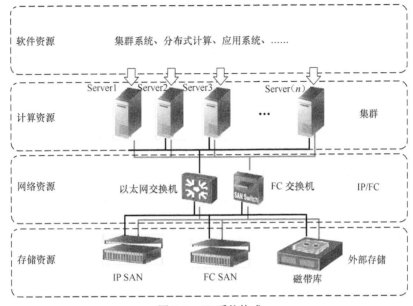

图 2-1 IT 系统构成

软件资源：IT 系统的软件资源不再是独立计算机系统的单一操作系统（Operating System，OS），它已发展成集群软件系统、分布式文件系统等，支持集群业务管理和分布式应用。

计算资源：在 IT 系统中，往往会把多台服务器组成集群，通过集群方式实现计算资源的负载均衡，提升整体计算能力；同时，提高系统的冗余度，保证系统的可靠性。

网络资源：从独立计算机系统发展成为 IT 系统，需要强大网络资源提供数据通路，比较常用的网络架构包括基于 TCP/IP 协议的 IP 网络和基于 FC 协议的 FC 网络。

存储资源：IT 系统对存储系统提出高可扩展性、高可靠性要求，从而，外部存储成为主流的存储资源组织方式，一般通过构建专用的外部存储系统来提供安全可靠的大容量存储空间。

2.1.1 软件资源

在 IT 基础设施中，软件是必不可少的一部分。软件是与计算机系统操作有关的计算机程序、规程、规则，以及可能有的文件、文档及数据，是一系列按照特定顺序组织的计算机数据和指令的集合。软件不仅包括运行在计算机上的程序，还包括与这些程序相关的文档，简言之，软件是程序与文档的集合体。如图 2-2 所示，按照承载关系，从底层硬件到上层应用，软件依次可以分为：硬件底层驱动程序、操作系统、数据库、应用软件。

硬件底层驱动程序是应用软件访问底层硬件的接口：一方面，应用软件对驱动程序发送指令，驱动程序将它翻译成硬件控制的动作指令；另一方面，驱动程序将从硬件上获得的数据传送给应用程序，实现应用程序与驱动程序间的交互。也就是说，硬件底层驱动实现了访问底层硬件的人机交互。

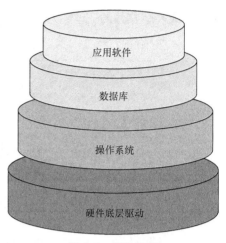

图 2-2　软件资源

操作系统是管理计算机硬件与软件资源的计算机程序，提供一个让用户与系统交互的操作界面。操作系统需要处理如下基本事务：管理与配置内存、决定系统资源的优先次序、控制 I/O 设备、操作网络与管理文件系统等。目前，采用的操作系统有微软 Windows 操作系统、Linux 操作系统、UNIX 操作系统、AIX 系统等。

数据库是按照数据结构来组织、存储和管理数据的仓库。随着信息技术和市场的发展，数据库发展出很多种类型，包括最简单的数据表格、存储少量数据的小型数据库、存储海量数据的大型数据库等。小型数据库系统有 Access、MySQL 等，大型数据库系统有 Oracle、DB2、SQL 等。

应用软件是为满足用户不同领域、不同业务的应用需求而提供的上层软件。它可以拓宽计算机系统的应用领域，放大硬件的功能。例如：办公软件、E-mail 应用、财务系统等。

2.1.2　计算资源

IT 系统中的计算资源，通常由各式各样的服务器构成。当单个的服务器计算能力不能够满足应用需求时，通常采用服务器集群来提供更大计算能力。如图 2-3 所示，常用服务器包括塔式服务器、机架式服务器和刀片式服务器。

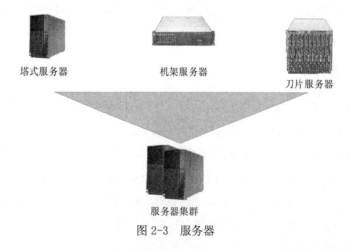

图 2-3　服务器

塔式服务器也叫通用类别服务器，其外观和内部结构与普通台式 PC 机差不多，整体体积比 PC 机稍大一些，它的外形尺寸没有相关的统一标准。由于塔式服务器的机箱比较大，可以采用高档配置和冗余配置。塔式服务器支持多种常见的服务，应用范围非常广，可以适合速度应用和存储应用，是目前使用率较高的一种服务器。塔式服务器的缺点是它体积比较大，占用空间多，也不方便管理。

机架式服务器是一种工业标准化的产品，其外观按照统一标准来设计，配合机柜统一使用，以满足企业的服务器密集部署需求[10]。机架式服务器是市面上使用最多的服务器平台，它设计之初的目的就是可以安装到 19 英寸标准机柜中，多台机架服务器能够装到一个机柜上，这与塔式服务器不同，在节省空间的同时，也便于统一的安装和管理。机架服务器的宽度为 19 英寸，高度有 1U、2U、3U、4U、5U、7U 几种标准的服务器，这里的 U 为高度单位（1U=1.75 英寸=44.45 毫米）。最常用的有 1U 和 2U。机架式服务器也存在一些弊端，由于内部空间有限，扩展性和散热性受限制，其单机系统性能也比较有限，往往应用于特定业务，如远程存储和网络服务等。通常地，机架式服务器应用较多的是大型企业，使用时通过柜将多台机架式服务器放在一起，获得大容量存储或高性能服务。

刀片式服务器是指在标准高度的机架式机箱内可插装多个卡式的服务器单元[11]。它是一种高可用高密度（High Availability High Density，HAHD）的低成本服务器平台，刀片式服务器更多用于高密度堆叠，专为高密度计算机环境和一些特殊应用场景设计的。刀片服务器的主要外观特征和结构特征是巨大的主体机箱，在其机箱内可插上许多"刀片"，每一块"刀片"实际上就是一台服务器系统主板，可以搭载不同的硬盘，安装和启动自己的操作系统，构成独立的一个个服务器，例如华为的 E9000，机笼高度 12U，半刀可以插入 16 块，最多 16×2=32 颗处理器。一方面，每一块刀片相互之间都是隔离的，运行自己的系统；另一方面，通过集群系统可以将各个单独的"刀片"整合成一个服务器集群，提高服务器和应用的可用性。在服务器集群中通过插入新刀片，可以提高集群整体性能。刀片支持热插拔功能，系统可以进行轻松的升级维护操作，并将维护时间减少到最小。刀片式服务器通过近些年的发展已经成为高性能计算集群的核心设备，并成为主要架构方式。一般应用于大型的数据中心或者需要大规模计算的领域，如银行、电信、金融行业以及互联网数据中心等。但是，刀片服务器也存在一些问题，比如散热问题，往往需要在机箱内装上强力风扇来散热。

2.1.3　网络资源

如图 2-4 所示，IT 系统的基础设施网络架构可以划分成 4 个层次，从下到上依次为：存储层、服务器层、核心层、外部接入层。四层网络结构实现了数据快速存储和交换。

存储层通过 TCP/IP 或 FC 网络连接到服务器层，为服务器提供数据存储空间资源；服务器层接入核心层，外部用户通过接入层也连接到核心层，在核心层实现快速数据交换。

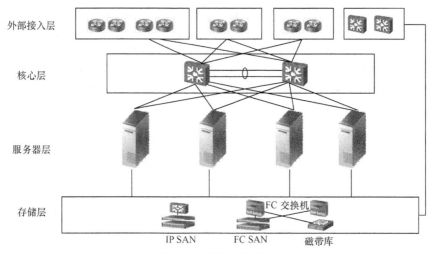

图 2-4　网络架构层次

2.1.4　存储资源

存储资源根据存储的位置可分为内部存储和外部存储。后续章节重点介绍外部存储，如第 7 章和第 9 章分别介绍 SAN 存储和 NAS 存储。这里介绍一些常见的存储设备，如图 2-5 所示。

光盘是以光信息为存储的载体并用来存储数据的一种物品。分为不可擦写光盘（如 CD-ROM、DVD-ROM 等）和可擦写光盘（如 CD-RW、DVD-RAM 等）。光盘存储有两大优点：（1）支持数据长期保存，光盘数据可以保存 100 年[12]；（2）支持海量数据的离线存储。

硬盘是数据存储媒介之一，传统硬盘由一个或者多个铝制或者玻璃制的碟

图 2-5　存储设备

片组成。碟片外覆盖有铁磁性材料，容量规格多样，有 500GB、1TB、2TB、4TB、6TB 等。本章 2.4 小节有详细介绍。

磁带是载有磁层的带状材料，主要用于记录声音、图像、数字或其他信号。磁带采用专门装置和软件进行读取，不易感染病毒，并且支持离线数据存放，因此银行等注重数据安全的单位常用磁带来存储重要数据。磁带库是一种基于磁带的备份系统，由磁带槽位、机械手臂（Robots）和驱动器（Drivers）组成，数据的读写由驱动器完成，磁带的拆卸和装填由机械手臂自动实现。磁带库能够提供基本自动备份和数据恢复功能，是集中式网络数据备份的主要设备。

　　磁盘阵列是由多个磁盘组合而成的一个大容量磁盘组，一方面，利用数据条带化方式来组织各磁盘上数据来提升整个磁盘系统性能；另一方面，利用冗余校验和镜像机制来提高数据安全性，在磁盘出现故障时，仍可以提供数据访问，并能恢复出失效数据。本书第 4 章对磁盘阵列有详细介绍。

2.2　存储系统

2.2.1　存储层次结构

　　存储系统是指计算机中由存放程序和数据的各种存储设备、控制部件及管理信息调度的设备（硬件）和算法（软件）所组成的系统。计算机的主存储器不能同时满足存取速度快、存储容量大和成本低的要求，在计算机中必须有速度由慢到快、容量由大到小的多级层次存储器，以最优的控制调度算法和合理的成本，构成具有性能可接受的存储系统，如图 2-6 所示，是一个常见的存储层次结构。在计算机系统中存储层次可分为高速缓冲存储器、主存储器、辅助存储器三级[13]。高速缓冲存储器用来改善主存储器与中央处理器的速度匹配问题；辅助存储器用于扩大存储空间。辅助存储器也称为外部存储，本书围绕外部存储系统展开介绍。

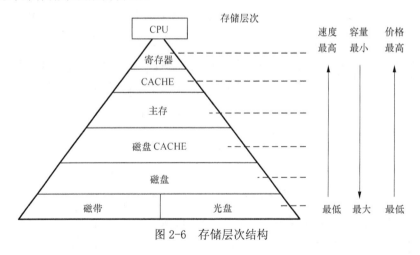

图 2-6　存储层次结构

　　图 2-6 所示的存储物理层次。事实上，除了存储物理层次，也存在存储逻辑层次，如图 2-7 所示，存储系统可以分为应用层（Application Layer）、文件/记录层（File/Record Layer）和块接口层（Block Layer），这是存储网络工业协会（SNIA）提出的第一版存储系统逻辑参考模型[14]。对存储层来说，上一存储层屏蔽下一存储层的信息，逻辑上讲，每个存储层都是一个逻辑存储设备，具有独立的存储空间，该存储空间既可以是命名空间，也可以是线性地址空间。多个相同的存储层可以通过存储空间合并的方式

整合在一起，构成一个更大规模的存储空间，这也是存储系统扩展的一般化方法。比如，在文件层，可以将多个物理文件系统组成一个更大规模的分布式文件系统；在数据块层，可以将多个物理磁盘组成一个更大的"磁盘"，如磁盘阵列。

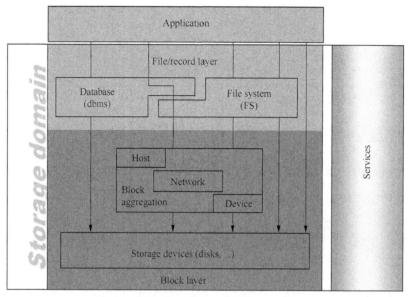

图 2-7　存储系统的逻辑参考模型（第一版）

图 2-8 所示为 SNIA 提出的第二版存储系统的逻辑参考模型。在这个版本中，分别在文件层和数据块层引入了文件级虚拟化模块和块级虚拟化模块。同时，通过 SMI-S、SNMP 等管理协议对整个存储系统进行统一的管理，包括设备发现、监控、审计、冗余、备份等。

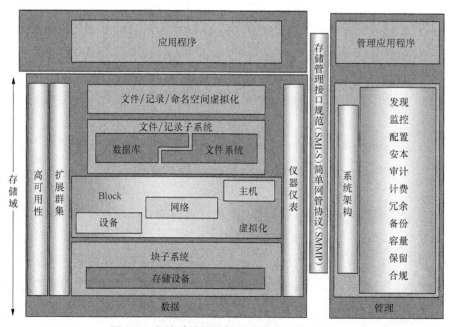

图 2-8　存储系统的逻辑参考模型（第二版）

2.2.2 I/O 访问路径

设计和部署存储系统需要理解 I/O 访问路径，I/O 访问路径是指指令和数据在存储系统中传递的通道。事实上，I/O 访问路径包括物理过程和逻辑过程，前者是数据在硬件部件上实际流动的过程，而后者是软件对数据的处理过程。

图 2-9 所示为一个主机访问远程的存储设备的物理 I/O 路径。文件请求通过网络文件协议驱动程序发给网络接口卡，并通过网络连接设备（如交换机）发送给远程存储设备（如，NAS）。

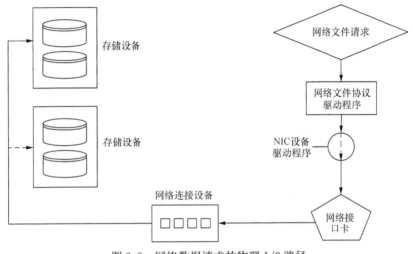

图 2-9 网络数据请求的物理 I/O 路径

图 2-10 所示为存储系统的逻辑 I/O 路径。逻辑 I/O 路径包括系统调用接口、文件系统、设备驱动程序等。下面以写请求为例，分别介绍本地写和远程写的逻辑 I/O 路径。图 2-10 的左图所示为主机内部的存储 I/O，大部分 I/O 开始于要访问数据的应用，应用通常不管存储的细节，而是直接调用由操作系统提供的系统调用接口，然后由文件系统为应用提供数据的逻辑地址和在磁盘上存储的物理地址的映射，再由设备驱动层通过 SCSI 协议的操作，将数据存储到硬盘上。图 2-10 的右图所示为主机通过网络的存储 I/O，首先 I/O 由上层应用发起，然后经过操作系统，由文件系统提供数据的逻辑地址和存储的物理地址的对应关系，经由设备驱动，到达 FC HBA 卡或者网卡，到达存储端的 FC 接口或者网络接口，将数据存储到存储设备上。

从上面描述可知，主机内部的 I/O 访问需要经历系统调用接口、文件系统访问接口、设备驱动层、驱动硬件、磁盘访问接口等环节，这些环节对数据存储的可靠性、安全性和性能都会产生重要影响，从独立主机的角度看，主机内部 I/O 流程各个环节共同构成了数据存储的内部应用环境。

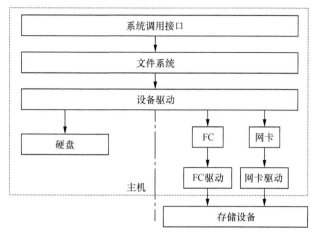

图 2-10　数据请求的逻辑 I/O 路径

在传统存储系统中，存储工作通常是由主机内置的硬盘来完成，这种设计方式使得硬盘成为整个系统的性能瓶颈；此外，由于机箱空间有限，不仅限制了硬盘数量的扩展，而且影响了硬件散热和供电布线。内置存储方式也不利于存储空间的利用和共享，因为不同计算机使用各自内置的硬盘，导致存储空间利用率较低，并且分散保存的数据也不利于数据的共享和备份。传统的 C/S 架构中，无论使用的是何种协议，存储设备都直接与服务器相连接，在这种结构下，存储设备上的任何数据读写操作都必须经由服务器，给服务器造成了沉重负担。外部存储系统的出现，彻底将服务器从繁琐的 I/O 操作中解放出来，使服务器只需要承担应用数据的操作任务，可以更充分地释放自身潜能。

2.2.3　文件系统

在计算机软件系统中，文件系统（File System，FS）是操作系统用于存储文件的方法和数据结构，即在存储设备上组织文件的方法。操作系统中负责管理和存储文件信息的软件称为文件管理系统，简称文件系统。文件系统的功能包括：管理和调度文件的存储空间，提供文件的逻辑结构、物理结构和存储方法；实现文件从标识到实际地址的映射（即按名存取），实现文件的控制操作和存取操作（包括文件的建立、撤销、打开、关闭，对文件的读、写、修改、复制、迁移等），实现文件信息的共享并提供可靠的文件保密和保护措施。

为了访问硬盘中的数据，就必需在扇区之间建立联系，也就是需要一种逻辑上的数据存储结构。文件系统负责建立这种逻辑结构，在硬盘上建立文件系统的过程通常称为"格式化"。如图 2-11 所示，硬盘数据的管理通过文件分区表，记录数据的地址，然后通过地址记录实现对数据的读取。

Windows、Linux、Macintosh 操作系统都有对应的文件系统，比如，Windows 的 FAT16、FAT32、NTFS 等；Linux 的 EXT2、EXT3、EXT4 等；Macintosh 的 HFS、HFS+等。上面这些

都是主机文件系统，主机文件系统也称为本地文件系统。此外，还有一类重要的文件系统是分布式文件系统。分布式文件系统均为客户端/服务器端（Client/Server，C/S）架构，数据保存在服务器端，而客户端的应用程序能够像访问本地文件系统一样访问位于远程服务器上的文件。限于篇幅，下面简单介绍应用较广的两种本地文件系统 NTFS 和 EXT3 和两种分布式文件系统 Lustre 和 HDFS。

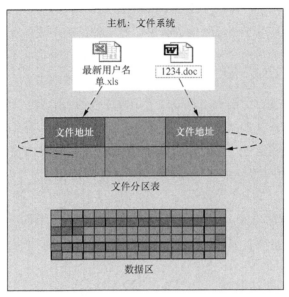

图 2-11　文件系统

1. NTFS

NTFS 文件系统是一个面向安全性的文件系统，是 Windows NT 所采用的独特文件系统结构，它是建立在保护文件和目录数据的基础上，节省存储资源的一种先进的文件系统[15]。NTFS 的特点主要体现在以下几个方面。

（1）NTFS 分区最大可以达到 2TB；

（2）NTFS 是一个可恢复的文件系统。当发生系统失败事件时，NTFS 通过使用标准的事务处理日志和恢复技术来保证分区的一致性；

（3）NTFS 支持对分区、文件夹和文件的压缩。任何 Windows 应用程序在 NTFS 分区进行数据读写时，文件系统自动压缩和解压缩。对文件进行读取和写入时，文件将分别进行解压缩和压缩；

（4）NTFS 采用了更小的数据访问单元，可以有效地管理磁盘空间，避免磁盘空间的浪费；

（5）在 NTFS 分区上，可以为共享资源、文件夹以及文件设置访问许可权限；

（6）NTFS 文件系统支持磁盘配额管理。磁盘配额是指管理员可以为用户所能使用的磁盘空间进行配额限制，每一用户只能使用最大配额范围内的磁盘空间；

（7）NTFS 使用"变更"日志来跟踪记录文件所发生的变更。

2. Ext 3

Ext 2/Ext 3/Ext 4 是 GNU/Linux 系统中标准的文件系统，其具有存取性能好的优点，对于中小型的文件访问具有优势。Ext 文件系统中，其单一文件大小和文件系统容量上限都与文件系统访问单元（即，簇）大小有关。例如，常见 X86 系统的簇最大为 4KB，则单一文件大小上限为 2048GB，文件系统的容量上限为 16384GB。

Ext 3 文件系统是对 Ext 2 系统的扩展，是一种日志文件系统[16][17]。日志式文件系统的最大特色是，它会将整个磁盘的写入动作完整记录在磁盘的某个区域上，以便有需要时可以回溯追踪。数据写入操作涉及许多步骤，包括改变文件头信息、搜寻磁盘可写入空间、一个个写入磁盘空间等，若每一个步骤进行到一半被中断，就会造成文件系统的不一致。采用日志式文件系统之后，由于详细纪录了每个步骤细节，故当某个步骤被中断时，系统可以根据这些记录直接回溯并重新完成被中断的部分，而不必花时间去检查其他的部分，所以 Ext3 文件系统具有很高的性能和可靠性。

3. Lustre

Lustre 文件系统于 1999 年在 Carnegie Mellon University 启动，现在已经发展成为应用最广泛的分布式文件系统[18]。Lustre 是一个开源项目，并运行在知名集群存储系统中，如 Blue Gene。

Lustre 官方手册中给出了 Lustre 文件系统的架构，如图 2-12 所示。Lustre 文件系统也是一个三方架构，包括了 MDS（元数据服务器）、OSS（对象存储服务器）和 Client（客户端）这 3 个模块。文件的打开（open）和关闭（close）、元数据以及并发访问控制都在 Client 和 MDS 之间进行；文件 I/O 操作以及文件锁在 OSS 和 Client 之间进行；文件备份、文件状态获取以及文件创建等在 MDS 和 OSS 之间进行。目前 Lustre 文件系统最多可以支持 100000 个 Client，1000 个 OSS 和 2 个 MDS 节点。

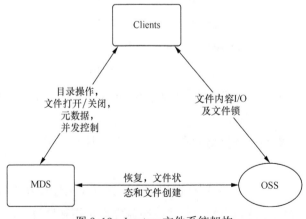

图 2-12　Lustre 文件系统架构

4. HDFS

HDFS 是一个支持数据密集型分布式应用的分布式文件系统。它能够保证应用可以在上千个低成本商用硬件存储节点上处理 PB 级的数据，和 Lustre 一样也是开源项目。HDFS 运行在商用硬件上，它具备高容错性，可运行在廉价硬件上；HDFS 能为应用程序提供高吞吐率的数据访问，适用于大数据集的应用；HDFS 在 POSIX 规范进行了修改，使之能对文件系统数据进行流式访问，从而适用于批量数据的处理。

如图 2-13 所示，HDFS 是一种 C/S 模式的系统结构[19][20]。主服务器，即图中的命名节点，它管理文件系统命名空间和客户端访问，具体文件系统命名空间操作包括"打开""关闭""重命名"等，并负责数据块到数据节点之间的映射；数据节点除了负责管理挂载在节点上的存储设备，还负责响应客户端的读写请求。HDFS 将文件系统命名空间呈现给客户端，并运行用户数据存放到数据节点上。从内部构造看，每个文件被分成一个或多个数据块，从而这些数据块被存放到一组数据节点上；数据节点会根据命名节点的指示执行数据块创建、删除和复制操作。为了保证数据不丢失，HDFS 通过在三个数据节点上复制数据以保证可靠性，即，每个数据块存放三份副本。当用户访问文件时，HDFS 把离用户最近的副本数据传递给用户使用。

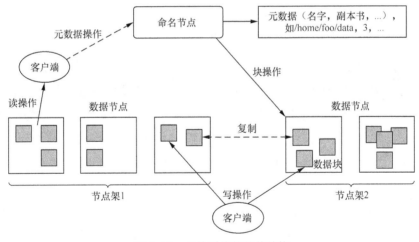

图 2-13　文件系统的整体结构

2.3　基本存储设备

基本存储设备是用来存放数据的实际物理载体，不同的存储设备具有不同的物理存储机理，从而导致存取过程的差异。例如，机械硬盘和固态硬盘都按照寻址访问，机械硬盘采用金属盘片，内嵌机械装置，抗震性差，固态硬盘使用闪存颗粒，读写性能好。

机械硬盘和固态硬盘是目前市面上最为常见的两种基本存储设备,下面分别介绍两种硬盘的实现原理和工作特性。

2.3.1 机械硬盘

1. 机械硬盘结构及相关参数

机械硬盘指传统普通硬盘。如图 2-14 所示,物理结构包含机械装置和电子装置,可以分为如下部分:磁头组件、磁头驱动机构、盘片组、主轴驱动装置、控制电路和接口。

图 2-14 机械硬盘结构

磁头组件:用于数据的读取和写入。硬盘磁头是硬盘进行读写的"笔尖",是硬盘中最精密的部位之一,它由读写磁头、传动手臂、传动轴三部份组成。磁头采用了非接触式头、盘结构,加电后在高速旋转的磁盘表面移动,与盘片之间的间隙只有 0.1μm~0.3μm,这样可以获得很高的数据传输率。现在转速为 7200 转的硬盘飞高(磁头距离盘面高度)一般都低于 0.3μm,以利于读取高信噪比信号,提高数据传输的可靠性。

磁头驱动机构:磁头移动需要磁头机构驱动才能实现,该机构驱动磁头臂将磁头送到指定的位置。磁头驱动机构由电磁线圈电机、磁头驱动小车、防震动装置构成,高精度的轻型磁头驱动机构能够对磁头进行正确的驱动和定位,并能在很短的时间内精确定位系统指令指定的磁道。

盘片组:数据的载体。现在硬盘盘片大多采用金属薄膜材料,金属薄膜具有更高的存储密度、高剩磁及高矫顽力等优点。除了金属盘片,还有一种被称为"玻璃盘片"的材料作为盘片基质,玻璃盘片比普通盘片在运行时具有更好的稳定性。

主轴驱动装置:驱动盘片维持高速运转的装置。随着硬盘容量的扩大,主轴电机的速度也在不断提升,开始采用精密机械工业的液态轴承电机技术,这样有利于降低硬盘工作噪音。

控制电路：控制磁头感应的信号、主轴电机调速、磁头驱动和伺服定位等，由于磁头读取的信号微弱，将放大电路密封在腔体内，可减少外来信号的干扰，提高操作指令的准确性。

接口：用于硬盘与主板连接，常见的接口类型有以下几种。

ATA 全称是 Advanced Technology Attachment，采用传统 40-Pin 并口数据线连接主板与硬盘，外部接口速度最大为 133Mbit/s，由于并口数据线的抗干扰能力差，且排线占空间，不利计算机散热，ATA 逐渐被串口 ATA 所取代。

SATA 全称是 Serial Advanced Technology Attachment，也就是使用串口的 ATA 接口，因抗干扰性强，且传输线比 ATA 的细得多，支持热插拔等功能，已被广为接受。SATA-I 的外部接口速度已达到 150MB/s，SATA-II 达到 300Mbit/s，SATA-III 将达到 600Mbit/s。

SCSI 全称为 Small Computer System Interface，历经 3 代的发展，从 SCSI-1、SCSI-2 到 SCSI-3（参看本书 6.3 小节的介绍）。工作站级个人计算机及服务器通常采用 SCSI 硬盘，原因在于 SCSI 硬盘支持高转速（如，15000RPM），且数据传输时占用较少 CPU 资源。SCSI 硬盘的单价比 ATA/SATA 硬盘贵。

SAS 全称是 Serial Attached SCSI，是新一代的 SCSI 技术，它使用串口的 SCSI 接口，其传输速度，可达到 12Gbit/s。

硬盘可以读取已保存的数据和写入需要保存的数据，写入数据实际上是通过磁头对硬盘表面的可磁化单元进行磁化。硬盘将二进制的数字信号以同心圆轨迹的形式一圈一圈的记录在涂有磁介质的高速旋转的盘面上。读取数据时，只需把磁头移动到相应的位置读取此处的磁化编码状态即可。磁盘读写采用随机存取的方式，因此可以以任意顺序读取硬盘中的数据。机械硬盘工作时，电动马达驱动盘片高速旋转，再辅以磁头的操作来存取数据。机械硬盘的磁头，如图 2-15 所示。

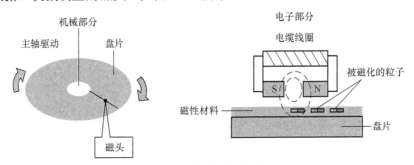

图 2-15　机械硬盘的磁头

机械部分遵循着以下 4 个原则：（1）系统在密封机构里；（2）盘片固定并由主轴驱动进行高速旋转；（3）磁头沿盘片径向移动；（4）磁头在盘片上方飞行。

电子部分遵循着以下 3 个原则：（1）盘片上溅镀金属性粒子，呈不规则排列；（2）通过控制线圈上的电流，磁头形成磁场；（3）对盘面上的金属粒子进行磁化。

机械硬盘盘片的物理构造如图 2-16 所示。

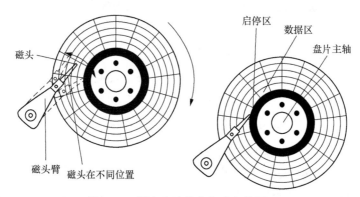

图 2-16 硬盘盘片的启停区和数据区

硬盘盘片可分为 4 部分，即"启停区""定位 0 磁道""固件区""数据区"。

（1）启停区：盘片中间靠近主轴电机的地方，硬盘不加电时磁头停留在此区域，因为这块区域没有任何数据，适合磁头的起落。

（2）定位 0 磁道：是硬盘初始化时磁头用来定位的磁道，它是磁头寻道的起点和终点，每次磁头寻道都从定位 0 磁道出发，寻道结束后回到定位 0 磁道。

（3）固件区相当于硬盘的操作系统，位于盘片的最外层，也叫负磁道。固件区内保存着硬盘最底层的基本控制程序和基本参数。主要包括缺陷列表、检验算法公式和内部操作指令等。

（4）数据区位于盘片的正磁道内，涂抹磁介质用来记录数据。

硬盘盘片在逻辑上被划分为磁道、柱面以及扇区，其结构关系如图 2-17 所示。

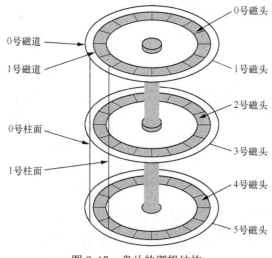

图 2-17 盘片的逻辑结构

（1）磁道（Track）

磁盘在格式化时被划分成许多同心圆，这些同心圆轨迹叫做磁道（Track）。磁道由外而内从 0 开始顺序编号。硬盘的每一个盘面有 300～1024 个磁道，新式大容量硬盘每面的磁道数更多。这些同心圆不是连续记录数据，而是被划分成一段段的圆弧。圆弧的角速度一样，但由于径向长度不一样，所以线速度也不一样，外圈的线速度较内圈的线速度大，即同样的转速下，外圈在同样时间段里，滑过的圆弧长度要比内圈滑过的圆弧长度大。每段圆弧叫做一个扇区，扇区从“1”开始编号，每个扇区中的数据作为一个单元进行读出或写入。一个标准的 3.5 英寸磁盘的盘面通常有几百到几千条磁道。磁道是“看”不见的，它是盘面上以特殊形式磁化了的磁化区，在磁盘格式化时就已规划完毕。

（2）柱面（Cylinder）

所有盘面上的同一磁道构成一个圆柱，称为柱面（Cylinder），每个圆柱上的磁头由上而下从“0”开始编号。数据的读写按柱面进行，即磁头读写数据时首先在同一柱面内从“0”磁头开始进行操作，依次向下在同一柱面的不同盘面上进行操作，当同一柱面所有的磁头全部读写完毕后，磁头才移到下一柱面，之所以数据的读写按柱面进行，而不按盘面进行，是因为选取磁头只需通过电子切换，而选取柱面则必须通过机械切换。电子切换比磁头移动快得多。也就是说，一个磁道写满数据后，就在同一柱面的下一个盘面来写，等一个柱面写满后，才移到下一个扇区开始写数据。读数据也按照这种方式进行，这样就提高了硬盘的读写效率。

一块硬盘驱动器的圆柱数（即，每个盘面的磁道数）既取决于每条磁道的宽窄，也取决于定位机构所决定的磁道间步距的大小。

（3）扇区（Sector）

磁道可以划分成若干段，每段称为一个扇区（Sector）[21]。扇区是硬盘上存储的物理单位，包括 512 个字节的数据和一些其他信息。即使计算机仅仅需要硬盘中的某个字节，也必须一次性地读出这个字节所在的扇区中的全部 512 个字节，再选择所需的那个字节。扇区数据主要有两个部分：存储数据的标识符和存储数据的数据段。

标识符：除了包括扇区地址：扇区所在的磁头（或盘面）、磁道（或柱面号）以及扇区在磁道上位置（即扇区编号），还包括一个标记字段，标记扇区是否可以存储数据或者已有故障不宜使用。有些硬盘控制器在扇区标志符中还记录提示信息，用于在原扇区出错时指引磁盘转到对应替换扇区或磁道。标识符以循环冗余校验（CRC）值作为结束，供控制器检验标识符是否有误。

数据段：分为数据和保护数据的纠错码（ECC）。

每条磁道中，扇区号是按照某个间隔跳跃着编排。假设 2 号扇区是 1 号扇区后的按顺序的第 8 个扇区，3 号扇区又是 2 号扇区后的按顺序的第 8 个扇区，依此类推，这个“8”称为交叉因子。如图 2-18 所示，如果交叉因子是“1”，那么扇区就按照顺序连续编号。一般地,数据读取经常需要按顺序读取一系列相邻的扇区(逻辑数据相邻)。如对磁道扇区按物理顺序进行编号,很有可能出现当磁头读取完第一个扇区后,由于盘片转速过快来不及读取下一个扇区,必须等待转完一圈,这极大浪费了时间。于是,工程师提出用交叉因子来解决这个问题。一个硬盘驱动器的交叉因子取决于磁盘控制器的速度、主板的时钟速度、与控制器相连的输出总线的操作速度等。磁盘的交叉因子值太高或太低,数据在磁盘上存入和读出的等待时间都会增加。

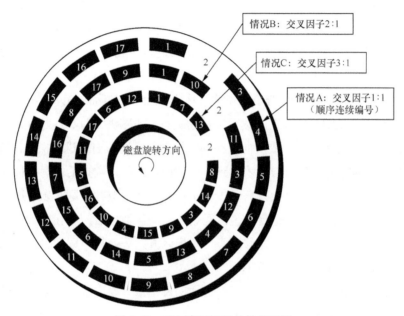

图 2-18　不同交叉因子的效果示例

前面已经提及,在磁盘上写入或读取数据时,写满一磁道后转向同一柱面的下一个磁头,当柱面写满时,再转向下一柱面。这些转换都需要时间,而在此期间磁盘始终保持高速旋转,这就会带来一个问题。假定系统刚刚结束对一个磁道最后一个扇区的写入,并且已经设置了最佳交叉因子值,现在准备在下一磁道的第一个扇区写入,这时就要等到磁头部件重新定位并按径向方向到达下一磁道。如果这个操作占用时间超过了一点点,尽管有交叉存取,磁头仍会延迟到达。解决的办法是以原先磁道所在位置为基准,把新磁道(下一磁道)上全部扇区号移动约一个或几个扇区位置,这就是磁头扭斜。磁头扭斜可以理解为柱面与柱面之间的交叉因子,硬盘出厂便设置好,用户一般不用去改变它。磁头扭斜只在文件较长超过磁道结尾进行读出和写入时才发挥作用。所以,扭斜设置不正确所带来的时间损失比交叉因子小得多。

(4)簇(Cluster)

磁盘中,扇区是实际物理单位,簇就是硬盘上存储文件的一个逻辑单位。物理相邻的若干个扇区组成一个簇(Cluster)。操作系统读写磁盘的基本单位是扇区,而文件系统的基本单位是簇。

在 Windows 系统中，任意找一个几十字节的文件，右键属性，查看实际大小与占用空间两项内容，如大小：15 字节，占用空间：8.00KB（8 192 字节）。这里的占用空间就是机器分区的簇大小，因为再小的文件都会占用空间（逻辑基本单位是 8KB，所以都会占用 8KB）。簇一般有这几类大小：4KB、8KB、16KB、32KB、64KB 等。簇越大存储性能越好，但空间浪费严重。簇越小性能相对越低，但空间利用率高。

（5）磁头数（Head Number）

磁盘上每个盘面都有对应的读写磁头；磁头数与盘面数相等。

硬盘的各项基本参数影响着这个硬盘的性能表现，从而与整个系统的性能有着密切的关系。硬盘的各项基本参数如图 2-19 所示。

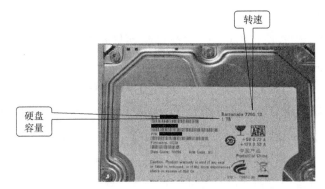

图 2-19　硬盘主要参数

（1）容量

磁盘作为数据存储设备，容量是硬盘最主要的参数。硬盘的容量以兆字节（MB）或千兆字节（GB）为单位（1GB=1024MB）。不过硬盘厂商在标称硬盘容量时通常取 1GB=1000MB，因此人们在系统中看到的容量往往会比标称值要小一些。硬盘的容量参数还包括硬盘的单碟容量和碟片数量。所谓的单碟容量是指硬盘单个盘片的容量，单碟容量越大，单位成本越低，平均访问时间也越短。

（2）转速

转速是硬盘内电机主轴的旋转速度，也是硬盘盘片在一分钟内所能完成的最大转数。转速是表示硬盘档次的重要参数之一，也是决定硬盘内部传输率的关键因素之一，在很大程度上直接影响到硬盘的传输速度。硬盘转速以每分钟多少转来表示，单位为 RPM（Revolutions Per Minute）。RPM 值越大，内部传输率就越高，访问时间就越短，硬盘整体性能也越好。目前主流 SATA 硬盘的转速一般为 5400RPM 和 7200RPM，SAS 硬盘转速一般为 7200RPM、10000RPM 和 15000RPM。

（3）平均访问时间

平均访问时间主要由以下三项构成：平均寻道时间、平均等待时间和数据传输时间，其中，数据传输时间非常小，可以忽略不计。

平均寻道时间（Average Seek Time）是指磁头移动到指定磁道所需的时间，单位为 ms。它由转速、单碟容量等多个因素综合决定的。一般来说，硬盘的转速越高，其平均寻道时间就越低；单碟容量越大，其平均寻道时间就越低。目前主流机械硬盘的平均寻道时间通常在 6ms 到 12ms 之间。

平均等待时间（Average Latency Time）是指磁头已处于指定的磁道，等待所要访问的扇区旋转至磁头下方的时间。平均等待时间通常为盘片旋转半周所需时间（平均情况下，需要旋转半圈），因此硬盘转速越快，等待时间就越短，一般应在 4ms 以下。以一个 7200PRM 的硬盘为例，每旋转一周所需时间为 $60 \times 1000 \div 7200 = 8.33$ms，则平均等待时间为 $8.33 \div 2 = 4.17$ms。

（4）传输速率

传输速率（Data Transfer Rate）是指硬盘读写数据的速度，单位为 MB/s。硬盘数据传输率包括内部数据传输率和外部数据传输率。

内部传输率（Internal Transfer Rate）也称为持续传输率（Sustained Transfer Rate），它反映了硬盘缓冲区未用时的性能。内部传输率主要依赖于硬盘的旋转速度，它可以明确表现出硬盘的读写速度，它的高低是评价一个硬盘整体性能的决定性因素。

外部传输率（External Transfer Rate）也称为突发数据传输率（Burst Data Transfer Rate）或接口传输率，它标称的是系统总线与硬盘缓冲区之间的数据传输率，外部数据传输率主要跟硬盘接口类型和硬盘缓存的大小有关。

（5）缓存大小

缓存（Cache memory）是硬盘控制器上的一块内存芯片，具有极快的存取速度。由于硬盘的内部数据传输速度和外界接口传输速度不同，缓存在其中起到一个缓冲的作用，因此，它是硬盘内部存储和外界接口之间的缓冲器。

缓存有助于大幅度提高硬盘整体性能，缓存的大小是直接关系到硬盘传输速度的重要因素。当硬盘存取零散数据时需要不断地在硬盘与内存之间交换数据，如果有缓存，则可以将那些零散数据暂存在缓存中，不仅减小盘外系统的负荷，也提高了数据的传输速度，从而提高硬盘的整体传输性能。

2. 硬盘 IOPS 计算

I/O 指的是输入/输出，衡量 I/O 速度通常采用 IOPS（Input/Output Per Second）。硬盘 IOPS 代表的是每秒的输入输出量（或读写次数），它是衡量磁盘性能的一个主要指标。机械硬盘的连续读写性很好，但随机读写性能很差。图 2-20 所示为顺序访问和随机访问的示意。读写数据时，需要将磁头移至指定的磁道上，即，寻道。随机读写将引起磁头不停地在不同磁道上移动，而寻道操作需要一定时间，从而限制了随机读写性能。

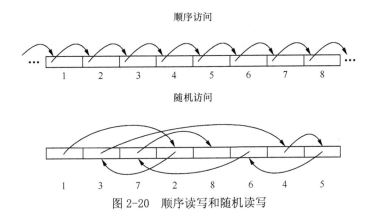

图 2-20　顺序读写和随机读写

　　吞吐量（Throughput）指单位时间内成功传输的数据量。相比 IOPS 指标，顺序大文件读写的应用（如视频编辑、视频点播）更加关注吞吐量指标。例如，读取 10000 个 1KB 文件，用时 10s，则 Throughput=1Mbit/s，IOPS=1000；读取 1 个 10MB 文件，用时 0.2s，则 Throughput=50Mbit/s，IOPS=5。可以看出，小文件读写应用重视 IOPS，而大文件读写应用追求吞吐量。

　　常见磁盘的平均物理寻道时间为：

　　7200RPM 的 SATA 硬盘平均物理寻道时间大约为 9ms；

　　10000RPM 的 SAS 硬盘平均物理寻道时间大约为 6ms；

　　15000RPM 的 SAS 硬盘平均物理寻道时间大约为 4ms。

　　常见硬盘的旋转延迟（即，平均等待时间）为：

　　7200RPM 的磁盘平均旋转延迟大约为 $60 \times 1000/7200/2=4.17$ms；

　　10000RPM 的磁盘平均旋转延迟大约为 $60 \times 1000/10000/2=3$ms；

　　15000RPM 的磁盘平均旋转延迟大约为 $60 \times 1000/15000/2=2$ms。

　　最大 IOPS 的理论计算方法：

　　IOPS=1000ms/（寻道时间+旋转延迟）

　　7200RPM 的磁盘 IOPS=1000/（9+4.17）=76；

　　10000RPM 的磁盘 IOPS=1000/（6+3）=111；

　　15000RPM 的磁盘 IOPS=1000/（4+2）=166。

　　表 2-1 所列是一些常见硬盘 IOPS 的参考值（数据仅供参考）。

表 2-1　　　　　　　　　　　　　　　　硬盘 IOPS

尺寸	转速	接口	IOPS
2.5″	10000 RPM	SAS	113
2.5″	15000 RPM	SAS	156
3.5″	15000 RPM	SAS	146
2.5″	5400 RPM	SATA	71
3.5″	7200 RPM	SATA	65

（续表）

尺寸	转速	接口	IOPS
3.5″	10000 RPM	U320	104
3.5″	15000 RPM	U320	141
3.5″	10000 RPM	FC	125
3.5″	15000 RPM	FC	150
3.5″	10000 RPM	FATA	119

2.3.2 固态硬盘

固态硬盘（Solid State Disk，SSD）是一种以固态电子存储芯片作为永久性存储器的存储设备[22]。虽然固态硬盘不是使用"碟盘"来记存数据，也没有用于"驱动"的马达，但是人们依照命名习惯，仍然称为固态硬盘或固态驱动器。固态硬盘分为易失性与非易失性两种，这里着重介绍更适合作为传统硬盘替代品的非易失性固态硬盘。

固态盘的存储介质是闪存颗粒，闪存（Flash）是一种电压控制型器件[23]。非易失性固态硬盘采用的是 NAND 型闪存。NAND 型闪存分为单层单元闪存（Single-Level Cell，SLC）和多层单元闪存（Multi-Level Cell，MLC）两种，两者主要区别是 SLC 每一个单元储存一位数据（1bit），而 MLC 每一个单元储存两位数据（2bit），因此 MCL 的数据密度要比 SLC 大一倍，并且从成本角度看，MLC 也具有很大的优势。SLC 的特点是成本高、容量小、速度快，而 MLC 的特点是容量大、成本低，但是速度慢。另外，SLC 在寿命、可靠性和能耗三方面都优于 MLC。

固态硬盘结构原理如图 2-21 所示。

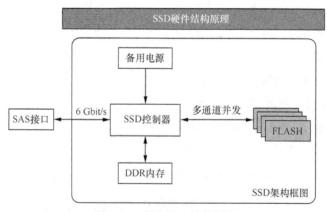

图 2-21　固态硬盘结构原理

非易失性固态硬盘中数据的存取主要由 NAND Flash 及其主控芯片来实现，整体结构为纯电路芯片结构[24]。相对于机械硬盘，固态硬盘有以下优点：无高速旋转部件，性能高、功耗低；多通道并发，通道内 Flash 颗粒复用时序；支持 TCQ/NCQ，一次响应多个 I/O 请求；典型响应时间低于 0.1ms。

NCQ（Native Command Queuing）与 TCQ（Tagged Command Queuing）是优化硬盘性能的指令排序技术，通过把计算机发向硬盘的指令进行重新排序，使得硬盘在相同时间间隔能完成更多的 I/O 请求，从而提高硬盘的总体效率。NCQ 技术在 300Mbit/s 的 Serial ATA II 规格中引入，针对的是主流的硬盘产品，而 TCQ 技术是在 SCSI-2 规格中引入，针对的是服务器以及企业级硬盘产品。要使用 NCQ 和 TCQ 功能，前提是芯片组硬盘接口和硬盘产品二者都支持 NCQ 和 TCQ。

相比机械硬盘，固态硬盘在性能、能耗和环境适应性方面存在优势。

（1）性能优势

硬盘性能主要体现在响应时间和读写效率上，一方面，固态硬盘的响应时间短。传统硬盘的机械特性导致大部分访问时间浪费在寻道和机械延迟上，数据传输效率受到严重制约；而固态硬盘内部没有机械运动部件，省去了寻道时间和机械延迟，可以更快捷地响应读写请求。

另一方面，固态硬盘的读写效率高。机械硬盘在进行随机读写操作时，磁头不停地移动，导致读写效率低下；而固态硬盘通过内部控制器计算出数据的存放位置，并进行读写操作，省去了机械操作时间，大大提高了读写效率。例如，在 4KB 随机读写情况下：FC 硬盘的性能为 400/400 IOPS，固态硬盘的性能为 26000/5600 IOPS。

（2）能耗优势

无论是机械硬盘还是固态硬盘，它们都需要通电来进行工作。除了上述性能优势，固态硬盘在能耗方面的表现也优于机械硬盘。固态硬盘和机械硬盘功耗对比如图 2-22 所示。

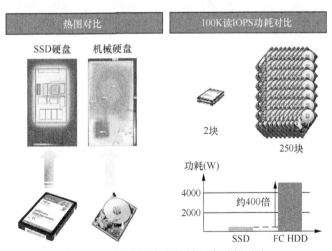

图 2-22　固态硬盘和机械硬盘功耗对比

由于机械硬盘采用机械方式工作，其功耗主要用于马达驱动和磁头读写，因此硬盘功耗和盘片大小与转速密切相关，比如，3.5 英寸机械硬盘运行功耗约为 2.5 英寸机械硬盘的 2 倍。

固态硬盘的工作功耗主要用于主控的运算和闪存芯片擦写，相比于机械硬盘，固态硬盘功耗小一些。还需要指出的一点是，固态硬盘在计算机待机状态下可以几乎完全断电，而机械硬盘为了保证唤醒速度很难做到完全断电，因此在待机能耗这一点上固态硬盘也是占优的。

（3）环境适应性优势

相比机械硬盘，固态硬盘具有很强的环境适应性，其原因在于固态硬盘不含高速旋转的机械结构部件。固态硬盘可承受振动加速度 16.4G，机械硬盘一般为 0.5G 以下；固态硬盘抗冲击 1500G，机械硬盘一般为 70G 左右；另外，使用专用设备进行静压试验、跌落试验、随机振动试验、冲击试验、碰撞试验等可靠性检测，固态硬盘也有更优的表现。

固态硬盘通常能满足工业级应用要求，如–20℃到 70℃、–40℃到 85℃的宽温要求。简言之，固态硬盘可用在一些环境较恶劣的场合，如高温、高湿、强震等恶劣环境下使用。

2.4　存储虚拟化

2.4.1　存储虚拟化概述

一个大型公司的关键数据往往分布在几十甚至上百个站点上，一个 SAN 系统往往有许多异构的服务器和存储设备，因此业务数据的高效、安全管理成为存储系统的一大挑战。同时，随着存储系统规模的增大，存储管理开支的增长速度远高于硬件投资的增长速度。针对存储管理这一挑战，存储系统设计者提出了存储虚拟化技术。存储虚拟化在存储设备上加入一个逻辑层，通过逻辑层访问存储资源，对管理员来说，可以很方便的调整存储资源，提高存储利用率。由于存储虚拟化屏蔽了具体的存储资源的物理细节，并给统一访问接口，用户不必关心存储设备的配置、物理位置、物理参数甚至容量限制等，从而给用户提供了更好的性能和易用性。有报告指出，存储虚拟化能够每年为客户节约 24% 硬件成本、16% 软件成本和 19% 存储管理成本。

SNIA 对存储虚拟化（Storage Virtualization）的定义如下："The act of abstracting, hiding, or isolating the internal function of a storage (sub) system or service from applications, compute servers or general network resources for the purpose of enabling application and network independent management of storage or data." 其含义是，通过对存储（子）系统或存储服务的内部功能进行抽象、隐藏或隔离，使存储或数据的管理与应用、服务器、网络资源的管理分离，从而实现应用和网络的独立管理。

对存储服务和设备进行虚拟化，能够在对下一层存储资源进行扩展时进行资源合并，降低实现的复杂度。如图 2-23 所示，根据实现位置，存储虚拟化包括基于主机的存储虚拟化、基于网络的存储虚拟化和基于存储设备/存储子系统的存储虚拟化；根据实现方式，可以分为带内虚拟化和带外虚拟化，带内传输模式是指数据流和控制流采用同一通道，而带外传输模式指数据流和控制流经过不同通道。

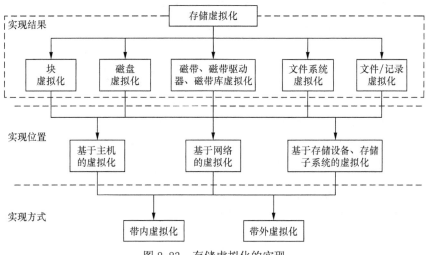

图 2-23　存储虚拟化的实现

　　另外，存储虚拟化可以在系统的多个层面实现，如磁盘虚拟化、磁带虚拟化、磁带库虚拟化、文件系统虚拟化等。从 SNIA 发布的存储系统的逻辑参考模型第二版，如图 2-8 所示，可以看出，存储虚拟化主要可以归为两类：数据块级虚拟化和文件级虚拟化。

2.4.2　数据块级虚拟化

　　数据块级虚拟化的两个典型案例是 RAID 和 SAN[25]。

　　磁盘阵列（RAID）的虚拟化是由 RAID 控制器实现的，它提供硬 RAID 或软 RAID 技术，将多个物理磁盘按不同的分块级别组织在一起，通过主板上 CPU 及阵列管理固件来控制及管理硬盘，解释用户的 I/O 指令并将它们发给物理磁盘执行，从而屏蔽了具体的物理磁盘，为用户提供了一个统一的具有容错能力的逻辑虚拟磁盘，用户对 RAID 的存储操作就像对普通磁盘一样。由于 IDE 通道的数量和速度的限制，RAID 的传统接口一直使用的是 SCSI。随着存储技术的飞速发展，许多新的 RAID 技术也不断开发出来，许多厂商的存储设备的磁盘阵列开始提供 2GB 的高速接口。文献[26]介绍了近来康柏的 Virtualized Array（虚拟阵列）可以说是 RAID 的发展，它将系统内的所有硬盘当作一个统一的存储空间来管理，所有的子阵列，都平均分摊到每一个系统内的物理硬盘上。整个系统中的硬盘数量可以任意进行改变，数据的存放可以随着组的调整而动态调整。与传统 RAID 相比，它使用了全光纤通道体系结构，能够满足对数据输入输出性能和可扩展性有较高要求的用户，具有更大的优势，更适合高端开放系统的用户。

　　SAN 存储设备用专用网络（如，FC）相连的，SAN 可以提供灵活的存储模型，服务器和设备可以在其中任意互联，传送比 SCSI 更远的距离，由于 SAN 的这些优异的性能，使其成为企业存储的重要技术。然而，SAN 技术存在如下问题：（1）不同厂家的软硬件产品、不同的操作系统以及不同的数据格式造成在 SAN 中的互联困难重重。各厂家单独组网工作得很好，一旦其中有别的厂家的设备，要么连不上，要么出错；（2）虽然各厂家的设备都遵循光纤通道标准，但具体的实现又有很大差别。即使各厂家都愿意将技术改变以适应互联，其工作量也是令人难以接受的；（3）由于 SAN 本身的专有性，使得公司内部容易形成许多规模不同的 SAN 存储孤岛，存储孤岛的存在容易造成数据的安全隐患，数量庞大的业务数据不能共享，对公司数据的正常管理和运行会构成威胁。针对上述问题，需要采取 SAN 虚拟化技术。

实现 SAN 虚拟化时，需要在原有体系结构中加入一个新的虚拟化层架构。通过这个虚拟化层，可以将多种设备上比较小的存储容量集合起来，虚拟成一个大的磁盘，提高存储容量的使用率，为应用程序和用户提供 SAN 的全局逻辑虚拟化视图。服务器不必关心后端的物理设备的物理特性，也不会因为物理设备发生任何变化而受影响，从用户和应用程序看来，原来复杂结构的 SAN 就是一个结构相对简单的、具有统一界面的虚拟存储池，它对用户和应用程序完全透明，利用 SAN 虚拟化，用户和应用程序可以把 SAN 作为一个单一的、同构的资源池来存取和控制。用户可以根据不同应用系统的需要对这个存储池进行任意的分割并任意的分配给特定的主机或应用系统，从而对 SAN 中的数据进行管理、保护、使用和操作，对设备进行监控，充分发挥 SAN 存储潜能。

华为 OceanStor S5500 V3 和 FusionStorage 将存储设备组织成一个类似 SAN 设备的虚拟存储池，对上层应用提供存储功能，包括精简配置、差量快照和链接克隆。其实现结果如图 2-24 所示。

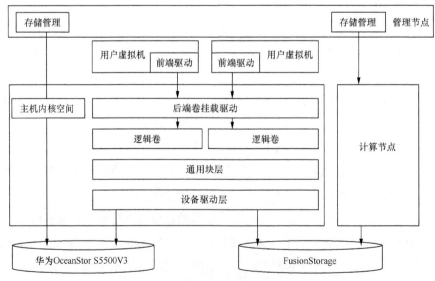

图 2-24　块级存储虚拟化的具体结构

2.4.3　文件级虚拟化

文件级虚拟化的典型案例是分布式文件系统。连接数据中心中成百上千个存储节点的分布式文件系统（如 Lustre、HDFS）需要管理整个系统中所有存储节点上的文件资源，从而把分布式存放的文件资源以统一的视图呈现给用户。此外，分布式文件系统还需要隐藏内部的实现细节，对用户和应用程序屏蔽各个存储节点底层文件系统之间的差异，以提供给用户统一的访问接口和方便的资源管理方式。在设计分布式文件系统时，需要关注命名空间和访问接口等方面。

1. 命名空间

如图 2-25 所示，在分布式存储系统中，存储空间又被进一步划分为不同的节点空间（Vnode）。Vnode 是具备基本的自我管理自我组织的底层物理文件功能单元，是管理存储空间上各种逻辑资源（如 Inode、数据块、节点位图、数据块位图等）的逻辑单位。一个存储节点（如，NAS 设备）上的存储空间可视为节点空间 Vnode。借助节点空间，可以实现各种基于策略的数据组织，例如，系统可以将多个节点空间组织成线性存储空间，也可以组织成镜像存储空间。另外，可以根据剩余空间变化来分配数据份额，以平衡空间使用；也可以根据访问频度将负载均衡分布到各个节点空间上。命名空间可以采用轻量级管理方式，即每个节点空间维护自己的目录与文件树结构，而虚拟存储服务器负责全局命名空间管理。特别的，涉及到目录树合并点（join point）的操作完全由虚拟存储服务器负责。这种命名空间管理方式的优势是能够减轻服务器的命名服务开销，当应用涉及目录操作时，虚拟存储服务器可以立即进行 lookup 操作并迅速返回请求结果。

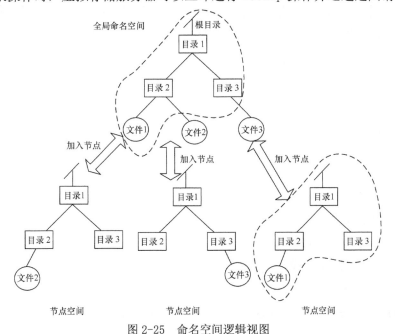

图 2-25　命名空间逻辑视图

2. 访问接口

用户最终通过文件系统提供的访问接口来存取数据。在 Linux 环境下，最好的方案是提供可移植操作系统接口（Portable Operating System Interface of UNIX，POSIX）的支持，POSIX 标准定义了操作系统应该为应用程序提供的接口标准，是 IEEE 为要在 UNIX-like 操作系统上运行的各种软件而定义的一系列 API 标准的总称。从而，许多上层应用（最终都进行系统调用）不加修改就能将本地文件存储替换为分布式文件存储。

如果想让文件系统支持 POSIX 接口，一种方式是按照 VFS 接口规范来实现文件系统，这种方式需要文件系统开发者对内核有一定的了解；另一种方式是借助 FUSE 软件，在用户态实现文件系统并支持 POSIX 接口，但是用 FUSE 软件包开发的文件系统会有额外的用户态内核态的切换、数据拷贝过程，从而导致其效率不高。另外，在客户端接口的支持上，也需根据系统需求进行权衡，比如 write 接口，在分布式实现上较麻烦，很难解决数据一致性的问题，应该考虑能否只支持 create（update 通过 delete 和 create 组合实现），或折中支持 append，以降低系统的复杂性。

2.5　本章小结

本章首先介绍了 IT 系统的概念，并从软件资源、计算资源、网络资源和存储资源的角度来阐述 IT 系统架构。其次详细描述存储系统，从 I/O 访问路径、存储层次结构和文件系统等方面揭示存储系统的基本操作和访问原理；然后重点介绍了机械硬盘和固态硬盘这两种典型的存储设备，辨析两种硬盘的相关特性和差异；最后围绕存储管理这一主题阐述存储虚拟化的意义及相关技术。

练习题

一、选择题

1. 存储在数据中心的功能有（　　　）

A. 提供海量存储　　　　　　　　　　B. 提供集中存储

C. 提供快速 I/O 响应　　　　　　　　D. 提供计算资源

2. 根据服务器的形态划分，可将服务器分为（　　　）

A. 机架服务器　　　　　　　　　　　B. 塔式服务器

C. 刀片服务器　　　　　　　　　　　D. 部门级服务器

二、简答题

1. 机械硬盘的主要构件有哪些？

2. 固态硬盘有哪些优势？

3. 请列出几种常见的文件系统（至少 4 种），并加以介绍。

第3章
存储技术和组网

随着网络信息化时代的到来，智能终端、物联网、云计算、社交网络等行业飞速发展，数据呈现日益剧增趋势，怎样安全地、可靠地存储大规模数据成为存储系统设计的一大挑战。本章以存储阵列为例，围绕存储容量扩展、数据安全性、数据可靠性来阐述存储阵列组网技术。

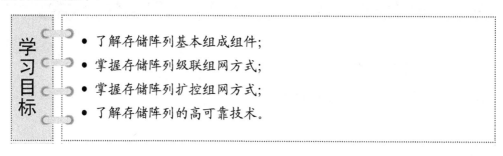

学习目标
- 了解存储阵列基本组成组件；
- 掌握存储阵列级联组网方式；
- 掌握存储阵列扩控组网方式；
- 了解存储阵列的高可靠技术。

3.1 存储阵列系统

3.1.1 阵列系统基本组成

互联网彻底地改变了当今世界人们的生活方式，而基于互联网的云计算及物联网技术更将用户端延展至任何物品，进行更为深入的信息交换和通信，从而达到物物相息、万物互联。任何事物都不能孤立于其他群体而单独存在，存储系统也不例外，它不是孤立存在的，而是由一系列组件共同构成的。常见的存储系统有存储阵列系统、网络附加存储、磁带库、虚拟磁带库等。如图 3-1 所示，存储系统通常分为硬件架构部分、软件组件部分以及实际应用过程中的存储解决方案部分。下面以存储阵列系统为例介绍存储系统组成。

图 3-1　存储系统基本组成

存储阵列系统的硬件部分分为外置存储系统和存储连接设备。外置存储系统主要指实际应用中的存储设备，比如磁盘阵列、磁带库、光盘库等；存储连接设备包含常见的以太网交换机、光纤交换机以及存储设备与服务器或者客户端之间相连接的线缆。

存储阵列系统的软件组件部分主要包含存储管理软件（如 LUN 创建、文件系统共享、性能监控等）、数据的镜像、快照及复制模块。这些软件组件的存在，不仅使存储阵列系统具备高可靠性，而且降低了存储管理难度。

存储阵列系统的存储解决方案部分由多种方案组成，常见的有容灾解决方案和备份解决方案。一个设计优秀的存储解决方案不仅可以使存储系统在初期部署时安装简易、后期维护便捷，还可以降低客户的总体拥有成本（Total Cost of Ownership，TCO），保障客户的前期投资。

3.1.2　存储阵列角色位置

在存储系统架构中，磁盘阵列充当数据存储设备的角色，为用户业务系统提供数据存储空间，它是关系到用户业务稳定、可靠、高效运作的重要因素。下面以常见的台式机或者笔记本电脑为例子，具体分析一下存储阵列在存储系统架构中的角色位置。

在日常生活中，台式机或笔记本电脑是人们经常使用的工作设备。在台式机或笔记本电脑中，都安装有独立的硬盘，其中划分了一部分硬盘空间作为系统分区，一部分硬盘空间用于存储用户数据。台式机的内置硬盘一般是采用数据线连接到主板；笔记本的内置硬盘一般通过内置插槽直接与主板相连接。此外，也可以通过外置 USB 接口等方式进行连接。当通过外置 USB 接口连接时，通常需要借助线缆来实现存储功能。硬盘之于台式机，正如存储阵列之于网络中的服务器。如图 3-2 所示，存储阵列借助线缆连接到服务器，再由服务器将底层存储空间提供给客户端（工作站）使用；或者通过交换机连接到服务器，再通过服务器将底层存储空间提供给客户端使用。

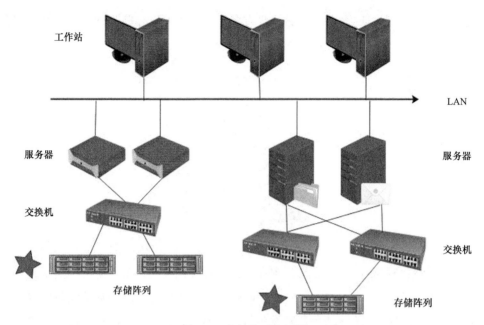

图 3-2　存储阵列组网图

简而言之，存储阵列在整体存储系统中通常充当着存储设备的角色，为上层应用或业务系统提供数据存储空间。存储阵列的基本原理和实现方式可参看本书第 4 章和第 5 章。

3.1.3　存储阵列硬件组成

机械硬盘内部构造由盘片、主轴、磁头、接口等组成，而存储阵列也有其内部构造，存储阵列有两种结构，一种是硬件由控制框和硬盘框两部分组成，为客户提供一个高可靠、高性能、大容量的智能化存储平台；另一种是控制框中也包含硬盘的情况，即盘控一体，在盘控一体时，硬盘框并不是必须的。

控制框用于处理各种存储业务，并管理级联在控制框下面的硬盘框，其外观如图 3-3 所示。一般来说，控制框里面的控制器采用的是双控的模式，即 A 控制器与 B 控制器实现冗余，提升性能以及可靠性。倘若双控制器中有一个控制器出现物理故障，则另外一个控制器可以通过设置在用户无感知的情况下接替损坏控制器运行的业务，保证业务的正常运行。

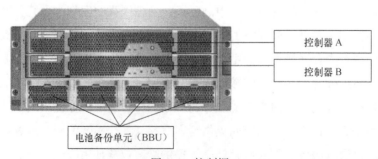

图 3-3　控制框

硬盘框主要用于容纳各种硬盘，为应用服务器提供充足的存储空间，其外观如图 3-4 所示。

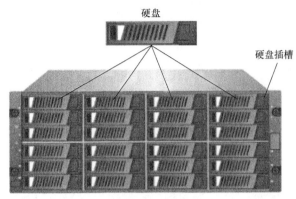

图 3-4　硬盘框

3.1.4　存储阵列级联组网

存储阵列中一个控制框可以连接多个硬盘框，控制框与硬盘框之间通过级联方式进行连接，共同组成存储阵列硬件系统。生产厂商的存储阵列产品各有不同，为了更好地理解存储阵列的硬件系统，这里以华为 OceanStor 5300 V3 系列存储产品为例，分别从其控制框组件、硬盘框组件展现其构成[27]。组件图如图 3-5、图 3-6、图 3-7 和图 3-8 所示。

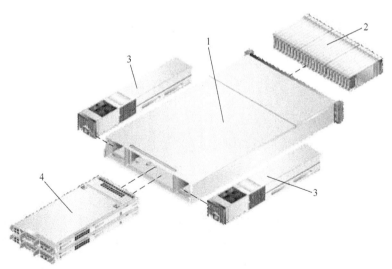

1　系统插框　2　硬盘模块　3　电源-BBU 模块　4　控制器

图 3-5　5300 V3 控制框组件

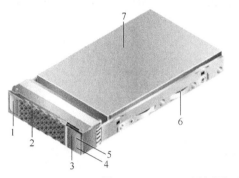

1	硬盘框标签
2	硬盘模块拉手
3	硬盘模块卡扣
4	硬盘模块告警、定位指示灯
5	硬盘模块运行指示灯
6	硬盘托架
7	硬盘

图 3-6　5300 V3 硬盘框组件

1　硬盘模块　2　保险箱盘标识　3　整机标签　4　控制框 ID 显示器
5　电源指示灯/开关按钮　6　硬盘模块卡扣

图 3-7　5300 V3 前视图

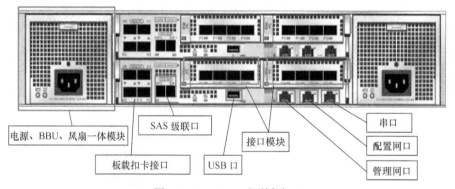

图 3-8　5300 V3 后面板端口

后面板各端口模块作用如下。

- 电池备份单元模块（Battery Backup Unit，BBU）能够在系统外部供电失效的情况下，提供后备电源支持，以保证存储系统中业务数据的可用性，避免数据丢失。

- 板载扣卡接口支持热插拔，用于扩控组网。5300 V3 支持 4 个 GE 扣卡接口。

- SAS 级联口用来级联组网时连接硬盘框，包括 EXP 级联端口和 PRI 级联端口。

- 接口模块是应用服务器与存储系统的业务接口，用于接收应用服务器发出的数据读写指令。接口模块支持热插拔，支持 8Gbit/s FC、16Gbit/s FC、12Gbit/s SAS、GE、10GE TOE、10GE FCoE 等。

- USB 口一般很少使用，故障时可以通过这个接口拷贝所需数据以及向控制器里面添加信息。
- 管理网口支持管理员访问存储系统，对存储系统进行配置和管理。
- 维护网口是管理网口的冗余，用于紧急情况的特殊保护。
- 串口通过串口线缆来连接维护终端，通过串口可以对存储系统进行管理与维护。

级联组网的规则包括以下几点。

（1）控制器 A 上的级联接口模块连接到硬盘框的级联模块 A，控制器 B 上的级联接口模块连接到硬盘框的级联模块 B。

（2）EXP 级联端口和 PRI 级联端口是做硬盘框级联的，采用 mini SAS 线缆进行连接。存储设备上的所有 EXP 级联端口只能与 PRI 级联端口相连，否则将导致业务中断。

（3）同一级联环路上，高密硬盘框和普通硬盘框不能混接。所谓高密度硬盘框是指能够放置许多硬盘的硬盘框。

（4）如果级联两个或两个以上数量的硬盘框，建议根据控制框上级联端口的数量组建多个级联环路，每个级联环路上的硬盘框数量尽量保持一致。

（5）硬盘框除了与控制器 A 和控制器 B 直接连接外，同一级联环路中的其他硬盘框应形成两个相互独立、互为冗余的链路，以达到最佳的组网可靠性。

了解完级联组网规则以后，接下来我们以一个控制框级联两个硬盘框，一个控制框级联三个硬盘框为例，分别展示具体的组网连接操作，详见图 3-9 和图 3-10。

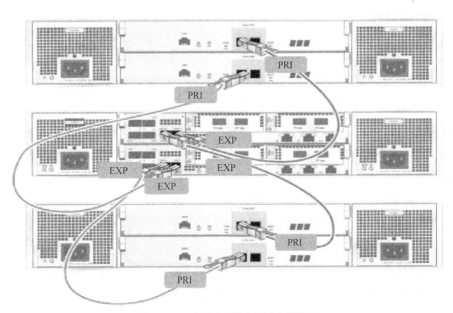

图 3-9　一个控制框级联两个硬盘框

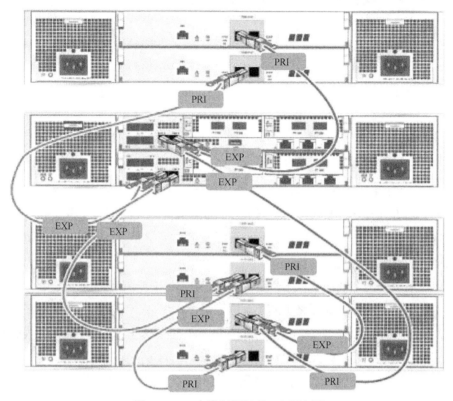

图 3-10　一个控制框级联三个硬盘框

3.1.5　存储阵列扩控组网

随着企业信息化进程的加快和业务规模的不断扩展，业务数据呈几何级数不断增加，存储系统初期的配置容量可能已无法满足现阶段的业务发展需求，存储系统扩容已经成为企业管理者越来越关注的问题。但目前传统存储的总体扩展能力有限，当存储系统扩展性达到最大限度时，必须要重新购置成套存储设备来满足业务发展的需求，同时需要将原来存储系统上的存储业务迁移到新购置的存储设备上，这样会给企业带来高昂的运维成本，同时也会对原有运行业务造成较大影响。

存储阵列的扩控组网技术可以有效地避免这一难题。通过 IP Scale-out 技术将多个存储控制器集合在一起，形成一个存储集群，集群内所有的硬盘和控制器对外提供统一的界面，共用所有的存储资源。IP Scale-out 支持存储资源的弹性扩展，通过增加更多的控制器和后端硬盘，存储资源随之增长，而运行业务不受影响，既节省了运维成本，又满足了企业对数据日益增长的需求。扩控组网技术可分为两种扩展模式，分别是 Scale-up 和 Scale-out[28]。

如图 3-11 所示，Scale-up 指传统的纵向扩展架构，即利用现有的存储系统，通过不断增加存储器件（硬盘、内存）来满足用户日益增长的需求。比如，办公使用的笔记本电脑，若在使用过程中发现因内存不够，出现电脑运行不畅、卡顿等情况，为解决此问题，在有空闲内存插槽的情况下，购置新内存条并加入内存插槽供用户使用；当硬盘空间不足，可以通过购置新硬盘的方式来实现扩容。

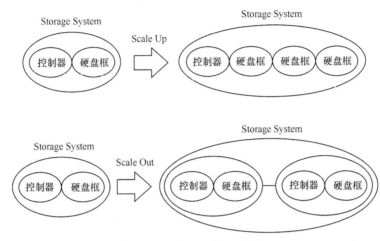

图 3-11　scale-up 和 scale-out

Scale-out 指横向扩展架构，扩展通常是以节点（或引擎）为单位，通过增加具有完整功能的存储节点或扩展更多的控制器来满足用户数据增长的需求。

与 Scale-up 扩控组网技术相比，Scale-out 旨在实现一种硬盘容量可以按需扩展的网络存储架构。当给定的节点硬盘容量达到存储上限时，可以通过添加新的节点以扩展系统容量。新增的节点和原有节点通过交换机相连，以用户视角来看，整个存储系统仍然是一个单一的系统。同时，Scale-out 技术依靠多个控制器之间进行负载平衡及容错处理等来提高系统的处理能力和可靠度。

如果企业使用未支持 Scale-out 架构的存储系统，往往要购买大量的存储节点，以确保将来扩展时能有足够的硬盘空间。随着企业的发展，如果扩展容量比预期的要少得多，那么原来购买的硬盘都会浪费。有了 Scale-out 架构，一旦存储空间的需求超出预期，可以添加新的存储节点而不会受到限制，并且新添加的存储节点仍然在原存储系统下统一管理。

OceanStor 5300 V3 存储系统采用 Scale-out 扩展架构，引擎之间通过 IP 进行互联，因此，也称为 IP Scale-out。IP Scale-out 通过整合 TCP/IP、RDMA 等技术，实现控制器间的业务交换，符合数据中心网络全 IP 化的技术趋势。通过 IP Scale-out 方式进行扩容有以下特点：（1）每个通信平面为两条互为冗余的通道；（2）支持系统各组件与通道冗余，实现故障检测、修复和隔离，确保系统稳定运行；（3）采用 IP 互联可以为以后集群的扩展预留空间，更适合将来的集群弹性扩展；（4）通过 10GE 全互联设计，

8 控系统的最大交换带宽可达到 320Gbit/s；（5）采用业界领先的 RDMA 技术，确保在交换链路上达到μs 级延时，同时保证了低的 CPU 占用[29]。

IP Scale-out 扩控的组网方式有两种：直连方式组网和交换机方式组网，区别如下。

交换机组网：适用于所有扩控场景，包括 2 个控制器扩展到 4 个控制器、2 个控制器扩展到 8 个控制器、4 个控制器扩展到 6 个控制器、4 个控制器扩展到 8 个控制器等。

直连组网：存储系统通过直接连线方式进行扩控，只适用于 2 个控制器扩展到 4 个控制场景。

3.2 存储阵列高可靠和高性能技术

为保证数据存取业务的可扩展性、高可靠性和高性能，各大存储厂商围绕存储阵列开发并使用了大量关键技术手段。下面分别介绍存储阵列高可靠性技术与高性能技术。

3.2.1 存储阵列高可靠性技术

随着信息化进程的高速推进，数据显得越来越重要，如何保证数据在写入或者读取过程中不丢失，是整体布局存储阵列组网需要考虑的问题。下面将围绕存储硬件、组网方式两方面对存储阵列的高可靠性技术进行剖析。

1. 器件冗余

如图 3-12 所示，存储阵列系统实现了控制器模块、管理模块、BBU 模块（电池备份单元模块）、接口模块、电源模块、风扇模块等部件的冗余，极大保障了存储系统的可靠性。同时，通过采用双控双活技术，大大提升了存储阵列系统的数据存取效率。

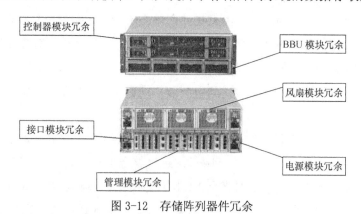

图 3-12　存储阵列器件冗余

2. 存储阵列的多控技术

阵列多控技术指一个阵列部署多个控制器，典型案例是双控制器。以双控制器为例，当一个控制器出现物理故障时，另一个控制器可以在用户无感知的情况下接替损坏控制器运行的业务，保证业务的正常运行。双控制器系统的工作模式分为两种：主备模式（Active Passive，AP）和双活模式（Active Active，AA）[30][31]。

Active Passive 工作模式，简称 AP 模式也被称为主备模式，即任意时间点两个控制器中只有一个控制器是主控制器，并处于激活状态，主控制器用于处理上层应用服务器的 I/O 请求；而另外一个作为备用控制器，处于空闲等待状态，当主控制器出现故障或者处于离线状态时，备用控制器可以迅速和及时地接管主控制器的工作。

Active Active 工作模式，简称 AA 模式也称为双活模式，指在正常时两个控制器可以并行地处理来自应用服务器的 I/O 请求，同时两控制器处于激活状态不分主次。当故障发生时其中一台控制器出现异常、离线或故障，另一台控制器可以迅速和及时地接管故障控制器工作，且不能影响自己现有的任务。基于以上，双活工作模式通过控制器相互冗余备份来确保存储系统的高可用性和高可靠性，而且具有提高资源利用率、均衡业务流量、提升存储系统性能等多方面的优点。

3. 多路径技术

如图 3-13 左边，多台服务器主机通过一台交换机连接到存储阵列上，当交换机出现故障时，主机和存储阵列之间的数据传输就会中断，数据传输中断的原因在于主机和存储阵列之间只有一条路径，存在单点故障问题。所谓单点故障是指任何一个组件发生故障都会导致整个系统无法工作。为了解决单点故障问题，通常在硬件冗余的基础上采用多路径技术。

多路径技术是指在主机和存储阵列之间使用多条路径连接，使主机到阵列的可见路径大于一条，其间可以跨过多个交换机，避免在交换机处形成单点故障。如图 3-13 右边，主机和存储阵列通过两台独立交换机连接在一起，主机到存储阵列的可见路径有 2 条，即（①、③）和（②、④）。在这种模式下，当路径①断开时，数据流会在主机多路径软件的导引下选择路径（②、④）到达存储阵列，同样在左侧交换机失效时，也会自动导引到右侧交换机到达存储阵列。等路径（①、③）恢复后，I/O 流会自动切回原有路径下发。整个切换和恢复过程对主机应用透明，完全避免了由于主机和阵列间的路径故障导致 I/O 中断。在图 3-13 右图中，虽然避免了左图的单点故障问题，但会带来多路径问题——当一个卷通过两条或者两条以上的链路映射给主机使用时，主机侧挂载使用时会识别到两个不同的 LUN*，但其实底层存储阵列映射的 LUN 只有一个。对于这个问题，通常采用多路径软件来处理。

存储系统冗余保护方案涉及主机到存储所经路径上的所有区域。在主机侧和 SAN 网络区域，通过结合 UltraPath 多路径软件及其他多路径软件[32]，保证了前端路径没有单

---

* 多个硬盘构成一个大的物理卷，在物理卷的基础上按照指定容量创建一个或多个逻辑单元，这些单元称作 LUN。

点故障；在存储机头侧，使用了全冗余硬件及热插拔技术实现了双控双活的冗余保护；在磁盘侧，利用磁盘双端口技术及磁盘多路径技术，实现了磁盘侧冗余保护。以图 3-13、图 3-14 和图 3-15 为例来详细介绍多路径技术。

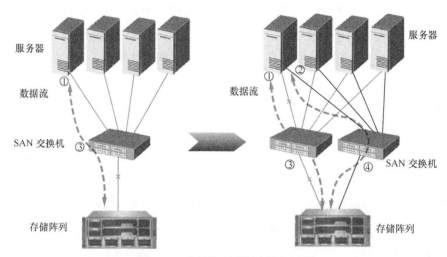

图 3-13　存储阵列到用户端组网图

图 3-14 所示为简单的存储设计，它存在单点故障问题。在图 3-14 中，主机通过交换机连接到存储设备，连接主机和存储设备时，只需要 2 根缆线和一个交换机。主机本身是一个企业级的设备，配置了双电源。当一个电源发生故障时，另一个正常的电源继续供电，保证主机的正常运行。然而这种设计无法获得足够高的可靠性，只要主机网卡、缆线、交换机、存储控制器中任一组件出现问题，主机和存储设备之间的数据传输都将中断。

在图 3-15 硬件冗余组网设计中，几乎所有的硬件都有冗余，所以当部分硬件发生故障时，至少仍然会有一条从主机到存储设备的路径可用。

当主机到存储设备有多条链路时，存储设备上的同一个卷（卷是存储卷管理器，它是操作系统中的一个对象，主要负责存储块设备的在线管理）在主机端将呈现多个卷信息。

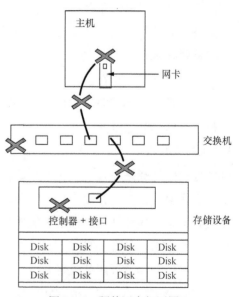

图 3-14　硬件冗余组网图 1

冗余路径设计会给大多数的操作系统带来混乱。在图 3-16 中，用虚线标记的链路是 4 条独立的从主机到存储设备的链路，当存储设备中的一个 LUN 映射给主机后，由于主机到存储设备的 4 条虚线链路是独立的，因此在主机端将会看到 4 个独立的 LUN，这种混乱的情况我们称之为多路径问题。

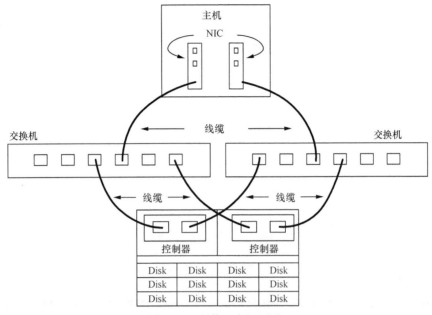

图 3-15　硬件冗余组网图 2

　　主机到存储之间的 I/O 有多条路径可以选择，如果多条路径同时使用的话，I/O 流量如何分配？其中一条路径坏掉了，如何处理？另外，操作系统认为每条路径连接的 LUN 是一个实际存在的物理盘，但实际上多条路径都通向同一个物理盘，用户使用时无法识别。为解决上述问题，需要采用多路径软件。由于多路径软件需要和存储一起配合使用，最好使用相应存储厂商开发的多路径软件。有些存储厂商免费提供多路径软件，比如华为公司为其旗下存储产品提供了免费的多路径软件；有些存储厂商要求用户付费使用多路径软件，比如 EMC 公司的基于 Linux 多路径软件需要单独购买 License。许多操作系统自带了免费的多路径软件包，如 Linux 提供的多路径软件是一个比较通用的软件包，支持大多数存储厂商的设备。

　　以图 3-16 所示的硬件冗余存储阵列组网为例，主机和存储阵列之间存在 4 条访问路径，在未安装多路径软件时，主机侧识别到 4 个 100GB 的物理盘（LUN 空间），如图 3-17 所示。

　　安装多路径软件后，主机侧只识别到一个 100GB 的物理盘（即 LUN 空间），如图 3-18 所示。之所以解决多路径问题，原因在于多路径软件能通过识别设备的 WWN 号来判定底层的 LUN 空间。WWN 是设备的唯一标识，通常由 48 位或 64 位数字组成，相当于网卡的 MAC 地址，是全球唯一的。以图 3-16 为例，存储设备上只有一个 LUN，由于主机到存储设备有多条链路，在主机上挂载使用时，主机上会呈现多个磁盘。而多路径软件能够通过识别底层设备的 WWN 号来屏蔽这些磁盘，只生成一个虚拟磁盘。

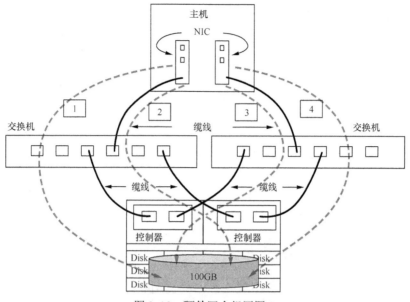

图 3-16　硬件冗余组网图 3

磁盘 1 基本 100.00 GB 脱机 i 帮助	100.00 GB 未分配
磁盘 2 基本 100.00 GB 脱机 i 帮助	100.00 GB 未分配
磁盘 3 基本 100.00 GB 脱机 i 帮助	100.00 GB 未分配
磁盘 4 基本 100.00 GB 脱机 i 帮助	100.00 GB 未分配

图 3-17　未安装多路径在主机侧识别到的 LUN 空间

磁盘 1 基本 100.00 GB 脱机 i 帮助	100.00 GB 未分配

图 3-18　安装完多路径在主机侧识别到的 LUN 空间

多路径软件不仅能够避免同一 LUN 有多条路径可达而导致的操作系统逻辑错误，而且能够增强链路的可靠性，避免单个链路故障而导致的系统故障。

多路径软件还能提供如下功能：

- 最优路径选择：选择多条路径中的最佳路径，获取最佳的性能；
- 路径 I/O 负载均衡：自动选择多条路径进行 I/O 的下发，提高 I/O 性能，并根据路径繁忙程度进行业务路径选择；
- 自动故障切换：业务链路发生故障时，进行故障切换（Failover），确保业务不中断；
- 自动故障恢复：等故障之前的业务链路恢复后，自动触发业务恢复（Failback），用户无需介入，且业务不中断。

4. 数据保险箱盘技术

数据保险箱技术是一种保障高可靠性的技术，主要用于保存高速缓存（Cache）数据、系统配置信息和告警日志信息，有效地避免因系统意外断电而导致的数据丢失问题。

保险箱盘的工作原理：当系统掉电时，由电池备份单元（BBU）供电，主机如果有数据写进来，就将这些数据写入保险箱盘，当系统供电恢复时，将保存在保险箱盘的数据刷新到数据盘中。

保险箱盘用于存放系统重要数据和电源模块发生故障时 Cache 中的数据。一方面，它可以永久性地保存系统掉电后 Cache 中的数据，为系统提供强有力的可靠性保障；另一方面，它还可以存放系统的配置数据和告警日志等关键信息。不管是系统掉电后 Cache 中的数据，还是系统配置数据或者告警日志信息，对于一个存储系统来说，都是非常重要的，因此需要保证保险箱盘的可靠性。对此，数据保险箱中的多块硬盘采用 RAID 1 冗余配置，存入保险箱的数据中会保存两份完全相同的副本，即使保险箱内某个硬盘出现故障，在更换硬盘后，保险箱将使用数据恢复机制自动将数据完整地恢复到新硬盘上，整个操作完全在线进行，不影响业务系统。当系统意外掉电时，系统将 Cache 中的数据、系统配置信息和告警日志数据存放到保险箱盘中，确保数据不丢失。当恢复供电后，系统会将数据保险箱盘中的数据复制到原来位置，保持数据一致性。

保险箱盘可以当作成员盘使用，因为用于保险箱盘空间和用于业务成员盘空间是相互独立的。比如华为 OceanStor V3 系列保险箱的各个盘只占用 5GB，剩余空间可以用来存放业务数据。

5. RAID 重构技术

RAID 重构技术用于 RAID 组中的数据恢复，RAID 重构技术是指当 RAID 组中某个磁盘发生故障时，根据 RAID 中的奇偶校验算法或镜像策略，利用其他正常成员盘的数据，重新生成故障磁盘数据的方法。重构内容包括用户数据和校验数据，最终将这些数据写到热备盘或者替换的新磁盘上。本书第 4 章和第 5 章对 RAID 重构有详细的介绍。

6. 硬盘预拷贝技术

预拷贝技术一般是在 RAID 组中体现，它可以利用硬盘自身的检测功能，预测正在工作的硬盘即将出现故障，在出现故障之前将数据拷贝到新的硬盘中。预拷贝是磁盘阵列的一种数据保护方式，能有效降低数据丢失风险，大大减少重构事件发生的概率，提高系统的可靠性。具体地，预拷贝过程包括三个主要步骤：（1）正常状态时，实时监控磁盘状态；（2）当某个磁盘疑似出现故障时，将该盘上的数据拷贝到热备盘上；（3）拷贝完成后，若有新盘替换故障盘时，再将数据迁移回新盘上。预拷贝技术在第 4 章的 RAID 保护技术中有详细的介绍。

3.2.2 存储阵列高性能技术

传统 RAID 技术以硬盘为单位来构建 RAID 组，而以磁盘为单位的数据管理无法有效地保障数据访问性能。一方面，组成一个 RAID 组的磁盘数过少；另一方面，一个 LUN 往往来自于一个 RAID 组，当主机对一个 LUN 进行密集式 I/O 访问时，只能访问到有限的几个磁盘，容易导致磁盘访问瓶颈。为了提高存储阵列的访问性能，提出了几种高性能技术。

1. 分层存储

通过 Scale-out 扩控组网，存储阵列可以扩展到更大规模，包含的磁盘个数可以达到上百个，还可以包含多种类型的磁盘。为了充分发挥存储资源效用，可以采用分层存储技术。分层存储技术首先将不同的存储设备进行分级管理，形成多个存储级别（如高性能层、性能层、容量层）；然后根据数据访问频度将数据迁移到相应级别的存储中，将访问频率高的热数据迁移到高性能的存储层级，将访问频率低的冷数据迁移到低性能大容量的存储层级。一方面，将极少使用的大部分数据迁移到低性能、大容量的存储层级，减少冷数据对系统资源的占用；另一方面，将频繁使用的一小部分数据迁移到高性能、低容量的存储层级，提高存储系统的总体性能。

一般来讲，不同类型的磁盘对应一个存储层级，SSD 盘对应高性能层，SAS 盘分配到性能层，SATA 盘则分配到容量层。存储层级主要是用于管理不同性能的存储介质，以便为不同性能要求的应用提供不同性能的存储空间。高性能层适合那些访问频率高、重要的程序和文件，其优点是存取速度快、性能好，满足高效访问的数据访问需求；性能较高的性能层用于存放访问频度中等的数据；容量层适合存放大容量的数据以及访问频度较低的数据。

2. Cache 技术

闪存 Cache 主要用于提升存储访问效率。以华为技术有限公司的 SmartCache 为例，SmartCache 又叫智能数据缓存。利用 SSD 盘对随机小 I/O 读取速度快的特点，通过 SSD 盘组成智能缓存池，将访问频率高的随机小 I/O 热点读数据从传统的机械硬盘复制到由 SSD 盘组成的高速智能缓存池中。由于 SSD 盘的数据读取速度远远高于机械硬盘，所以 SmartCache 特性可以缩短访问频度高的数据的响应时间，从而提升系统的性能。

SmartCache 将智能缓存池划分成多个分区，为业务提供细粒度的 SSD 缓存资源。不同的业务可以共享同一个分区，也可以分别使用不同的分区，各个分区之间互不影响，从而可以向关键应用提供更多的缓存资源，保障关键应用的性能。特别地，利用 SSD 盘较短的响应时间和较高的 IOPS 特性，SmartCache 特性可以提高业务的读性能。SmartCache 适用于存在热点数据，且读操作多于写操作的随机小 I/O 业务场景。

3. 块虚拟化

传统 RAID 技术受到磁盘数的限制，性能差且难以扩展，已经越来越无法满足业务的需求。一方面，组成一个 RAID 组的磁盘数过少；另一方面，一个 LUN 往往来自于一个 RAID 组，因此，当主机对一个 LUN 进行密集式 I/O 访问时，只能访问到有限的几个磁盘，容易导致磁盘访问瓶颈，出现磁盘热点问题。块虚拟化是一种新型 RAID 技术（即 RAID2.0+，具体参看第 5 章），它将硬盘划分成若干固定大小的逻辑块（CK），然后将其组合成逻辑块组（CKG）。组建 RAID 组不再以硬盘为单位，而以逻辑块为单位。块虚拟化技术支持单个 LUN 跨越更多的物理磁盘，充分发挥存储系统的数据处理能力。某一硬盘失效时，存储池内的其他硬盘都会参与重构，消除传统 RAID 下的重构性能瓶颈，提高了重构数据的速度。

RAID2.0+支持更细粒度（可以达几十 KB 粒度）的资源颗粒，如，存储系统按照用户设置的"数据迁移粒度"将 CKG 划分为更小的 Extent，在此基础上构成了一个统一的存储资源池。若干 Extent 组成了用户需要使用的 LUN。在存储系统中申请空间、释放空间、迁移数据都是以 Extent 为单位进行的。从而，基于存储池创建的 LUN 不再受限于 RAID 组磁盘数量，单个 LUN 上的数据可以分布到相同类型或不同类型的磁盘上，有效避免了磁盘的热点问题，单个 LUN 在性能得到了大幅提升。

3.3 本章小结

本章内容涵盖存储阵列系统和存储阵列技术两方面。具体地，在存储阵列系统方面，概述了存储阵列系统基本组件的作用；分析了存储阵列在存储系统架构中的位置；详细介绍了存储阵列间的级联组网、扩控组网方式；在存储阵列技术方面，分别列举了多种高可靠性技术和高性能技术。

练习题

一、判断题

1. 存储阵列控制框主要由控制器模块、风扇-BBU 模块、电源模块以及接口模块等组成，是存储系统的核心部件。（　　）

2. 存储阵列的内置 BBU 电池可保证在系统意外断电时，对 Cache 和硬盘框同时供电，让 Cache 中的数据写到硬盘中，实现 Cache 数据永久保存。（　　）

二、思考题

1. 如何解决在实施过程中的多路径问题？

2. 多路径软件有哪些功能？

3. 存储技术组网为什么要采用正反向级联的方式来连接？

4. 存储阵列扩控组网技术中，Scale-out 与 Scale-up 有何区别？

第4章
传统磁盘驱动器的
读写技术

自 20 世纪 80 年代以来，CPU 处理性能的提升速度远高于磁盘驱动器的读写速度的增长率，两者性能上的不匹配严重制约了系统整体性能的提升，而 RAID 技术的出现很好地缓解了这一矛盾。RAID 通过使用多磁盘并行存取数据来大幅提高数据吞吐率；另外，通过数据校验，RAID 可以提供容错功能，提高存储数据的可用性。目前，RAID 已成为保障存储性能和数据安全性的一项基本技术。本章主要讲述传统 RAID 技术的相关知识。

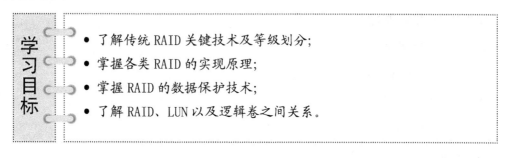

学习目标

- 了解传统 RAID 关键技术及等级划分；
- 掌握各类 RAID 的实现原理；
- 掌握 RAID 的数据保护技术；
- 了解 RAID、LUN 以及逻辑卷之间关系。

4.1　RAID 基本概念

在传统的计算机存储系统中，存储工作通常是由计算机内置的磁盘来完成的，采用这种内置存储方式容易引起性能、容量扩展性、可靠性等方面的问题。

（1）不利于扩容，一方面，由于机箱空间有限，硬盘数量的扩展受到了限制，导致存储容量受到限制；另一方面，机箱满载的情况下需要扩容，只能通过添购服务器的方式实现，扩容成本高。

（2）不利于资源共享，数据存在于不同服务器挂接的磁盘上，不利于共享和备份。

（3）影响业务连续性，当需要更换硬盘（如硬盘失效）或增加硬盘（如扩容）时，需要切断主机电源，主机上业务系统只能中断。

（4）可靠性低，机箱内部的硬盘相互独立，多个磁盘上的数据没有采用相关的数据保护措施，坏盘情况下数据丢失的风险大。

（5）存储空间利用率低，一台主机内置一块或几块容量较大的硬盘，而自身业务在只需很小存储空间的情况下，其他主机也无法利用这些闲置的空间，造成了存储资源的浪费。

（6）内置存储直接通过总线与内存相连，占用总线资源，影响主机性能。

随着大型计算、海量数据存储的发展，应用对计算能力、数据存储资源方面都有了更高的要求，计算机内置存储已经无法满足各类应用对存储性能、容量、可靠性的需求。为了克服内置存储存在的扩容性差这一问题，人们把磁盘从机箱里面挪到了机箱外面，通过 SCSI 总线将主机与外置磁盘连接起来，进而通过扩展磁盘数量获得足够大的存储容量，这也是 RAID 技术的设计初衷。后来随着磁盘技术的不断发展，单个磁盘容量不断增大，构建 RAID 的目的已不限于构建一个大容量磁盘，而是利用并行访问技术和数据编码方案来分别提高磁盘的读写性能和数据安全性。

磁盘阵列（Redundant Array of Independent Disks，RAID）的全称是独立冗余磁盘阵列，最初是美国加州大学伯克利分校于 1987 年提出的，它将两个或两个以上单独的物理磁盘以不同的方式组合成一个逻辑盘组[33][34]。RAID 技术的优势主要体现在三个方面：（1）将多个磁盘组合成一个逻辑盘组，以提供更大容量的存储；（2）将数据分割成数据块，由多个磁盘同时进行数据块的写入/读出，以提高访问速度；（3）通过数据镜像或奇偶校验提供数据冗余保护，以提高数据安全性。

实现 RAID 主要有两种方式：软件 RAID 和硬件 RAID。

（1）基于软件的 RAID 技术

通过在主机操作系统上安装相关软件实现，在操作系统底层运行 RAID 程序，将识别到的多个物理磁盘按一定的 RAID 策略虚拟成逻辑磁盘；然后将这个逻辑磁盘映射给磁盘管理器，由磁盘管理器对其进行格式化。上层应用可以透明地访问格式化后的逻辑磁盘，察觉不到逻辑磁盘是由多个物理磁盘构成。上述所有操作都是依赖于主机处理器实现的，软件 RAID 会占用主机 CPU 资源和内存空间，因此，低速 CPU 可能无法实施，软件 RAID 通常用于企业级服务器。但是，软件 RAID 具有成本低、配置灵活、管理方便等优势。

（2）基于硬件的 RAID 技术

通过独立硬件来实现 RAID 功能，包括采用集成 RAID 芯片的 SCSI 适配卡（即 RAID 卡）或集成 RAID 芯片的磁盘控制器（即 RAID 控制器）。RAID 适配卡和 RAID 控制器都拥有自己独立的控制处理器、I/O 处理芯片、存储器和 RAID 芯片。硬件 RAID 采用专门 RAID 芯片来实现 RAID 功能，不再依赖于主机 CPU 和内存。相比软件 RAID，硬件 RAID 不但释放了主机 CPU 压力，提高了性能，而且操作系统也可以安装在 RAID 虚拟磁盘之上，能够进行相应的冗余保护。

4.2　RAID 技术

4.2.1　关键技术

由 4.1 节可知，RAID 技术除了可以提供大容量的存储空间，还可以提高存储性能和数据安全性。那么它如何能在提高读写性能的同时保证数据安全性呢？主要原因在于 RAID 采用了数据条带化这一高效数据组织方式以及奇偶校验这一数据冗余策略。

RAID 引入了条带的概念[35][36]。如图 4-1 所示，条带单元（Stripe Unit）是指磁盘中单个或者多个连续的扇区的集合，是单块磁盘上进行一次数据读写的最小单元。条带（Stripe）是同一磁盘阵列中多个磁盘驱动器上相同"位置"的条带单元的集合，条带单元是组成条带的元素。条带宽度是指在一个条带中数据成员盘的个数，条带深度则是指一个条带单元的容量大小。

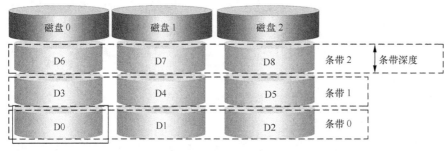

图 4-1　数据组织方式

通过对磁盘上的数据进行条带化，实现对数据成块存取，可以增强访问连续性，有效减少磁盘的机械寻道时间，提高数据存取速度。此外，通过对磁盘上的数据进行条带化，将连续的数据分散到多个磁盘上存取，实现同一阵列中多块磁盘同时进行存取数据，提高了数据存取效率（即访问并行性）。并行操作可以充分利用总线的带宽，显著提高磁盘整体存取性能。

因为采用了数据条带化组织方式，使得 RAID 组中多个物理磁盘可以并行或并发地响应主机的 I/O 请求，进而达到提升性能的目的。这里的 I/O 是输入（Input）和输出（Output）的缩写，输入和输出分别对应数据的写和读操作。并行是指多个物理磁盘同时响应一个 I/O 请求的执行方式，而并发则是指多个物理磁盘一对一同时响应多个 I/O 请求的执行方式。

RAID 通过镜像和奇偶校验的方式对磁盘数据进行冗余保护。镜像是指利用冗余的磁盘保存数据的副本，一个数据盘对应一个镜像备份盘；奇偶校验则是指用户数据通过奇偶校验算法计算出奇偶校验码，并将其保存于额外的存储空间。奇偶校验采用的是异或运算（运算符为⊕）算法。奇偶校验具体过程如图 4-2 所示，0⊕0=0，0⊕1=1，1⊕0=1，1⊕1=0，即，运算符两边数据相同则为假（等于 0），相异则为真（等于 1）。

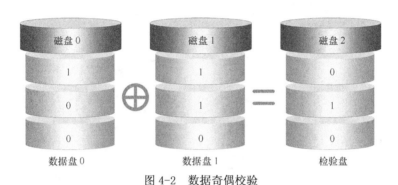

图 4-2　数据奇偶校验

通过镜像或奇偶校验方式，可以实现对数据的冗余保护。当 RAID 中某个磁盘数据失效的时候，可以利用镜像盘或奇偶校验信息对该磁盘上的数据进行修复，从而提高了数据的可靠性[37]。

4.2.2　JBOD 及 RAID 级别

RAID 技术将多个小容量的磁盘组合成一个大容量的逻辑磁盘。在 RAID 技术出现之前，出现过一种类似于 RAID 的磁盘簇（Just a Bundle Of Disks，JBOD）技术，可以理解为"仅仅只是一堆磁盘"。JBOD 技术只是将多个小容量的磁盘组合成一个大容量的逻辑磁盘，它没有条带的概念，数据块不能被多个磁盘同时读写。在 JBOD 中，只有将第一块磁盘的存储空间使用完，才会使用第二块磁盘，因此，JBOD 可用容量为所有磁盘容量的总和，但读写性能和单个的磁盘毫无差异。在 JBOD 的基础上，引入了按条带方式写入数据的数据组织方式，以镜像或奇偶校验为基础的数据冗余策略，就发展成了 RAID 技术。

根据不同的冗余策略和不同的数据访问模块，可以将 RAID 划分为不同的等级。常见的 RAID 级别有 RAID 0、RAID 1、RAID 2、RAID 3、RAID 4、RAID 5 以及 RAID 6。各级别的 RAID 既有各自的优势，也有不足，为了实现优势互补，自然而然地就想到把多个 RAID 等级组合起来，以此来获得具备更高性能和数据安全性的 RAID 组合等级，如 RAID 00、RAID 01、RAID 10、RAID 100、RAID 30、RAID 50、RAID 53 以及 RAID 60。众多

RAID 组合等级中，能在实际中得到广泛应用的很少，本章主要介绍 RAID 0、RAID 1、RAID 5、RAID 6、RAID 01、RAID 10 以及 RAID 50 这些常用的 RAID 等级。

4.2.3　RAID 工作原理

1. RAID 0

RAID 0 是一种无数据校验的、简单的并且是所有 RAID 级别中有最高的存储性能的数据条带化技术。RAID 0 从原理上算不上真正的 RAID，因为它并不支持数据冗余策略。如图 4-3 所示，RAID 0 将所有磁盘条带化后组成大容量的存储空间。

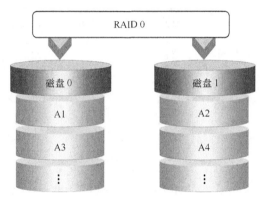

图 4-3　RAID 0

RAID 0 充分利用总线带宽，将数据分散存储在所有磁盘中，实现多块物理磁盘并发/并行执行 I/O 操作，使得访问性能得到很大的提升。此外，它无数据冗余策略，不需要进行数据镜像备份和校验运算，使得 RAID 0 成为所有 RAID 等级中性能最好的阵列。理论上讲，一个由 N 块物理磁盘组成的 RAID 0 组，它的读写性能是单块物理磁盘性能的 N 倍。但受制于 CPU 处理能力、总线带宽、内存大小等因素，RAID 0 实际的性能提升低于理论值。

RAID 0 具有低成本、高性能、100%空间利用率等优点，但是它不提供数据冗余保护，只要磁盘组中一块磁盘失效那么磁盘数据就失效，并无法得到恢复。此外，磁盘组中任何一个磁盘数据失效，都可能导致整个逻辑磁盘的数据因为部分丢失而不可用。因此，RAID 0 一般适用于对性能要求很高但对数据安全性要求不高的应用场景，如临时数据缓存、视频/音频存储等。

以图 4-4 所示的双盘 RAID 0 阵列为例，当 RAID 0 阵列照常工作时，向 RAID 0 磁盘组中的逻辑磁盘发出 I/O 数据，并将 I/O 请求转化为两项操作，两项操作并行执行分别落在一块物理磁盘上。此时，原来单一硬盘顺序读写数据的请求被分散到两块磁盘中同时执行。从理论上讲，两块磁盘的并行读写的操作会将同一时刻上磁盘读写速度提升一倍。

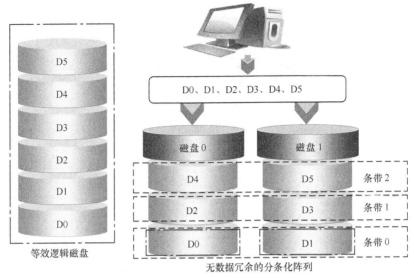

图 4-4　RAID 0 工作原理

写数据时，RAID 0 采用条带化技术将数据写入磁盘组中，它将数据分为数据块，按条带写入，均匀地存储在 RAID 组中的所有磁盘上。只有当 RAID 组的前一个条带被数据块写满后，数据才会写入到下一个条带。如图 4-4 所示，数据块 D0、D1、D2、D3、D4、D5 将被按条带化方式依次写入磁盘组，数据块 D0、D1 将同时被写入条带 0 中，分别写入磁盘 0 和磁盘 1 的相应条带单元上，数据块 D2、D3 将同时被写入条带 1 中，数据块 D4、D5 将同时被写入条带 2 中，依此类推，直至组中成员磁盘共同完成一个数据写入任务。由此可知，数据写入性能与成员磁盘的数量成正比。

读数据时，RAID 0 接收到数据读取请求，它会在所有磁盘上搜索并读取目标数据块，经过整合后将数据返回给主机。如图 4-4 所示，假设阵列收到读取数据块 D0、D1、D2、D3、D4、D5 的请求，数据块 D0、D1 将从条带 0 中同时被读取，数据块 D2、D3 将从条带 1 中同时被读取，数据块 D4、D5 也将从条带 2 中同时被读取，依此类推，当所有的数据块从磁盘被读取后，经 RAID 控制器整合后发送给主机。和数据的写入同理，RAID 0 的读取性能与组中成员磁盘的数量成正比。

上面介绍了 RAID 0 在正常（所有磁盘都正常）情况下的工作情况，当某磁盘发生失效时，RAID 0 将无法正常执行读写操作。如图 4-5 所示，三个磁盘组成了一个 RAID 0 组，如果阵列中的某一磁盘（如磁盘 1）出现故障，整个磁盘组则会失效。假设一个文件被存储到这个 RAID 0 磁盘组上，此文件的数据将被分成若干数据块，即数据块 D0、D1、D2、D3、D4、D5、D6、D7、D8，并分散存储在组中三块磁盘上。磁盘 1 失效将导致数据块 D1、D4、D7 丢失，尽管磁盘 0 和磁盘 2 仍然存有该文件的部分数据块，但整个文件的数据已经不完整，而文件系统将无法访问此类不完整的文件。简而言之，RAID 0 只是提供了一种数据组织方式，但不提供数据保护。

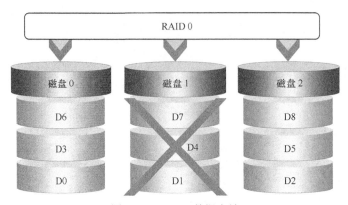

图 4-5　RAID 0 数据失效

2. RAID 1

RAID 1 又称为镜像（Mirroring），是具有全冗余的阵列模式。RAID 1 包括一个数据磁盘（数据盘），一个或者多个备用磁盘（镜像盘）。每次写数据时，数据盘上的数据将完全地备份到镜像盘中。当数据盘失效时，镜像盘会接管数据盘的业务，保证业务的连续性。

如图 4-6 所示，使用两个完全相同的磁盘可组成一个最简单的 RAID 1 阵列。

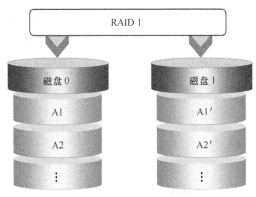

图 4-6　RAID 1

镜像盘作为备份，可显著提高数据的可用性。由于 RAID 1 阵列中一个磁盘保存数据，另一磁盘保存的是数据的副本，因此 RAID 1 的空间利用率是 50%。例如，将 1GB 数据写入阵列中，需要占用 2GB 的存储空间。RAID 1 的两个磁盘通常是容量相等的，若两个磁盘的容量大小不同，可用容量是两个磁盘中容量较小的磁盘的容量。

RAID 0 采用条带化技术将不同数据并行写入到磁盘中，而 RAID 1 则是采用条带化技术将相同的数据并行写入到磁盘中。RAID 1 读取数据的时候，会同时读取数据盘和镜像盘上的数据，以提高读取性能。如果在其中一个磁盘中读操作执行失败，则可以从另一个磁盘读取数据。

假设磁盘 0 和磁盘 1 组成一个 RAID 1，磁盘 0 作为数据盘，磁盘 1 作为镜像盘，则数据块 D0、D1 和 D2 为需要读写的数据，如图 4-7 所示。

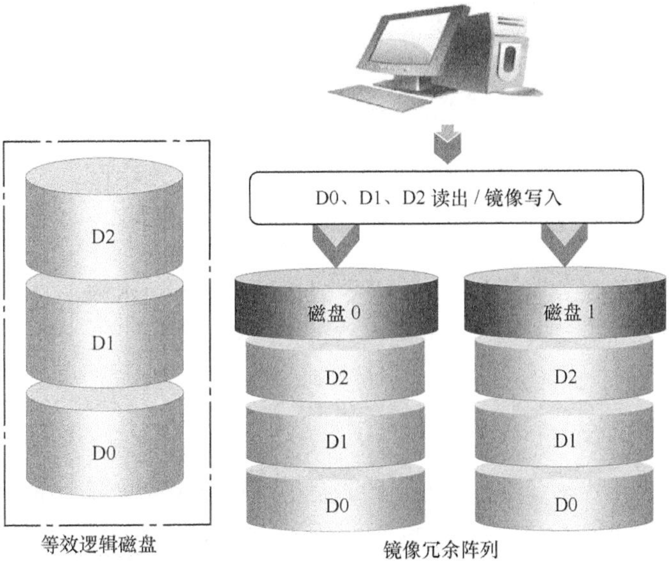

图 4-7　RAID 1 工作原理

写数据时，RAID 1 以双写的方式将数据写入两个磁盘中。以图 4-7 中数据块 D0、D1 和 D2 写入磁盘组过程为例：首先，数据块 D0 及其副本同时被写入磁盘 0 和磁盘 1 中，而后数据块 D1 及其副本也同时被写入磁盘 0 和磁盘 1 中，依此类推，直至所有数据块均以同样的方式写入到 RAID 1 磁盘组中。在 RAID 1 中，因为数据需要被写入数据盘和镜像盘，因此写性能会稍受影响。

读数据时，RAID 1 会同时读取数据盘和镜像盘上的数据。假设阵列收到读取数据块 D0、D1 和 D2 的请求，则数据块 D0 和 D1 可以分别由磁盘 0 和磁盘 1 同时读出（其他数据块同理），直至所有数据被读取出并经控制器整合后返回给主机。因此，正常工作状态下 RAID 1 系统的读性能等于两个磁盘的读性能之和。需要特别注意的是，当 RAID 1 磁盘组在正常工作时，成员盘发生故障或掉线，会由工作状态进入降级状态。假设图 4-7 中磁盘 0 发生故障，RAID 1 磁盘组进入降级状态，此时只能从磁盘 1 中读取数据，因此，相比工作状态，降级状态下读性能会下降一半。

RAID 1 的数据盘与镜像盘具有相同的内容。当数据盘出现故障时，可以使用镜像盘恢复数据。如图 4-8 所示，假设磁盘 0 为数据盘，磁盘 1 为镜像盘，当磁盘 0 出现数据失效时，可以用一个新磁盘或热备盘替换磁盘 0，并从磁盘 1 中将数据复制到新磁盘或热备盘里，以恢复丢失的数据。当 RAID 1 组中有磁盘失效时，只要新磁盘数据没有完成重建，RAID 1 就处于降级状态，而当单个磁盘的容量越高，需要恢复的数据就越多，数据重建时间就会越长。

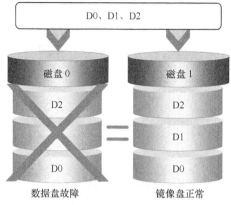

图 4-8　RAID 1 的数据恢复

3. RAID 3 和 RAID 4

RAID 3 和 RAID 4 都采用一个专用的磁盘用于存放校验数据，即校验盘。下面主要描述 RAID 3 技术。RAID 3 可以被认为是 RAID 0 的一种改进模式。相比 RAID 0，RAID 3 增加了一个专用的磁盘作为校验盘（见图 4-9 中的磁盘 3）。

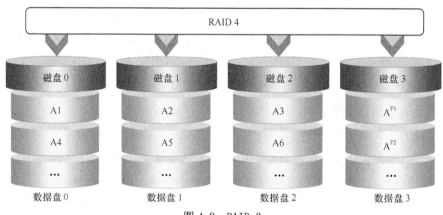

图 4-9　RAID 3

RAID 3 至少需要三块磁盘，它将不同磁盘上同一条带上的数据利用异或算法作为奇偶校验，所得校验数据写入校验盘中对应条带的条带单元上。RAID 3 支持从多个磁盘并行读取数据，读性能非常高。而写入数据时，必须计算对应条带数据的校验数据，并将校验数据写入校验盘中，一次写操作包含了写数据块、读取同条带的其他数据块、计算校验数据、写入校验数据多个操作，写操作开销大，写操作性能相对较低。当 RAID 3 中某一磁盘出现故障时，不会影响数据读取，可以借助校验数据和其他完好数据来重建失效数据。如果所要读取的数据块正好位于失效磁盘，系统则需读取与该数据块位于同一条带的其他数据块和校验数据块，根据奇偶校验逆运算重建丢失的数据并发送给主机，从而对读性能有一定影响。当故障磁盘被更换后，系统按相同的方式重建故障盘中的数据，并写到新磁盘。

RAID 3 采用单盘容错并行传输工作方式，即采用条带技术将数据分块，并对这些数据块进行异或校验，最终将所得校验数据写到校验盘上。当一个磁盘发生故障，除故障盘外，还可以继续对数据盘和校验盘进行读写操作。如图 4-10 所示，假设 RAID 3 由 4 块盘组成，磁盘 0、磁盘 1 和磁盘 2 作为数据盘，磁盘 3 作为校验盘，A、B、C 为需要读写的数据。

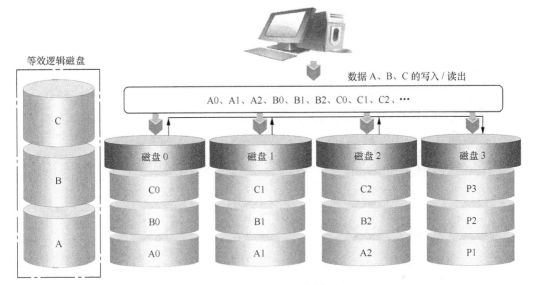

图 4-10　RAID 3 工作原理

写数据时，RAID 3 采用并行方式写入数据。假设数据 A、B、C 将依次被写入磁盘组中，整个过程如下：首先，收到写请求之后，控制器对数据进行分块，数据 A 被拆分成数据块 A0、A1、A2，将这三个数据块进行异或运算得到校验数据块 P1；将数据块 A0、A1、A2、P1 同时写入同一条带上（分别落于磁盘 0、磁盘 1、磁盘 2、磁盘 3 的相应条带单元上）。同理，数据 B 和 C 以同样的方式被写入磁盘组中。RAID 3 组中成员盘共同完成一个数据写入任务，理论上数据写入性能与数据盘的数量成正比。

读数据时，其和写数据过程类似，RAID 3 采用并行方式读取数据。假如阵列收到读取数据 A、B、C 的请求，数据块 A0、A1、A2 将从对应条带单元中同时被读取，经 RAID 控制器整合后发送给主机。数据 B 和 C 以同样的方式被读取，理论上 RAID 3 的读性能与数据盘的数量成正比。

在正常工作状态下，RAID 3 数据读取时没有用到校验盘，数据盘支持对读请求的并发/并行响应，读性能非常高。而在写数据时，RAID 3 会把数据的写入操作分散到多个磁盘上进行，然而不管是向哪一个数据盘写入数据，都需要同时重写校验盘中的相关信息。因此，对于那些经常需要执行大量写入操作的随机业务来说，校验盘的负载将会很大，而且校验盘在同一时刻只能响应一个写操作，这将导致 RAID 3 不能支持对多个写请求的并发响应，此时整个系统写操作性能较低。而对于数据连续的顺序业务而言，数据块一般能满条带写入，每写一个条带计算一块校验数据即可。因此 RAID 3 可以支持一个写请求的并行响应，此时整个系统的写操作性能相对较高。

当 RAID 3 磁盘组中某一块磁盘发生故障时，RAID 3 通过对剩余数据盘上的数据块和校验盘上的校验数据做异或计算，重构出故障盘上原有的数据。以图 4-11 所示的 RAID 3 为例，当磁盘 0 出现故障时，其存储的数据块 A0、B0、C0 丢失，故障盘失效恢复需要经历如下过程：将与数据块 A0 同一条带上数据块 A1、A2 和校验块 P1 从各自磁盘中取出，进行异或运算得到数据块 A0，从而恢复出数据块 A0；同理，还可以恢复出数据块 B0 和 C0。如此循环，直至恢复出磁盘 0 上的所有数据。

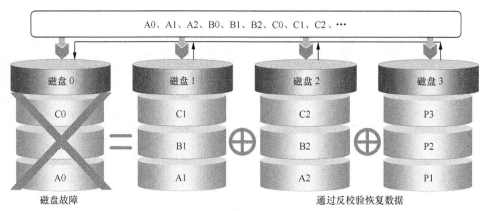

图 4-11　RAID 3 磁盘故障及数据失效

4. RAID 5

RAID 5 是目前最常用的 RAID 等级，通过条带化形式将数据写入磁盘组中。与 RAID 3 类似，RAID 5 每个条带上都有一份校验数据，不同之处在于 RAID 5 不同条带上的校验数据不是单独存在一个固定的校验盘里的，而是按一定规律分散存放在阵列的各个磁盘里，如图 4-12 所示。

阵列中每个磁盘都存储有数据块和校验数据，当数据块按条带方式写入时，校验数据也同时被写入该条带的某个磁盘的条带单元里。因此，RAID 5 不存在 RAID 3 中并发写操作时校验盘性能瓶颈问题。另外，RAID 5 还具备很好的扩展性，当阵列磁盘数量增加时，并行操作能力也随之增强，从而拥有更大的容量以及更高的性能。

RAID 5 的磁盘上同时存储数据和校验数据，同条带的数据块和对应的校验信息保存在不同的磁盘上。当一个数据盘损坏时，系统可以根据同一条带的其他数据块和校验数据来重建失效的数据。处于降级状态进行数据重构时，RAID 5 的用户访问性能会受到较大的影响。RAID 5 兼顾存储性能、数据安全和存储成本等各方面因素，基本上可以满足大部分的存储应用需求，因此，数据中心大多情况下采用它作为应用数据的保护方案。

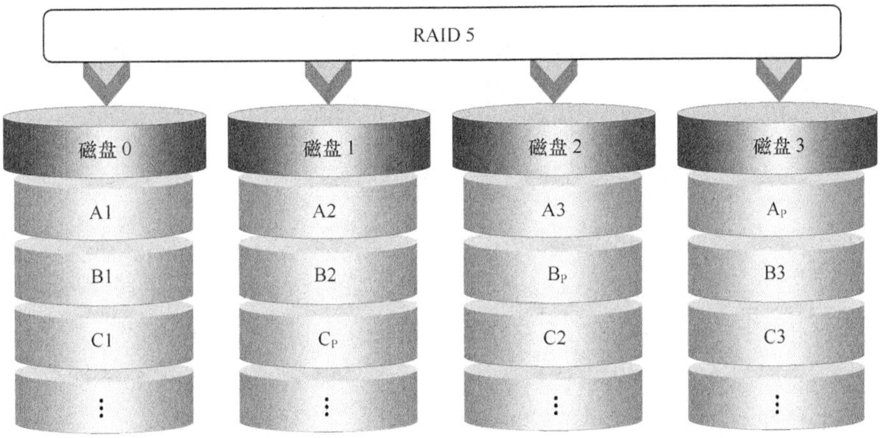

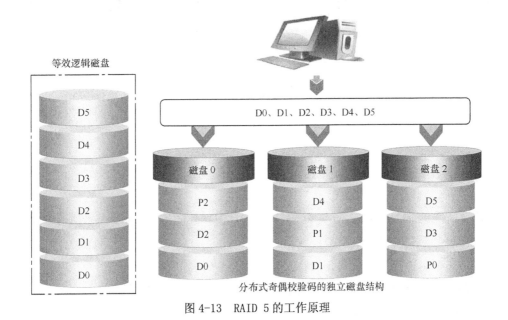

图 4-12　RAID 5 数据分布

RAID 5 使用的是分布式奇偶校验，每个成员盘都存放用户数据和校验数据。由于没有用专门的校验盘来保存校验数据，RAID 5 不存在校验盘性能瓶颈或热点问题。假设一个 RAID 5 的磁盘数为 N，则其中有效用户数据存储容量数为 $N-1$。在 RAID 3 和 RAID 5 的磁盘阵列中，如果一个磁盘失效，则该磁盘组将从正常工作（在线）状态转变为降级状态，并在降级状态下完成丢失数据的重构。如果重构过程中另一个磁盘也出现故障，则磁盘组的数据将会永久丢失。

下面以一个简单例子来说明 RAID 5 的读写过程。如图 4-13 所示，磁盘 0、磁盘 1、磁盘 2 组成了一个 RAID 5，数据块 D0、D1、D2、D3、D4、D5 是需要存取的数据。

图 4-13　RAID 5 的工作原理

写数据时，RAID 5 按条带进行。各个磁盘上既存储数据块，又存储校验数据。假设数据块 D0、D1、D2、D3、D4、D5 将依次被写入磁盘组，写入过程如下：首先，利用数据 D0、D1 进行异或运算得到校验数据 P0；而后将数据块 D0、D1、P0 按条带化方式同时写入，分别落于磁盘 0、磁盘 1 和磁盘 2 的相应条带单元上。以同样的方式，将数据块 D2、D3、D4、D5 及其校验数据 P1、P2 写入磁盘中，由于采用分布式校验数据布局，校验数据 P0、P1、P2 分别落在磁盘 2、磁盘 1、磁盘 0 中。

读数据时，RAID 5 只读取磁盘中的用户数据块，而不需读取校验数据。假设阵列收到读取数据块 D0、D1、D2、D3、D4、D5 的请求，数据块 D0、D1 将同时从磁盘 0 和磁盘 1 中被读取，随后，数据块 D2、D3 将同时从磁盘 0 和磁盘 2 中被读取，数据块 D4、D5 也将同时从磁盘 1 和磁盘 2 中被读取，所有的数据块从磁盘被读取后，经 RAID 控制器整合后发送给主机。

在 RAID 5 中，如果有一块磁盘失效，可对其他成员磁盘进行异或运算，恢复出故障磁盘上的数据。如图 4-14 所示，磁盘 0 数据失效，该磁盘上数据块 D0、D2 和校验数据 P2 丢失。首先恢复数据块 D0，将与数据块 D0 同一条带上数据块 D1 和 P0 从各自磁盘中读取出，进行异或运算得到数据 D0；再用相同方法恢复出数据块 D2 和 P2，直至将磁盘 0 上的数据全部恢复。

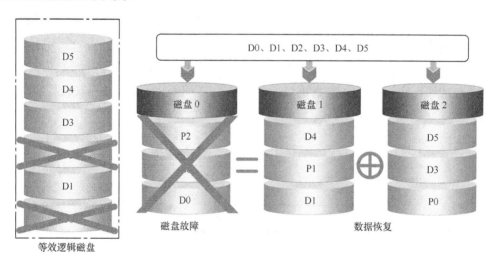

图 4-14　RAID 5 数据失效

5. RAID 6

前面所述的 RAID 1、RAID 3 和 RAID 5 都只能保护因单个磁盘失效而造成的数据丢失，如果两个磁盘同时发生故障，数据将无法恢复。RAID 6 引入双重校验的概念，常用的校验方式有两种：一种是 P+Q 校验；另一种是 DP 校验[38]。

RAID 6 是在 RAID 5 和 RAID 3 的基础上为了进一步增强数据保护而设计的一种 RAID，可以看作是 RAID 5 和 RAID 3 的一种扩展。当阵列中同时出现两个磁盘失效时，阵列仍能够继续工作，丢失数据依然可以得到恢复。RAID 6 不仅要支持数据块的恢复，还要支持校验数据的恢复，因此实现代价很高，控制器的设计也比其他等级更复杂、更昂贵。RAID 6 的工作原理是磁盘组中每个条带上有两份校验数据，如图 4-15 所示。

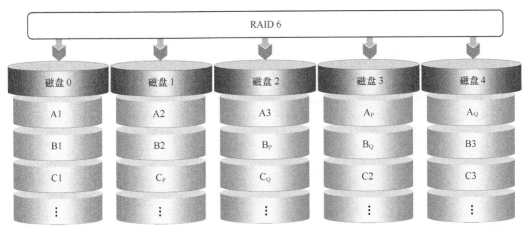

图 4-15　RAID 6

当 RAID 6 采用 P+Q 校验时，P 和 Q 代表 2 个彼此独立的校验数据，可以使用不同的校验方式计算得到，用户数据和校验数据分布在同一条带的所有磁盘上，如图 4-16 所示。

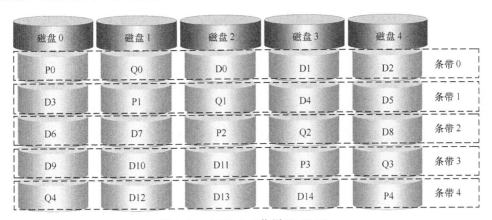

图 4-16　RAID 6 工作原理（P+Q）

P 通过用户数据块的简单的异或运算得到，Q 是对用户数据进行 GF（伽罗瓦域）变换再异或运算得到。α、β和γ为常量系统，由此产生的值是一个所谓的"芦苇码"。该算法将数据磁盘相同条带上的所有数据进行转换和异或运算。以校验数据 P0 和 Q0 为例，下列公式是 P 和 Q 的计算方法：

$$P0=D0 \oplus D1 \oplus D2$$
$$Q0=(\alpha \times D0) \oplus (\beta \times D1) \oplus (\gamma \times D2)$$

RAID 6 阵列中只有一个磁盘数据失效时，利用 P 校验数据即可恢复失效磁盘上的数据，恢复过程与 RAID 5 类似。当两个磁盘同时失效时，则根据不同的场景有不同的处理方法。假设图 4-16 中的磁盘 0 和磁盘 1 数据失效，即 P0、Q0、D3、P1、D6、D7、D9、D10、Q4、Q12 数据丢失，P0 和 Q0 可以通过对条带 0 中数据块 D0、D1、D2 进行 P 和 Q 校验运算，恢复出 P0 和 Q0；其他丢失数据同样可以将对应条带上未丢失的数据读取出。利用以上两个校验公式，组成方程组进行求解，实现数据的恢复。

除了 P+Q 校验生产方式，DP（Double Parity）校验也比较普及。DP 校验盘是在 RAID 3 基础上增加的一个斜向校验盘，用于存放斜向的校验数据，如图 4-17 所示。

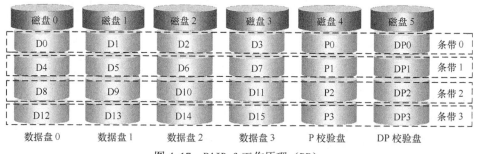

图 4-17　RAID 6 工作原理（DP）

DP 横向校验方式与 RAID 3 中的校验方式完全相同，为各个数据盘中对应条带数据块生产校验数据 P0、P1、P2 和 P3，斜向校验盘中校验数据 DP0、DP1、DP2 和 DP3 为各个数据盘及横向校验盘的斜向数据校验信息。相关公式如下（以 P0 和 DP0 为例，其他同理）。

$$P0=D0\oplus D1\oplus D2\oplus D3$$
$$DP0=D0\oplus D5\oplus D10\oplus D15$$

6. RAID 01 和 RAID 10

RAID 01 是先做条带化再做镜像，实质是对条带化后的虚拟磁盘实现镜像。RAID 01 结构其实非常简单，如图 4-18 所示，RAID 组包括两个 RAID 0 子组（即子组内做 RAID 0，子组间做 RAID 1）。

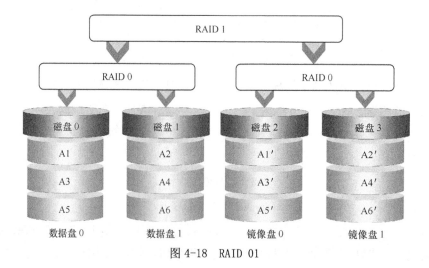

图 4-18　RAID 01

首先利用 4 块磁盘创建两个独立的 RAID 0 子组，然后将这两个 RAID 0 子组成一个 RAID 1，从而，这 4 个磁盘构成了 RAID 01 组。数据被写入 RAID 01 时将同时被写入到两个磁盘阵列中，其中一个 RAID 0 子组数据失效时，整个阵列仍可继续工作，保证数据安全性的同时又提高了性能，但整体磁盘利用率仅为 50%。

与 RAID 01 不同，RAID 10 是先做镜像再做条带化，实质是对镜像后的虚拟磁盘实现条带化。如图 4-19 所示，RAID 10 组包括两个 RAID 1 子组（即子组内做 RAID 1，子组间做 RAID 0）。

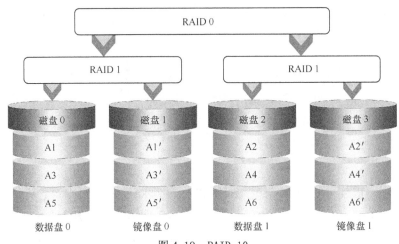

图 4-19　RAID 10

首先利用 4 块磁盘创建两个独立的 RAID 1 子组，然后将这两个 RAID 1 子组成一个 RAID 0，即这 4 个磁盘构了一个 RAID 10。RAID 10 兼具 RAID 0 和 RAID 1 两者的特性，虽然造成了 50%的磁盘浪费，但它不仅提供了 200%的速度，而且提高了数据安全性。一个 RAID 1 子组内最多允许坏一个磁盘，如果不在同一个 RAID 1 子组中的两个磁盘同时损坏，也不会导致数据丢失，整个 RAID 10 组仍能正常工作。

总的来说，RAID 10 和 RAID 01 均以 RAID 0 为执行阵列，以 RAID 1 为数据保护阵列，具有与 RAID 1 一样的容错能力，用于容错处理的系统开销与 RAID 1 基本一样。由于使用 RAID 0 作为执行阵列，具有较高的 I/O 宽带，RAID 10 适用于数据库存储服务器等需要高性能、高容错性但对磁盘利用率要求不高的场合。下面以 RAID 10 为例描述 RAID 10 的工作原理（RAID 01 与 RAID 10 类似，不再赘述）。

在图 4-20 所示的 RAID 10 中，物理磁盘 0 和磁盘 1 构成一个 RAID 1 子组，物理磁盘 2 和物理磁盘 3 形成另一个 RAID 1 子组，这两个 RAID 1 子组再做 RAID 0 形成了一个 RAID 10 组。

系统 RAID 10 发出 I/O 数据请求被转化为两项操作，每一项操作对应一个 RAID 1 磁盘子组，原来顺序的数据请求被分散到两个 RAID 1 子组中同时执行，每个 RAID 1 子组将对对应数据实施镜像操作，即磁盘 0 和磁盘 1 互做镜像，磁盘 2 和磁盘 3 互做镜像。

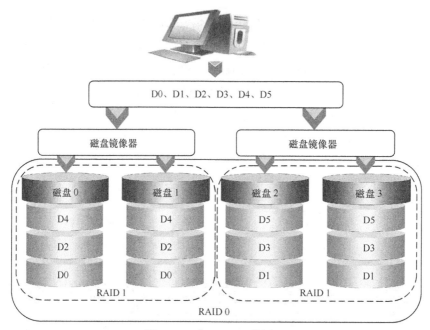

图 4-20　RAID 10 工作原理

写数据时，RAID 10 采用条带化技术将数据写入 RAID 1 子组中，它将数据分为数据块，并均匀地分散存储在所有 RAID 1 子组中。如图 4-20 所示，数据块 D0、D1、D2、D3、D4、D5 将被依次写入两个磁盘子组中，并在组内做镜像，数据块 D0、D1 将同时被写入一个条带中，分别落于两个 RAID 1 子组中，最终数据块 D0 将以镜像的方式存储在磁盘 0 和磁盘 1 中，而数据块 D1 也将以镜像的方式存储在磁盘 2 和磁盘 3 中……依此类推，数据块 D2、D3、D4、D5 将以同样的方式被写入到阵列中。通过条带化并行的方式，最终将所有数据块写入阵列中，其写入性能与 RAID 1 子组的数量成正比。

读数据时，当 RAID 10 接收数据读取请求时，它会在所有磁盘上搜索目标数据块并读取数据。如图 4-20 所示，首先，RAID 10 收到读取数据块 D0、D1、D2、D3、D4、D5 的请求，阵列可以同时从磁盘 0、磁盘 1、磁盘 2 和磁盘 3 中分别读取数据块 D0、D2、D1、D3，数据块 D4、D5 也按类拟的方式被读取出来。当所有的数据块从阵列中被并行读取后，集合到 RAID 控制器中，经控制器整合后发送到主机。RAID 10 的并发读取性能与磁盘的数量成正比。

当不同的 RAID 1 子组的磁盘出现故障时，RAID 10 整体上数据访问不受影响。如图 4-20 中，RAID 10 中的磁盘 1 和磁盘 3 出现故障，由于磁盘 0 和磁盘 2 分别有磁盘 1 和磁盘 3 的完整数据副本，所以两个故障盘上数据是可以恢复的。但是，如果位于同一 RAID 1 子组中的两个磁盘同一时间发生故障，例如磁盘 0 和磁盘 1，数据将不能被访问。从理论上讲，RAID 10 可以忍受总数一半的物理磁盘失效，然而，从以上分析来看，在同一个子组出现两个失效磁盘时，RAID 10 也可能出现数据丢失，所以 RAID 10 通常用于防止单一磁盘失效的应用场景。

7. RAID 50

RAID 50 是 RAID 5 与 RAID 0 的结合，即组内做 RAID 5，构成 RAID 5 子组，组间做 RAID 0。由于每个 RAID 5 子组要求最少有三个磁盘，所以 RAID 50 中要求最少有 6 块盘。相比 RAID 5 而言，RAID 50 具备更高的容错能力，其同时允许各个 RAID 5 子组各坏一个磁盘，即，既允许某个 RAID 5 子组内有一个磁盘数据失效，也允许两个 RAID 5 子组中各坏一个磁盘。由于检验数据分布于在两个 RAID 5 子组上，重构速度相比于单独的 RAID 5 有很大提高；此外，RAID 50 读写性能也相当好。

RAID 50 兼具 RAID 5 和 RAID 0 的特性。它通常由两组 RAID 5 子磁盘组成（如图 4-21 所示），每一子组都使用了分布式奇偶检验，而两个子组磁盘再组建成 RAID 0，实现跨磁盘抽取数据。RAID 50 提供可靠的数据存储和良好的访问性能。即使两个位于不同子组的物理磁盘发生故障，数据也可以顺利实现恢复。

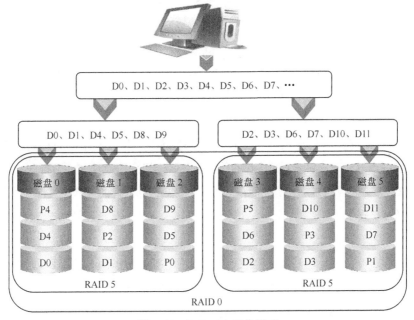

图 4-21　RAID 50 工作原理

4.2.4　RAID 对比和应用

RAID 0 的优点在于读写性能好，存储数据被分割成 N（成员盘数）部分，分别存储在 N 个磁盘上，理论上逻辑磁的读写性能是单块磁盘的 N 倍，实际容量等于阵列中最小磁盘容量的 N 倍。RAID 0 的缺点在于安全性低，任何一块磁盘发生故障，数据都无法恢复，甚至可能导致整个 RAID 上的数据丢失。RAID 0 比较适合于读写性能要求高但安全性要求不高的应用，如存储高清电影、图形工作站等。

RAID 1 模式的优点在于安全性很高，$N-1$ 个磁盘作为镜像盘，允许 $N-1$ 个磁盘故障，当一个磁盘受损时，换上一个新磁盘替代原磁盘即可自动恢复数据和继续使用。RAID 1 的缺点在于磁盘读写性能一般且空间利用率低，存储速度与单块磁盘相同，阵列实际容量等于 N 个磁盘中最小磁盘的容量。RAID 1 比较适用于安全性要求高的应用，如服务器、数据库存储等。

RAID 3 的优点在于读性能非常好且安全性较高，和 RAID 0 一样从多个磁盘条带并行读取数据，N 块盘的 RAID 3 读性能与 $N-1$ 块盘的 RAID 0 的不相上下，由于 RAID 3 有校验数据，当 N 个磁盘中的其中一个磁盘出现故障时，可以根据其他 $N-1$ 个磁盘中的数据恢复出故障盘上的数据；缺点在于写性能不好，RAID 3 支持顺序业务的并行写操作，却不支持随机业务的并发写操作，因为校验数据统一存放在检验盘上，写性能受到校验盘的限制。RAID 3 比较适用于连续数据写、安全性要求高的应用，如视频编辑、大型数据库等。

RAID 5 的优点在于存储性能较好、数据安全性高，是目前综合性能最佳的数据保护解决方案。RAID 5 把校验数据分散在了不同数据盘上，避免了 RAID 3 中写性能受到校验盘限制的问题，4 盘或以上的 RAID 5 支持数据的并行/并发读写操作。RAID 5 的缺点在于写消耗太大，一次写操作包含了写数据块、读取同条带的数据块、计算校验值、写入校验值等多个操作，对写性能有一定的影响。RAID 5 适用于随机数据存储、安全性要求高的应用，如邮件服务器、文件服务器等。

RAID 6 的优点在于安全性非常高，同时读写性能较好。当两个磁盘同时失效时，RAID 6 阵列仍能够继续工作，并通过求解二元方程来重建两个磁盘上的数据。RAID 6 继承了 RAID 3/RAID 5 的读写特性，读性能非常好；缺点在于它有两个校验数据，写操作消耗比 RAID 3/RAID 5 更大，并且设计和实施相对复杂，适用于安全性要求非常高的应用。

RAID 01 兼具 RAID 1 和 RAID 0 的优点，具有与 RAID 1 一样的容错能力，与 RAID 0 一样的高 I/O 宽带；缺点在于重构粒度太大，存储空间利用率低。RAID 01 对一个 RAID 0 子组进行整体的镜像备份，子组内一块盘失效，将引起整个子组磁盘进行重构；此外，RAID 01 内部都采用 RAID 1 模式，因此整体磁盘利用率均仅为 50%。

RAID 10 的优点和 RAID 01 一样，具有与 RAID 1 一样的容错能力，与 RAID 0 一样也具有较高的 I/O 宽带；此外，RAID 10 利用多个 RAID 1 子组做 RAID 0，子组内一块磁盘失效，可以利用其子组内镜像盘进行单盘快速重构；缺点在于磁盘利用率也只有 50%。RAID 10 适用于数据量大、安全性要求高的应用，如银行、金融等领域的数据存储。

RAID 50 的优点在于可靠的数据存储和优秀的整体性能，即使两个位于不同子组的物理磁盘发生故障，数据也可以顺利恢复过来。此外，相对于同数量盘的 RAID 5 而言，由于 RAID 50 校验数据位于 RAID 5 子磁盘组上，重建速度也有很大提高。特别是各 RAID 5 子磁盘组采用条带化方式进行存储，写操作消耗更小，具备更快的数据读取速率。RAID

50 缺点在于磁盘故障时影响阵列整体性能，故障后重建信息的时间也比镜像配置情况下要长。RAID 50 适用于随机数据存储、安全性要求高、并发能力要求高的应用，如邮件服务器，WWW 服务器等。

表 4-1 列出上述常用 RAID 级别的技术特点，从表格的对比项可以看出，理想的 RAID 类型，或者是满足用户所有需求的 RAID 类型并不存在。用户选择 RAID 类型时，应根据实际应用需求，综合读写速度、安全性和成本进行考虑[39]。值得注意的是，从理论上而言，磁盘阵列中（RAID 1 除外）成员盘越多性能越好。但在实际应用中，随着 RAID 组磁盘数变多，磁盘失效次数也会相应增加。因此，每个 RAID 组中不建议包含太多数量的物理磁盘。

表 4-1　　　　　　　　　　　　　常用 RAID 级别的比较

RAID 级别对比项	RAID 0	RAID 1	RAID 3	RAID 5	RAID 6	RAID 10/01	RAID 50
容错性	无	有	有	有	有	有	有
冗余类型	无	镜像	奇偶校验	奇偶校验	奇偶校验	镜像	奇偶检验
热备盘选项	无	有	有	有	有	有	有
读性能	高	中	高	高	高	中	高
随机写性能	高	低	最低	低	低	中	中
连续写性能	高	低	中	中	低	中	中
最小磁盘数	2 块	2 块	3 块	3 块	4 块	4 块	6 块

4.3　RAID 数据保护

4.3.1　热备盘

热备（Hot Spare）是指当 RAID 组中某个磁盘失效时，在不干扰当前 RAID 系统正常工作的情况下，用一个正常的备用磁盘顶替失效磁盘[40]。

热备需要通过配置热备盘来实现，热备盘是指一个正常的、可以用来顶替 RAID 组失效磁盘的备用磁盘，可分为全局热备盘和局部热备盘。全局热备盘是指可以被不同 RAID 组共用的热备盘，可以代替任何磁盘组中的任何失效磁盘；局部热备盘是指仅被某一特定的 RAID 组使用的热备盘，这个特定组以外的其他 RAID 组里出现磁盘失效，局部热备盘不会被投入使用。管理员如何配置热备磁盘？热备盘需要几块磁盘？这些问题是根据具体情况而定的。假设目前有 4 个不同的 RAID 组，正常情况下，每个 RAID 组都应该配置一个自己的局部热备，当一个磁盘失效时，各自都有一个备用磁盘可用。但在磁盘数量不足的情况下，可以为 4 个不同的 RAID 组中配置一个全局热备盘，同一时间只有一个磁盘发生故障的话，对 4 个 RAID 组来说，一块全局热备盘也能有效地防止数据丢失。

通常来说，在创建 RAID 组的时候要求尽量使用同一厂商的同一型号磁盘，保持磁盘的容量、接口、速率等一致，这样有助于避免短板效应，否则 RAID 组工作时，各个成员磁盘的可用容量、读写性能、接口速率均以最低配置的磁盘为准，造成性能和容量的无谓浪费。因此，选择热备盘时，要求热备盘的容量大于等于失效磁盘的容量，建议热备盘类型与失效 RAID 组中的磁盘类型相同。

4.3.2 预拷贝

预拷贝是指系统通过监控发现 RAID 组中某成员盘即将发生故障时，将即将故障成员盘中的数据提前拷贝到热备盘中。预拷贝是磁盘阵列的一种数据保护方式，能有效降低数据丢失风险，大大减少重构事件发生的概率，提高系统的可靠性。如图 4-22 所示，预拷贝过程主要包括三个步骤：

（1）正常状态时，实时监控磁盘状态；

（2）当某个磁盘疑似出现故障时，将该盘上的数据拷贝到热备盘上；

（3）拷贝完成后，若有新盘替换故障盘时，再将数据迁移回新盘上。

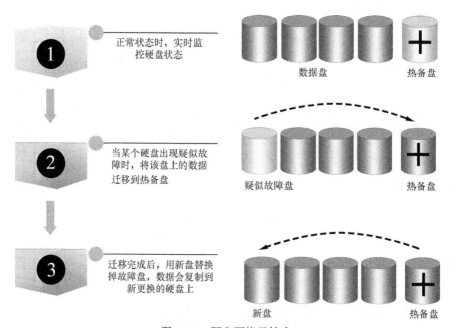

图 4-22　硬盘预拷贝技术

预拷贝技术的应用前提是系统能检测到即将故障的磁盘，并且系统中配置有热备盘。对于存储设备来说，预拷贝非常有效。大多数企业级磁盘设备都配有一个名为 SMART 的工具，负责磁盘自我监测、分析和报告，具体地，SMART 工具不断从磁盘上的各个传感器收集信息，并把信息保存在磁盘的系统保留区[41]。利用这个工具可以监视磁盘的健康状况，包括检查磁盘的旋转速度、温度、通电次数、通电数据累计、写错误率等，因此，配有 SMART 工具的磁盘也被称为智能磁盘。系统会实时从智能磁盘的 SMART 信息中读取磁盘的状态信息，当发现磁盘错误统计超过设定的阈值后，立即将数据从疑似故障的磁盘中拷贝到热备盘里，同时向管理人员报警，提醒更换疑似故障的磁盘。

4.3.3　失效重构

重构是指当 RAID 组中某个磁盘发生故障时，根据 RAID 中的奇偶校验算法或镜像策略，利用其他正常成员盘的数据，重新生成故障磁盘数据的过程[42]。重构内容包括用户数据和校验数据，最终将这些数据写到热备盘或者替换的新磁盘上。

如图 4-23 所示，假设磁盘 0、磁盘 1 和磁盘 2 组成了一个 RAID 3，其中，磁盘 2 为检验盘，磁盘 3 为热备盘。如果磁盘 0 由于某种原因导致盘发生故障，数据块 D0、D2、D4 丢失，那么磁盘控制器就可以利用磁盘 1 上的用户数据和磁盘 2 上的检验数据进行异或运算，重新构造出磁盘 0 中的数据块 D0、D2、D4，并写入热备盘中，待新盘替换故障盘之后，再将热备盘中的数据复制回新盘。当然，如果系统没有设置热备盘，则可以用新盘替换故障盘，直接将重构好的数据写入新盘中。

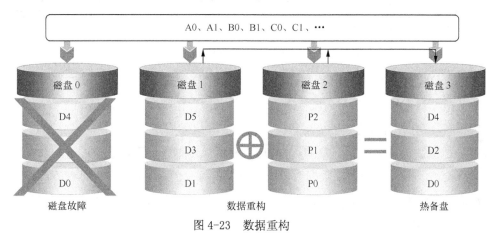

图 4-23　数据重构

在正常工作情况下，RAID 组中出现成员磁盘失效时就会进入降级状态并触发重构。成功触发重构需要具备如下三个前提：

（1）阵列中有成员盘故障或数据失效；

（2）阵列中配置有热备盘且没有被其他 RAID 组占用，或者新盘替换了故障盘；

（3）RAID 级别应配置成 RAID 1、RAID 3、RIAD 5、RAID 6、RAID 10 或 RAID 50 等冗余阵列。

如果要保证阵列可以继续工作，不中断上层业务，那么重构过程不能影响 RAID 组进行读写操作，否则需要暂停业务。

磁盘预拷贝技术和失效重构存在一些差异。最大区别在于：预拷贝是在数据失效之前将其备份到热备盘里，而重构是在数据失效之后利用相应算法进行数据恢复，前者动作在磁盘故障之前，后者动作在磁盘故障之后。通常情况下，重构需要更长的时间和更多的计算资源，相比而言，磁盘预拷贝技术具备低风险、高效率等优势。然而，不是所有的磁盘故障都能事先检测到的，所以不是任何情况下都可以使用预拷贝技术，在这种情况下，数据重构技术就显得非常重要。

如图 4-24 所示，磁盘预拷贝技术只是两个磁盘之间的单纯的数据拷贝过程，速度快且不涉及各种校验计算，也无需用到其他正常成员盘中的数据，上次业务不会中断。而重构过程中要涉及 RAID 中的多个成员盘，大量数据读写易导致磁盘损坏且占用后端带宽，各种校验计算需要时间较长，影响系统性能，可能会导致业务中断。

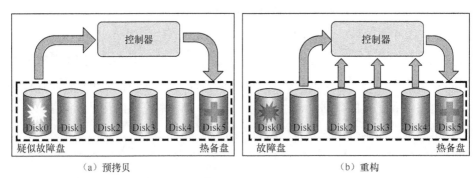

（a）预拷贝   （b）重构

图 4-24　磁盘预拷贝技术和重构的差异

磁盘预拷贝技术可以充分利用从检测到磁盘即将失效至磁盘真正失效的这段时间，将数据拷贝到热备盘中，从而降低数据丢失的风险。在整个预拷贝过程中，RAID 组处于正常状态，所有成员盘均处于可用状态，而且 RAID 组的用户数据和检验数据都是完整的，用户数据无丢失的风险，可以正常地响应主机的 I/O 请求。而在重构过程中，RAID 组处于降级状态，RAID 组的用户数据或检验数据是不完整的，用户数据处于高风险状态。虽然重构过程中也可以响应主机下发的 I/O 请求，但由于故障盘之外的成员盘也需参与重构，响应性能将大大降低。如果重构期间再次出现其他磁盘故障，对于 RAID 3、RAID 5 等单重冗余保护阵列，用户数据就会丢失，即使是 RAID 6 和使用镜像技术的多盘 RAID 1 这样的拥有多重冗余保护的阵列，一旦故障磁盘数超过冗余磁盘数，用户数据同样会丢失。

4.3.4　RAID 状态

RAID 技术将多个物理磁盘组合在一起形成一个 RAID 组，RAID 组需要维护自身的状态，如图 4-25 所示，RAID 组存在创建、正常工作、降级和失效 4 种状态。

首先，系统按用户配置将若干物理磁盘组建成 RAID 组，当 RAID 组创建成功后，所有磁盘都正常工作时，RAID 组就进入了正常工作状态。正常工作状态下如有一定数量的磁盘掉线或者故障，但整个 RAID 组仍然能够保证数据是可用的，RAID 组就进入了降级状态。在降级状态下，对故障的磁盘进行更换或者使用系统中热备盘，再触发数据重构，通过重构将数据恢复到新盘或热备盘中，成功恢复丢失数据之后，RAID 组将重新进入正常工作状态。但如果在重构过程中，发生新的磁盘故障，且故障磁盘数超过该 RAID 类型所支持的冗余磁盘数，就会造成数据永久丢失，此时整个 RAID 组失效。降级状态下 RAID 组能否完成数据重构，取决于使用的 RAID 类型、磁盘故障的数量和替换的磁盘的可用性。

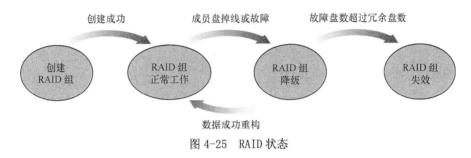

图 4-25 RAID 状态

4.4 LUN 虚拟化

RAID 技术的设计初衷是将几块小容量廉价的磁盘组合成一个大的逻辑磁盘给大型机使用。随着磁盘技术的不断发展，单个磁盘的容量不断增大，组建 RAID 的目的就不限于构建一个大容量的磁盘，而是利用并行访问技术和数据编码方案来分别提高磁盘的读写性能和数据安全性。目前，单个磁盘容量已经较大（如 2016 年希捷推出 10TB 硬盘），多个磁盘组建的 RAID 磁盘组容量则更大，此时，大容量的一个磁盘阵列，是映射给一台主机使用还是共享给多台主机？如果把整个 RAID 组作为一个逻辑单元映射给一台主机使用，就有可能造成存储资源的浪费，因为不是所有的主机都需要如此大的存储空间。如果通过增减阵列成员磁盘的方式适应主机存储空间的需求，那么会造成两种消极影响：（1）影响阵列整体的存储性能，因为磁盘数目过少性能将得不到很好的提升，磁盘数目过多故障率会越高，失效重构会影响用户响应性能；（2）影响存储空间的利用率，增减磁盘意味着存储容量调整粒度是单个磁盘容量，主机可能只使用一小部分空间，造成存储空间的闲置和浪费。

为了更好地提高阵列存储性能和存储空间利用率，设计者提出了一种 RAID 组进行细粒度切分管理方案，即 LUN 虚拟化。具体地，将一个 RAID 组划分成多个逻辑单元，并分别映射给多台主机使用；同时，一个主机也可以使用多个逻辑单元。

逻辑单元号（Logical Unit Number，LUN）本身用于标记逻辑单元，后来人们系统地用 LUN 来指代逻辑单元。如图 4-26 所示，多个硬盘既可以构成一个 LUN，也可以创建出多个 LUN。

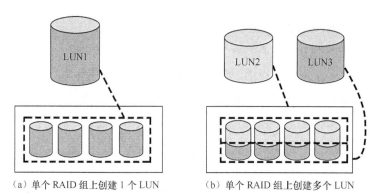

（a）单个 RAID 组上创建 1 个 LUN　　　　（b）单个 RAID 组上创建多个 LUN

图 4-26　RAID 和 LUN 的关系

若干个磁盘组成一个 RAID 组，从逻辑的角度，多个磁盘组成了一个大物理卷，物理卷按照指定容量创建一个或多个 LUN，LUN 可以灵活地映射给主机使用。

设定好相关映射之后，主机可以看到分配给它的磁盘，即 RAID 组中划分出的 LUN。此时主机便可以进行分区、格式化等常规磁盘的操作。在主机看来，这个 LUN 和一个普通的物理磁盘没有什么区别，即 LUN 对主机是透明的，主机无需知道这个 LUN 是来自一块普通的物理磁盘还是一个磁盘阵列，也无需知道磁盘阵列的具体配置（如磁盘数量、RAID 级别）。

为了更好地使用 LUN，操作系统通常采用卷管理器来管理存储空间。为了更好地理解逻辑卷，这里先解释几个相关概念。

逻辑卷管理器（Logical Volume Manager，LVM）：位于操作系统和存储设备之间，是将操作系统识别到的磁盘进行组合再分配的软件。LVM 屏蔽了存储设备映射给主机的物理磁盘或逻辑磁盘的复杂性，通过将这些磁盘做成卷，以逻辑卷的方式灵活地呈现给操作系统磁盘管理器。

物理卷（Physical Volume，PV）：存储设备映射给主机使用的 LUN 或物理磁盘，都将被操作系统识别为一个物理磁盘，这个物理磁盘在卷管理器层面上被称为物理卷。创建 PV 时，可以把整个磁盘当成一个 PV，也可以将磁盘的一部分创建为一个 PV。

卷组（Volume Group，VG）：多个 PV 首尾相连，组成了一个逻辑上连续编址的卷组，VG 的形成相当于屏蔽了底层多个物理磁盘的差异，向上可以提供一个统一管理的磁盘资源池，实现存储空间的动态分配。

逻辑卷（Logical Volume，LV）：是逻辑卷管理器对存储映射给主机的 LUN、物理磁盘或物理磁盘分区进行整合，再划分出来的一个虚拟磁盘分区。LV 是在 VG 中创建的最终可供操作系统使用的卷。

如图 4-27 所示，若干个磁盘组成了一个 RAID 组，在 RAID 组中按照指定容量创建一个或多个 LUN 映射给主机使用，LUN 在 LVM 上被称为 PV，多个物理卷逻辑上连续编址形成了一个 VG，在这个卷组上再划分出了一个个 LV。逻辑卷将被提供给操作系统的磁盘管理器进行分区、格式化等。

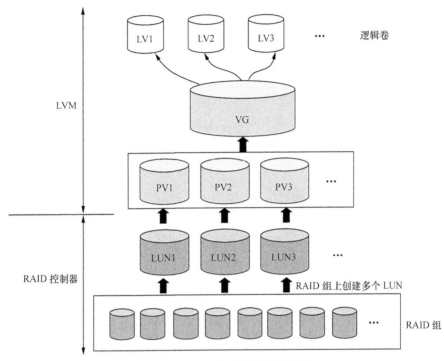

图 4-27 RAID 组与逻辑卷的关系

对于操作系统而言，逻辑卷就像一个物理磁盘，可以像操作本地磁盘分区一样来管理逻辑卷，比如在逻辑卷之上创建一个文件系统，逻辑卷的实际组成对操作系统是透明的。如图 4-27 所示，逻辑卷可以由不连续的物理分区组成，也可以跨越多个物理卷。相对于将 LUN 映射给主机直接安装文件系统进行使用，在逻辑卷上建立文件系统对存储空间进行管理具有以下三方面优势。

（1）存储容量。逻辑卷可以跨越物理磁盘甚至是 RAID 卡，可随意扩容，而 LUN 划分好之后就无法增减容量，除非抹掉所有数据进行重新划分，过程复杂且成本高。

（2）访问性能。逻辑卷可以通过配置来为应用程序提供优化的性能。

（3）数据安全性。逻辑卷可以通过配置内部镜像来提高数据的安全性。

4.5　本章小结

本章介绍了传统 RAID 技术及其应用，主要针对传统 RAID 技术的基本概念、相关技术进行了阐述。其中，着重介绍了基于硬件和软件的两种 RAID 的实现方式，各 RAID 级别及其优缺点，条带化的数据组织技术，基于镜像或奇偶校验的数据冗余方式，采用热备盘、预拷贝或重构的数据保护相关技术，RAID 和 LUN 以及逻辑卷的关系。

练习题

一、判断题

1. 所有的 RAID 级别都具备容错能力。(　　　)

2. 如果业务是随机小 I/O 较多的情况,RAID 5 比 RAID 10 性能好。(　　　)

3. 在 RAID 10 中,任意两块磁盘出现故障都不影响读取数据。(　　　)

二、选择题

1. 下列哪些级别的 RAID 提供冗余 (　　　)

A. RAID 0　　　　　　　B. RAID 1　　　　　　C. RAID 5　　　　　　D. RAID 10

2. 下列对于 RAID 6 的描述,哪项是不正确的 (　　　)

A. 通常 RAID 6 技术包括 RAID 6 P+Q 技术和 RAID 6 DP 技术

B. RAID 6 要求双重奇偶校验

C. RAID 6 至少要求 3 块硬盘

D. RAID 6 可以在两块成员盘失效的情况下恢复数据

三、填空题

1. 在传统 RAID 相关数据保护技术中,(　　　　　)是在数据失效之前将其备份到热备盘里,而(　　　　　)是在数据失效之后利用相应算法进行重新构造。在数据满盘的情况下,(　　　　　)需要更长的时间和更多的计算资源。

2. 几个磁盘组成了一个 RAID 组,在 RAID 组中按照指定容量创建一个或多个(　　　　　)映射给主机使用,在卷管理器上被称为了(　　　　　),多个(　　　　　)逻辑上连续编址形成了一个卷组,在这个卷组上再划分出了一个个(　　　　　)。

四、思考题

1. 理论上数据写入性能与 RAID 组中的数据盘的数量成正比,实际上是这样的吗?为什么?

2. 如果一个具有数据校验冗余保护的 RAID 组中出现一个磁盘失效,在什么情况下,利用预拷贝技术恢复数据所需时间比利用重构技术的时间更长?

3. 参照 RAID 10 的工作原理,请对 RAID 01 的工作原理进行简单分析。

第5章
RAID 2.0+技术

硬盘容量快速增长，而读写速度却增长缓慢，按照传统 RAID 组重构方式，重构时间将大幅增加，从而导致"重构时间增加，重构期间硬盘故障概率增加，数据丢失风险随之增大"这一问题。针对此问题，一些存储公司将磁盘阵列从基于磁盘的 RAID 发展成基于块虚拟化的 RAID 2.0/RAID 2.0+技术，不仅大大降低重构时间，提高系统可靠性，而且充分满足虚拟机环境对存储的应用需求。本章重点介绍 RAID 2.0/RAID 2.0+技术，特别是 RAID 2.0+技术的工作原理。

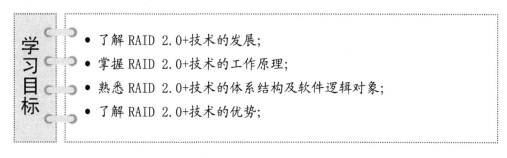

学习目标

- 了解 RAID 2.0+技术的发展；
- 掌握 RAID 2.0+技术的工作原理；
- 熟悉 RAID 2.0+技术的体系结构及软件逻辑对象；
- 了解 RAID 2.0+技术的优势；

5.1　RAID 2.0+技术原理

5.1.1　RAID 技术发展过程

第 4 章已经系统地介绍了传统 RAID 阵列技术。RAID 技术的设计初衷在于把多个独立的物理磁盘通过相关算法组合成一个虚拟逻辑磁盘，给大型计算机提供更大容量。随着磁盘技术地不断发展，磁盘的容量不断增大，构建 RAID 不仅仅考虑大容量存储空间，还需要考虑性能和安全性，于是采用条带化数据组织技术和数据冗余策略来分别提升存储性能及安全性。

此外，高性能应用不断涌现，对数据的存储需求也不断增长，传统 RAID 出现了越来越多的问题：（1）随着单块磁盘的容量达到数 TB 级别，传统 RAID 技术在磁盘重构过程中需要的时间越来越长，而且繁重的读写操作有可能引起 RAID 组中其他磁盘出现故障或错误，从而导致故障概率大幅提升，增加数据丢失的风险；（2）传统 RAID 中磁盘数量不多，无法满足企业在大型计算、海量数据存储应用方面对存储资源统一灵活调配的需求；（3）一个 LUN 的读写只能在一个磁盘组进行，如果后面新加入性能较高的介质，也无法充分利用其性能；（4）以磁盘为单位的数据管理无法有效地保障数据访问性能和存储空间利用率。既然传统 RAID 阵列技术已经不能满足行业的需求，而随着虚拟化技术的不断发展，LUN 虚拟化和块虚拟化技术被提出，相继出现了 RAID 1.5 技术和 RAID 2.0 技术。图 5-1 为 RAID 2.0 技术发展过程。

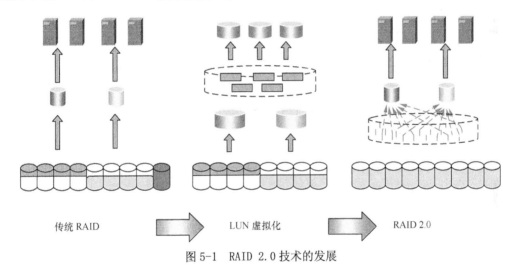

图 5-1　RAID 2.0 技术的发展

众多存储厂商提出了 LUN 虚拟化的存储方案，以 EMC 和 HDS 为代表的存储厂商提出了 RAID 1.5 技术，它是在传统 RAID 基础之上将 RAID 组进行更细粒度地切分，将多个 RAID 组切分成大小相等的逻辑空间，再利用这些逻辑空间组合，构建出主机可访问的逻辑存储单元，即 LUN 虚拟化。LUN 虚拟化技术使得单个 LUN 中数据的存取跨越了更多的磁盘，性能得到了有效提升。此外，由于单个 LUN 的存储空间可以来自于多个 RAID 组，可以在不同类型磁盘或不同级别 RAID 组之间实现数据迁移，以平衡存储性能与存储空间的使用，有效避免了热点问题。然而，传统 RAID 中重构时间长等问题在 RAID 1.5 中并没有得到解决，于是众厂商又纷纷提出了块虚拟化技术。以华为和 HP 3PAR 为代表的存储厂商将存储池中的磁盘划分成一个个小粒度的数据块空间，基于块来构建 RAID 组，使得数据均匀地分布到存储池中所有磁盘上，然后以块为单元来进行存储资源管理，这就是 RAID 2.0 技术。

华为公司在传统 RAID 技术基础上，设计研发了一种底层块虚拟化（Virtual for Disk）和上层 LUN 虚拟化（Virtual for Pool）的双层虚拟化技术，用于满足存储技术虚拟化架构发展趋势，即 RAID 2.0+技术。在块虚拟化层面上，逻辑上将物理磁盘空间切分成块，以这些块为对象实现 RAID 算法，即每个逻辑块充当一个 RAID 成员盘，用于组建 RAID 组。在 LUN 虚拟化层面上，将这些 RAID 组进行更细粒度地切分，切分成固定大小的 Extend，再利用这些 Extend 组合构建主机可访问的 LUN。这种存储空间管理机制使得数据保护的级别精细化到数据块，从而提供了更好的数据读写效率和数据保护。此外，RAID 2.0+在底层块级虚拟化磁盘管理的基础之上，通过一系列 Smart 软件提升效率，实现了上层 LUN 虚拟化的高效资源管理。

5.1.2　RAID 2.0+基本原理

在传统 RAID 技术中，利用独立的物理磁盘创建 RAID 组，然后在 RAID 组上划分 LUN 映射给主机使用，这种方式无法实现高效存储性能、提供数据安全性。

磁盘阵列 2.0+（Redundant Array of Independent Disks Version 2.0+，RAID 2.0+）采用底层磁盘管理和上层资源管理两层虚拟化管理模式。在系统内部，每个磁盘空间被划分成一个个小粒度的块，基于这些块来构建 RAID 组，使得数据均匀地分布到存储池的所有磁盘上，同时，以块为单元来进行资源管理，大大提高了资源管理的效率。图 5-2 为 RAID 2.0+技术的原理，展现了 RAID 2.0+技术对物理磁盘进行多次切分组合形成主机可用逻辑单元的过程。

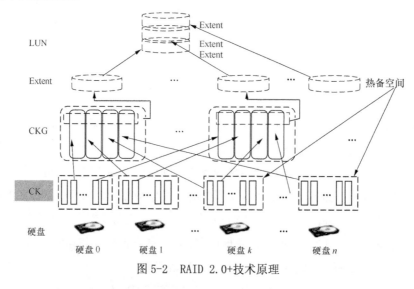

图 5-2　RAID 2.0+技术原理

首先，存储系统支持不同类型的磁盘，包括 SSD 盘、SAS 盘、SATA 盘和 NL-SAS 盘[*]。

---

[*] NL-SAS 硬盘是 SATA 的盘体与 SAS 连接器的组合体：NL-SAS 硬盘的转速只有 7200rpm，性能比 10000RPM 的 SAS 硬盘差；由于使用了 SAS 接口，在寻址与速度上比 SATA 硬盘有了提升。

由这些物理磁盘构成一个个的硬盘域（后文会有详细介绍），硬盘域中相同类型的磁盘按照一定的规则被划分为一个个磁盘组，每个磁盘的空间都会被切分成大小一致的逻辑块（Chunk，CK）；然后以来自同一磁盘组中不同磁盘上的逻辑块为对象，按传统 RAID 技术实现方式组成 RAID 组，即逻辑块组（Chunk Group，CKG）；随后将这些逻辑块组切分成更小粒度的固定大小的逻辑存储空间 Extent，最后将这些逻辑存储空间组成 LUN 映射给主机。

相比于 RAID 1.0（传统 RAID）和 RAID 1.5，RAID 2.0+对数据冗余保护方式的设置更加灵活和精细化。传统 RAID 中的热备空间是由专门的热备盘来提供的，通过管理员指定某个特定的磁盘作为热备盘实现；而 RAID 2.0+中提出了新的热备空间策略：存储系统以磁盘中切分出来的逻辑块（CK）为存储单位，并根据硬盘域设置的热备策略及该硬盘域中各种类型磁盘个数来预留热备空间。热备空间不再由专门的热备盘来提供，而是分散在整个存储系统的磁盘上。不同类型磁盘保留的热备空间容量随着硬盘域中该类磁盘数目的增加而增加，但磁盘数量并不按线性方式增长（规律见表 5-1）。其中，热备空间只是相当于 N 个磁盘的空间而不是来自于独立的 N 个磁盘，并且整个硬盘域中每种类型的磁盘保留的最小热备空间相当于一个此类型磁盘的容量[43]。

表 5-1　　　　　　　　　　　热备空间预留规律（单位：块）

热备空间　　策略　　　　磁盘数	高热备策略	低热备策略
1～12	1	1
13～25	2	
26～50	3	2
51～75	4	
76～125	5	3
126～175	6	
176～275	7	4
276～375	8	

RAID 2.0+系统预留了相当于 N 个磁盘的容量做热备空间，但并不代表该类磁盘可以允许 N 个磁盘同时损坏。该参数只是表示系统会为该类型磁盘预留此热备空间用以支持最多 N 个磁盘故障时的重构。至于系统最多能支持多少个磁盘同时故障而不丢失数据，取决于在硬盘域中划分存储池时选择的 RAID 策略。考虑到硬盘域中要预留热备空间，因此硬盘域向上提供给用户最终使用的空间等于硬盘域中磁盘总容量减去热备空间容量之后的净容量。

5.1.3　RAID 2.0+体系结构

RAID 2.0+技术的体系架构如图 5-3 所示，其实现主要由若干软件逻辑对象完成。

软件逻辑对象形成于系统存储资源的双层虚拟化操作，是 RAID 2.0+技术的核心组成部分。本小节针对这些软件逻辑对象和概念进行重点阐述。

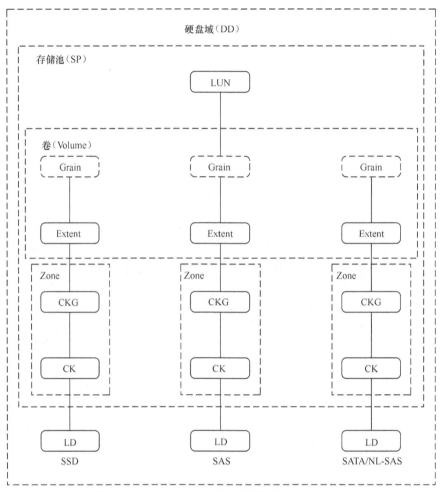

图 5-3　RAID 2.0+技术软件逻辑对象及关联关系

1. 逻辑磁盘

逻辑磁盘（Logical Drive，LD）是被存储系统所管理的磁盘，和物理磁盘相对应。物理磁盘指的是现实中的真实磁盘，如机械硬盘、固态硬盘等。例如机械磁盘是由实实在在的扇区组成的，这些扇区可能分布在不同磁道或盘片上，并不完全连续的。通常需要结合磁头、柱面和扇区来寻址（CHS 寻址）并访问磁盘上的数据。为了便于管理，通常将 CHS 这种三维寻址方式转变为一维的线性寻址，即把磁盘上所有的物理扇区通过一定的规则进行线性编号，用这些编号来表示各个物理扇区的地址，也就是所谓的逻辑块地址（Logical Block Addressing，LBA）。LBA 编址方式使存储系统避免了烦琐的 CHS 寻址，提高了寻址效率。底层硬件采用 LBA 编址方式向管理软件呈现一个地址连续的便于管理的虚拟磁盘，即逻辑磁盘。在主机访问物理磁盘时，先向逻辑磁盘下发命令，再由磁盘控制器将这种逻辑地址转换为实际硬盘的物理地址。

2. 硬盘域

硬盘域（Disk Domain，DD）是一堆磁盘的集合，一个 DD 可以由整个系统所有磁盘组成，也可以由系统中部分磁盘组成，这些磁盘经整合后统一向存储池提供存储资源。

如图 5-4 所示，一个磁盘域就是一组磁盘，一个磁盘只能属于一个磁盘域，一个存储系统可以创建一个或多个磁盘域。尽管磁盘域与 RAID 组都是由一组磁盘构成，但两者在构建时具有较大不同：在创建 RAID 组时，这些独立的物理磁盘已经按照某个 RAID 组级别进行了绑定，并且要求 RAID 组中成员磁盘类型相同、容量大小和转速保持一致，成员磁盘个数也不宜太多；而在创建磁盘域时，RAID 级别尚未指定，即数据的冗余保护方式也未指定，并且在一个磁盘域中，磁盘的个数可以达到上百个，还可以包含多种类型的磁盘，可以是 SSD 盘、SAS 盘、SATA 盘、NL-SAS 盘中的一种或多种。在大型存储系统中，磁盘数量非常多，可以通过创建多个磁盘域将多组物理磁盘分开，实现磁盘域之间故障、性能和存储资源的完全隔离，有效避免系统中一块物理磁盘故障影响到整个系统的工作效率。

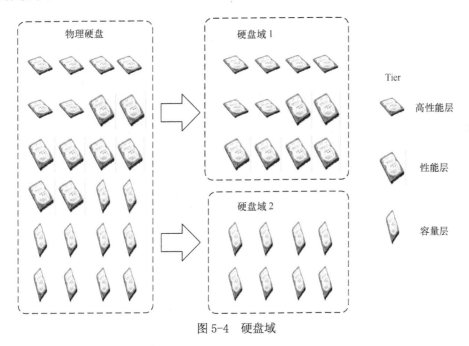

图 5-4　硬盘域

硬盘域中，不同类型的磁盘对应一个存储层级（Tier），SSD 盘对应高性能层，SAS盘分配到性能层，SATA 盘和 NL-SAS 盘则分配到容量层。存储层级主要是用于管理不同性能的存储介质，以便为不同性能要求的应用提供不同性能的存储空间。各存储层级的区别见表 5-2。

表 5-2 存储层级的区别

存储层级	层级名称	磁盘类型	性能、价格、应用
Tier0	高性能层	SSD	性能和价格较高，适合存放访问频率很高的数据
Tier1	性能层	SAS	性能较高，价格适中，适合存放访问频率中等的数据
Tier2	容量层	NL-SAS SATA	性能较低，价格最低且单盘容量大，适合存放大容量的数据以及访问频率较低的数据

3. 存储池

存储池（Storage Pool，SP）用于存放存储空间资源，所有应用服务器使用的存储空间都来自存储池，存储池属于存储虚拟化范畴[44]。一个硬盘域中可以创建一个或多个存储池，不同存储池之间可实现故障和管理隔离，分别服务不同的应用。

创建存储池时，可以指定该存储池从硬盘域上划分的存储层级类型、对应的 RAID 策略和相应的存储容量。首先是选择存储层级，可以在高性能层、性能层和容量层中选择一个或多个层级。选择不同的层级相当于在 SSD 盘、SAS 盘、SATA 盘和 NL-SAS 盘之间选择不同性能的存储空间。层级选定之后，需为所选层级的存储资源指定容量并设置 RAID 策略，各个层级的存储容量可以根据业务需求设定，同一层级内部的存储资源可以按 RAID 1、RAID 10、RAID 3、RAID 5、RAID 50 和 RAID 6 的 RAID 级别进行组合，不同 RAID 级别可选择的 RAID 策略也有所差异（见表 5-3）。

表 5-3 **RAID 级别及其策略**

RAID 级别	RAID 策略
RAID 1	1D+1D、1D+1D+1D+1D
RAID 10	系统自动选择 2D+2D 或 4D+4D
RAID 3	2D+1P、4D+1P、8D+1P
RAID 5	2D+1P、4D+1P、8D+1P
RAID 50	（2D+1P）×2、（4D+1P）×2、（8D+1P）×2
RAID 6	2D+2P、4D+2P、8D+2P、16D+2P

表 5-3 中，符号 D 代表用户数据，P 代表校验数据，nD+mP 代表 n+m 个磁盘（逻辑块）组成一个 RAID 组，每个条带上有 n 个条带单元用于存放用户数据，m 个条带单元用于存放校验数据。例如，选择 RAID 3 级别时，可以选择两个数据盘加一个校验盘（2D+1P）、四个数据盘加一个校验盘（4D+1P）或八个数据盘加一个校验盘（8D+1P）这三种组合方式。

4. 磁盘组

磁盘组（Disk Group，DG）指硬盘域中相同类型磁盘的集合。磁盘类型包括 SSD 盘、SAS 盘、SATA 盘和 NL-SAS 盘等。根据硬盘的类型及数量，存储系统会在每个硬盘域内自动划分出一个或多个磁盘组，一个磁盘组中只包含一种类型的磁盘，磁盘组属于系统内部对象，主要作用是故障隔离，由存储系统自动完成配置，对外是透明的。

5. Chunk

逻辑块（Chunk，CK）是磁盘组中物理磁盘按固定大小切分成的物理空间，它是组成 RAID 的基本单位。需要注意的是，逻辑块大小是固定值（即 64MB 或 256MB），不能进行更改。通常 SSD/SAS 盘被切分成 64MB，而 SATA/NL-SAS 盘被切分成 256MB。

6. 逻辑块组

逻辑块组（Chunk Group，CKG）是指在同一个磁盘组内的不同磁盘划分出来的逻辑块按照 RAID 算法组成的逻辑存储单元，其切分组合过程如图 5-5 所示。逻辑块组可视为以多个逻辑块为成员盘组成的一个 RAID 组，是存储池在硬盘域上分配资源的最小单位。一个逻辑块组中的逻辑块均来自同一个磁盘组中的物理磁盘，与磁盘组一样，逻辑块和逻辑块组均属于系统内部对象，由存储系统自动完成配置，对外是透明的。

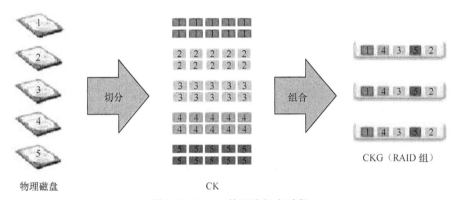

物理磁盘　　　　　　　　　　CK

图 5-5　Chunk 的切分组合过程

7. Extent

Extent 是在逻辑块组（CKG）基础上划分的固定大小的逻辑存储空间，在创建存储池时可以设置大小，大小介于 512KB 至 64MB 之间，当存储池创建完成，Extent 大小将不再更改。不同存储池的 Extent 大小可以不同，但同一存储池中的 Extent 大小是统一的。Extent 是热点数据统计和迁移的最小单元（即数据迁移粒度），也是存储池中申请空间、释放空间的最小单位。

图 5-6 为 Extent 的切分组合过程，一个逻辑块组 CKG 可以切分成多个 Extent，一个 Extent 归属于一个卷（Volume）或一个 LUN，多个 Extent 可以组成一个可映射给主机使用的 LUN。当 LUN 容量不够时，可以通过增加 Extent 来扩大 LUN 容量，动态调整 LUN 大小，满足业务需求。

8. Grain

Grain 是一种更细粒度的 Extent。以 Extent 为基本单位构成的 LUN 被称为传统非精简 LUN（Thick LUN 或 FAT LUN），以 Grain 为基本单位构成的 LUN 称为精简 LUN（Thin LUN）。除了组成单位，Thick LUN 和 Thin LUN 在存储空间分配、存储空间回收以及性能上也有很大的区别。

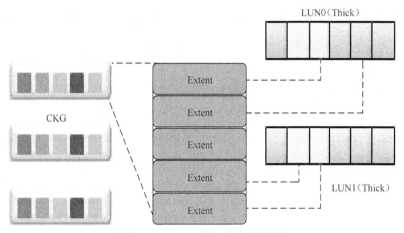

图 5-6　Extent 的切分组合过程

　　Grain 是 Extent 在 Thin LUN 模式下，按照 64KB 的固定大小进一步划分的更细粒度的存储空间。Thin LUN 模式中，以 Grain 为粒度进行空间分配并映射到 LUN（如图 5-7 所示）。Grain 内的 LBA 是连续分布的。Grain 是 Thin LUN 的粒度单位。

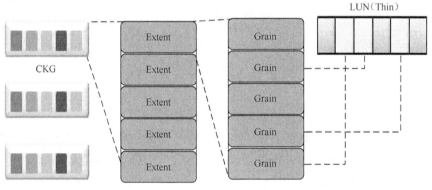

图 5-7　Grain 的切分组合过程

9．Volume & LUN

　　卷（Volume）是存储系统内部管理的对象，一个 Volume 对象用于组织同一个 LUN 的所有 Extent、Grain 逻辑存储单元，可动态申请释放 Extent 来增加或减少 Volume 实际占用的空间。逻辑单元（LUN）是可以直接映射给主机进行读写的存储单元，是 Volume 对象的外在体现。

5.2　RAID 2.0+应用

　　RAID2.0+通过两层虚拟化管理模式，克服了传统 RAID 的固有缺点，大大提升了存储系统的可靠性和资源管理的效率。所谓两层虚拟化是指底层物理磁盘的块虚拟化和上层的 LUN 虚拟化。通过物理磁盘虚拟池化设计，可以获得以下优势：

（1）支持新旧磁盘间自动负载均衡，降低存储系统整体故障率；

（2）支持故障磁盘数据的快速精简重构，降低数据丢失的风险；

（3）支持存储介质故障自检自愈，保证系统可靠性；

（4）通过 LUN 虚拟化，降低存储规划管理难度；

（5）支持单个 LUN 跨越多个 RAID 组和多类磁盘，实现冷热数据自动分层存储及智能迁移；

（6）支持存储空间的动态分配回收，灵活适应业务变化。

总之，RAID 2.0+技术有助于实现安全、可信、弹性、高效的存储系统。

5.2.1　负载均衡

传统 RAID 存储系统中一般会有多个 RAID 组，每个 RAID 组包含几块到十几块磁盘。由于每个 RAID 组的业务繁忙程度不同，导致磁盘的工作负载不均衡，部分磁盘存在热点业务，导致其故障率明显上升。RAID 2.0+技术中，数据在存储池的磁盘上能自动均衡分布，降低了存储系统整体的故障率。传统 RAID 技术与 RAID 2.0+技术的磁盘负载情况如图 5-8 所示。RAID 2.0+能更好地支持数据负载均衡，原因在于 RAID 2.0+采用了精细化的存储单元，如 Extent、Grain。

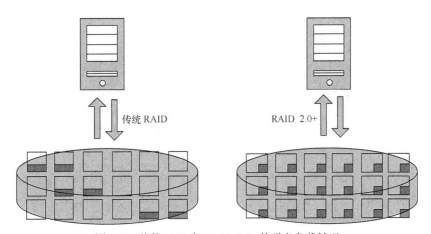

图 5-8　传统 RAID 与 RAID 2.0+的磁盘负载情况

5.2.2　快速重构

随着磁盘技术的发展，单个磁盘容量的增长远远快于访问性能的提升。容量的增长使传统 RAID 不得不面临重构时间增长这一挑战。重构一块容量较小（如 GB 级）的磁盘可能只需要几十分钟，而重构一块容量较大（如 TB 级）的磁盘可能需要十几甚至几十个小时。单个磁盘容量越来越大，重构时间会越来越长，这意味着出现磁盘故障时存储系统处于降级状态的时间越来越长，重构期间其他磁盘出现故障的概率也随之增加，数据丢失风险自然也越来越高。据悉，由于业务和重构的双重压力，存储系统在重构过程中发生数据丢失的案例也屡见不鲜。

传统 RAID 技术中，重构时间过长的根本原因在于 RAID 组中成员磁盘容量过大，加上成员磁盘出现故障时单个 RAID 组需要重构的数据量过大。此外，重构生成的大量数据需要及时写入新盘或热备盘中，而频繁写入数据的新盘或热备盘必定会出现热点问题，导致重构过程出现性能瓶颈。

RAID2.0+技术基于底层的块级虚拟化技术，实现了多个 RAID 组协同重构故障盘上的数据，大大提升了重构速度。系统以逻辑块为单位在多个磁盘中预留热备空间（如图 5-9 所示），克服了传统 RAID 重构过程中新盘或热备盘遇到的性能瓶颈问题，使重构数据流的写带宽不再制约重构速度，重构性能增加不仅降低了双盘失效的概率，而且提升了存储系统的可靠性。

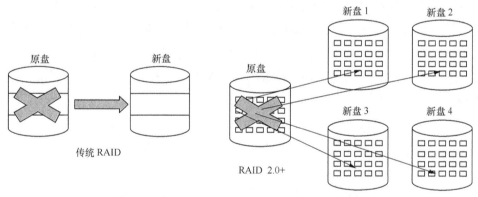

图 5-9　传统 RAID 与 RAID 2.0+的重构数据存放情况

在传统 RAID 中，假设 HDD 0、HDD 1、HDD 2、HDD 3 和 HDD 4 五个磁盘构成了一个 RAID 5 组（如图 5-10 左图所示），将 HDD 5 设置为热备盘，HDD 6、HDD 7、HDD 8、HDD 9 属于其他 RAID 组。当 HDD 1 出现故障时，系统将读取 HDD 0、HDD 2、HDD 3、HDD 4 中的数据并通过校验算法计算出 HDD 1 中的数据，然后将重构好的数据写入热备盘 HDD 5 中。如果写入 HDD 5 的数据量很大，受磁盘写吞吐率限制，那么写入时间将很长，从而导致重构时间将很长。

RAID 2.0+技术中，假设系统将 HDD 0 至 HDD 9 这 10 个磁盘在逻辑上全部切成一个个大小一致的逻辑块 CK（如图 5-10 右图所示），其中 5 个 CK {CK01、CK12、CK23、CK34 和 CK45} 组成一个 RAID 5 组，CK52、CK13、CK63、CK74 和 CK85 组成另一个 RAID 5 组，其他 CK 以同样方式进行组合，9 个 RAID 5 组的存储空间之和便等于传统的五盘 RAID 5 组的容量。此时，若 HDD1 出现故障，故障盘 HDD 1 中的数据便以 CK 为单位进行重构，分别由包含了 HDD 1 中 CK 对应的 9 个 RAID 5 组同时重构，重构好的数据同样以 CK 为单位分散存储于多个磁盘中。例如，CK12 的数据利用 HDD 0、HDD 2、HDD 3 和 HDD 4 这 4 个磁盘进行重构，然后把重构好的数据存放到 HDD 9 的 CK96 中，与此同时，CK13 中的数据也利用 HDD 5、HDD 6、HDD 7 和 HDD 8 这 4 个磁盘进行重构，重构好的数据存放到 HDD 4 的 CK47 中。相比传统 RAID 的多对一重构模式，RAID 2.0+的多对多重构模式有助于缩短重构时间。此外，当系统中磁盘数目越多，CK 越分散，则 RAID 2.0+重构的并发率将越高，重构速度将越高。

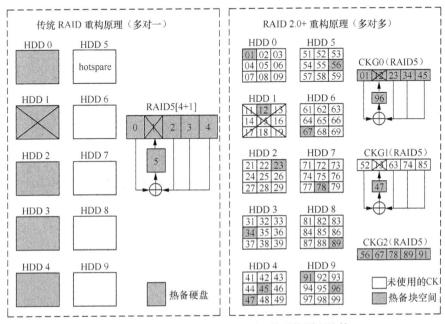

图 5-10　传统 RAID 与 RAID 2.0+的重构原理比较

上述故障处理方式，RAID 2.0+技术能显著提升重构速度。在原有坏道修复和全盘失效重构两级故障修复功能之间，RAID 2.0+增加了数据块级的故障修复功能，能够以逻辑块 CK 为粒度只重构已分配并使用了的空间。当磁盘出现故障时，通过对实际使用空间的有效识别，快速重构出失效数据，进而降低数据丢失的风险。

5.2.3　故障自检自愈

RAID 2.0+技术中，存储系统对磁盘采用了多重故障容错设计，支持磁盘在线诊断、磁盘故障分析（Disk Health Analyzer，DHA）、坏道后台扫描、坏道修复等多种可靠性保障措施。此外，系统还会根据热备策略自动在存储池中预留一定数量的热备空间，用户无需进行设置。当系统自动检测到磁盘上某个区域出现不可修复的介质故障或整个磁盘发生故障时，将自动触发重构操作，将故障介质上的数据快速重构到其他磁盘的热备空间中，实现系统的快速自愈合。如图 5-11 所示，传统 RAID 需要单独设置热备盘或等待更换新盘后才触发重构，然后将重构出的失效数据写到热备盘或新盘中。在 RAID 2.0+

中，失效数据可以由多个 RAID 组并行重构，并存放在非故障盘的热备空间中。

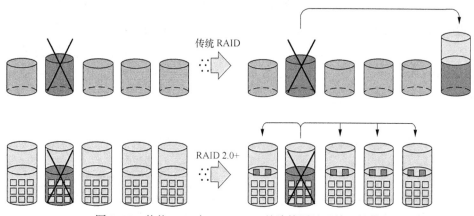

图 5-11　传统 RAID 与 RAID 2.0+故障检测处理情况比较

5.2.4　虚拟池化设计

目前主流的存储系统拥有成百上千块不同类型的磁盘，如果使用传统 RAID 技术，对于管理员来说，不仅需要管理数量众多的 RAID 组，还需要针对每一个应用，周密地规划每一个 RAID 组的性能及容量。上层应用及业务发展迅速，其产生的数据的增长量也快速变化，因此，管理员不得不经常面临存储资源分配不均等一系列管理问题，大大增加了管理复杂度。

如图 5-12 所示，使用 RAID2.0+技术的存储系统，由于采用了先进的两层虚拟化技术（即底层的块虚拟化和上层的 LUN 虚拟化），所有的 RAID 配置在创建存储池时自动配置完成，对存储资源进行池化设计，管理员只需要维护少量的存储资源池。同时，系统会根据相应策略来智能管理和调度系统资源，大大降低了存储规划和管理的难度。

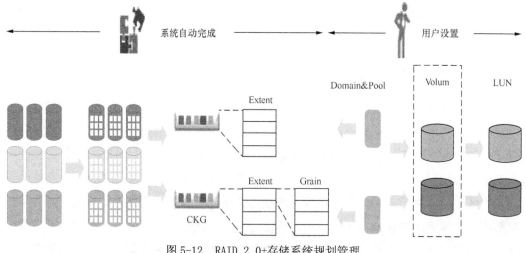

图 5-12　RAID 2.0+存储系统规划管理

RAID2.0+支持更细粒度（可以达几十 KB 粒度）的资源颗粒，如 Extent、Grain，在此基础上构成了一个统一的存储资源池，所有应用、中间件、虚拟机、操作系统所需的资源可以在这个资源池中按需分配及回收。相对于传统 RAID 系统需要手工完成 RAID 组创建、LUN 创建、LUN 格式化等耗时而容易出错的操作，RAID2.0+技术实现了存储资源的虚拟化及预配置，存储资源的申请及释放通过存储池可以实现自动化，降低了存储管理难度。

5.2.5　LUN 灵活组织

在大型计算、海量数据存储需求不断涌现的年代，随着服务器计算能力的不断发展，数据库、虚拟机等应用越来越多，这些应用对存储系统的性能、容量、灵活性等都提出了更高的要求。传统 RAID 技术受到磁盘数的限制，性能差且难以扩展，已经越来越无法满足业务的需求。一方面，组成一个 RAID 组的磁盘数过少；另一方面，一个 LUN 往往来自一个 RAID 组，因此，当主机对一个 LUN 进行密集式 I/O 访问时，只能访问到有限的几个磁盘，容易导致磁盘访问瓶颈，出现磁盘热点问题。

如图 5-13 所示，假设 LUN 1 与 LUN 2 来自同一个 RAID 组，LUN 3 与 LUN 4 分别来自另外两个 RAID 组。如果主机频繁访问 LUN 1 和 LUN 2，而 LUN 3 和 LUN 4 处于空闲状态，在传统 RAID 模式下，这个系统中 LUN 1、LUN 2 所属的 5 个磁盘通常处于忙碌状态（即重负载），而 LUN 3、LUN 4 所属的 9 个磁盘通常处于空闲状态（即轻负载），会造成负载不均衡。如果这 14 个磁盘能同时响应主机对 LUN 1 的频繁读写请求，那么访问性能将得到很大的提升。

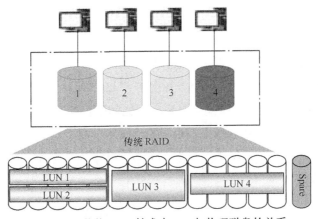

图 5-13　传统 RAID 技术中 LUN 与物理磁盘的关系

RAID2.0+技术支持由几十甚至上百块磁盘组成一个大的存储资源池。LUN 是基于存储池创建的，不再受限于 RAID 组的磁盘数量，单个 LUN 上的数据可以分布到相同类型或不同类型的磁盘上，有效避免了磁盘的热点问题，单个 LUN 在性能和容量上都得到了大幅提升。

如图 5-14 所示，假设采用了 RAID 2.0+技术，并在存储池中划分出 4 个 LUN，分别为 LUN 1、LUN 2、LUN 3、LUN 4。每个 LUN 中的数据都遍布在系统的各个磁盘上，主机在某个时候频繁访问 LUN 1、LUN 2、LUN 3 或 LUN 4 中的任何一个 LUN，都可以得到系统中 14 个磁盘的同时响应。相比传统 RAID 模式只有 5 个磁盘提供响应，RAID 2.0+下14 个磁盘能获得更高的响应性能。

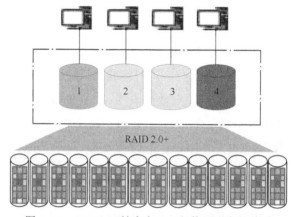

图 5-14　RAID2.0+技术中 LUN 与物理磁盘的关系

5.2.6　空间动态分布

传统 RAID 中，LUN 在划分之后就无法增加容量，如果想增加容量，抹掉 LUN 上所有数据再进行重新划分是一种方式，这个过程复杂且成本高；另一种方式是采用 LUN 连接的方式，即重新创建 LUN，连接到原 LUN，但是操作步骤多，比较复杂。而使用 RAID 2.0+技术的存储系统可以实现存储池和 LUN 的动态扩容，简单且灵活，当容量不足时，只需要简单地向硬盘域中增加磁盘就可以完成存储池的扩容。当 LUN 的规划容量无法满足业务需求时，可以向存储池申请增加 Extent 来扩大 LUN 的容量，根据业务需求动态调整LUN 的大小，大大提升了存储系统的容量可扩展性和磁盘的空间利用率。

此外，RAID2.0+采用了业界领先的块虚拟化技术，卷上的数据和业务负荷会自动均匀分布到存储池的物理磁盘上，借助于 Smart 系列效率提升套件，存储系统自动根据业务所需的性能、容量、冷热数据等需要在后台进行智能调配，灵活地适应企业业务地快速变化。下文介绍 SmartTier、SmartThin、SmartMotion 和 SmartVirtualization 等 Smart系列效率提升套件。

如图 5-15 所示，RAID2.0+支持以下几种空间管理功能。

智能数据分级（SmartTier）指存储系统根据数据访问频率自动迁移数据。通过 I/O监控、数据排布分析、数据迁移三个阶段，SmartTier 将活跃度高的热数据迁移至具有更高性能的存储介质上，将活跃程度较低的冷数据迁移至具有更大容量且成本较低的存储介质上，从而实现在不同性能层级之间的数据迁移[45]。分层存储技术原理可参看本书第 8 章的 8.2 小节。

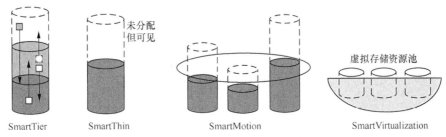

图 5-15　RAID2.0+技术的智能功能

智能精简配置（SmartThin）精细化了存储空间的分配粒度，实现 LUN 在线扩容和空闲空间回收，提高存储资源利用率，更大限度满足业务需求。具体技术原理详见本书第 8 章的 8.1 小节。

智能数据迁移（SmartMotion）指通过分析业务情况，将数据均衡分布到同类存储介质，维持容量和性能动态均衡。以逻辑块 CK 为单位在线实时地监控磁盘空间，定时将"繁忙"磁盘上的 CK 数据迁移至"空闲"磁盘的 CK 上，实现磁盘容量和性能的均衡。

假设在需要扩容的硬盘域中加入新盘（如图 5-16 所示），整个 SmartMotion 数据均衡过程如下，首先，需要在相应的存储层级上查出原盘中待均衡的逻辑块组 CKG(原 CKG)。如果查出来的 CKG 有一部分没有数据，则不需要进行数据迁移，只需改变 CKG 的映射关系，用新盘上的 CK 替换 CKG 中对应位置的原 CK 即可。对于有数据的 CKG，则需要创建目标 CKG 再进行数据迁移，其中目标 CKG 应该包含来自原盘的空闲 CK 和新盘的 CK，原 CKG 和目标 CKG 对应位置的 CK 若不落在同一盘上，则将此位置上原 CK 的数据迁到新盘的 CK（目标 CK）上，互换原 CK 和目标 CK 的映射关系，原 CKG 中的 CK 就被新盘的 CK 替换。此时将被替换后的目标 CKG 的 CK 释放了，从而原 CKG 中被替换到目标 CKG 中的那个 CK 的空间就被释放了，至此便完成了原盘上一个 CK 的数据被迁移到新盘上的动作。

上述数据迁移过程中，如果原 CKG 和目标 CKG 对应位置的 CK 不止一对落在不同盘上，则会均衡不止一个 CK 上的数据。重复上述动作，即可实现磁盘与磁盘间的负载均衡，结果如图 5-17 所示。

异构虚拟化（SmartVirtualization）是指本端存储系统与异构存储系统相互连接后，本端存储系统能够将异构存储系统（异构存储：在线接管不同品牌厂家、各种型号、各式接口的存储设备，实现跨设备存储资源集中调度）提供的存储资源当作本地存储资源进行使用，并对其进行集中管理，而无需关注存储系统中间件架构和硬件架构的差异。图 5-18 所示为 SmartVirtualization 的实施示意图。

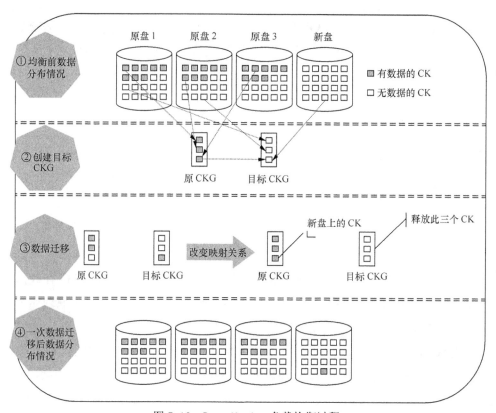

图 5-16　SmartMotion 负载均衡过程

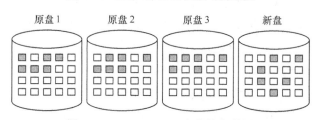

图 5-17　SmartMotion 负载均衡结果

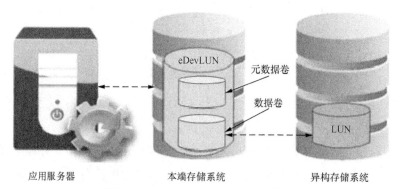

图 5-18　SmartVirtualization 功能

支持 SmartVirtualization 功能的存储系统具备以下优势。

（1）良好的兼容性：本端存储系统可以兼容异构存储系统，便于集中规划和管理存储资源。

（2）占用存储空间少：本端存储系统使用异构存储系统外部 LUN 所提供的存储空间时，并不会做完整的物理数据镜像，所以不会占用本端存储系统大量的存储空间。

（3）优异的功能扩展：对于外部 LUN，本端存储系统不仅可以将其当作本地资源使用，而且可以设置远程复制、快照等功能，以满足业务数据更高的安全性需求。

5.3　本章小结

本章首先介绍了 RAID 2.0+技术发展，然后对 RAID 2.0+技术的基本概念、基本原理及其应用进行了阐述。具体包括 RAID 2.0+双层虚拟化技术（包括底层块虚拟化和上层 LUN 虚拟化）、热备空间策略、RAID 2.0+的软件架构、RAID2.0+的各软件逻辑对象（包括 LD、DD、SP、DG、CK、CKG、Extent、Grain、Volume、LUN）的含义及关联联系、RAID 2.0+的具体技术支撑（包括自动负载均衡、快速重构、故障自检自愈、虚拟池化设计、LUN 组织、空间动态分布）等方面。

练习题

一、判断题

1. Extent 的大小范围是 4KB～64KB，默认为 64KB。（　　）

2. Smart Tier 做层级内的数据迁移，实现了数据的负载分担。（　　）

3. 硬盘域中的三种类型磁盘 SSD 盘、SAS 盘和 NL-SAS 盘分别对应高性能层、性能层和容量层。（　　）

二、选择题

1. 以下关于华为 RAID 2.0+ 技术中硬盘域的描述，错误的是（　　）

A. 一个硬盘域是一组硬盘

B. 一个硬盘只能属于一个硬盘域

C. OceanStor V3 存储系统可以创建一个或多个硬盘域

D. 硬盘域中，硬盘的类型是相同的，硬盘的大小和转速需要保持一致

2. 在华为 RAID 2.0+中，关于 Chunk 和 Extent 的描述正确的是（　　）

A. Chunk 是 LUN 从存储池中申请空间，释放空间的最小单位

B. Extent 是存储池从硬盘域上分配资源的最小单位

C. Chunk 是热点数据统计和迁移的最小单元

D. 不同的存储池 Extent 大小可以不同，但同一个存储池中的 Extent 大小是统一的

三、填空题

1. 硬盘域中相同类型的磁盘按照一定的规则划分成（　　　　），各个磁盘的空间被切分成大小一致的 CK，以来自不同磁盘的 CK 为对象，按传统 RAID 技术的实现方式组成（　　　　），在此基础上切分固定大小的 Extent，以 Extent 为单位组成（　　　　）映射给主机。

2. 划分存储层级时，（　　　　）盘对应到高性能层，（　　　　）盘分配到性能层，（　　　　）盘和（　　　　）盘分配到容量层。

四、思考题

1. 在 RAID 2.0+中，创建一个 CKG 时，是否只能在一个硬盘上最多取一个 CK，为什么？

2. 如果存储系统做 RAID 的硬盘数比较少，容量较小，做 RAID 1.0 好还是 RAID 2.0 好？为什么？

3. 一个磁盘组中是否可以包含不同类型磁盘？为什么？

第6章
DAS技术介绍

直接连接存储（Direct Attached Storage，DAS）是一种将存储设备通过电缆直接连接到主机服务器上的一种存储方式。数据存储设备采用 SCSI 或 FC 协议直接连接在内部总线上，构成整个服务器结构的一部分。本章介绍直接连接存储的相关内容，以及存储系统中基本而常用的 SCSI 协议。

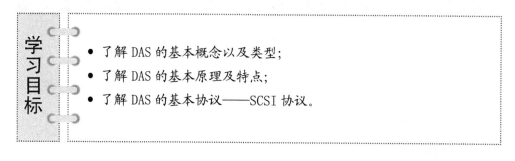

- 了解 DAS 的基本概念以及类型；
- 了解 DAS 的基本原理及特点；
- 了解 DAS 的基本协议——SCSI 协议。

6.1　DAS 简介

6.1.1　DAS 基本概念

直接连接存储（Direct Attached Storage，DAS）是一种存储设备与使用存储空间的服务器通过总线适配器和 SCSI/FC 线缆直接相连的技术[46][47][48]。

在一个典型的 DAS 架构中，服务器与数据存储设备之间通过总线适配器和 SCSI/FC 线缆直接连接，基于总线传输数据，中间不经过任何交换机、路由器或其他网络设备，如图 6-1 所示。挂接在服务器上的硬盘、直接连接到服务器上的磁盘阵列、直接连接到服务器上的磁带库、直接连接到服务器上的外部硬盘盒等都属于 DAS 范畴。

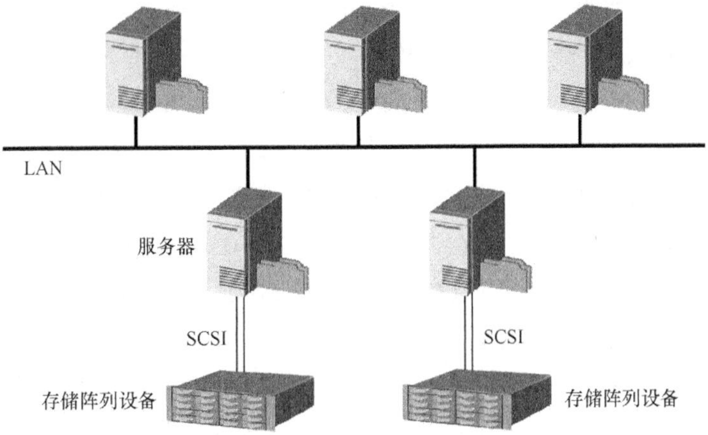

图 6-1　DAS 架构

根据存储设备与服务器间的位置关系的不同，DAS 分为内部 DAS 和外部 DAS 两类。

6.1.2　内置 DAS 形态

内置 DAS 指存储设备通过服务器机箱内部的并行总线或串行总线与服务器相连接。例如，服务器内部连接硬盘的形式，如图 6-2 所示。

内置 DAS 有以下几点不足：（1）采用服务器内的物理总线连接，受到总线距离上的限制，只能支持短距离的数据传输；（2）内部总线能够连接的设备数目也非常有限，不利于存储资源的扩展；（3）因为存储设备位于服务器机箱内，需要对系统进行停机断电，用户才能对存储设备进行维护；（4）内置 DAS 配置占用了机箱内的大量空间，给服务器内部其他部件的维护造成一定的难度；（5）DAS 无法优化资源的使用，因为它共享前端端口的能力有限，使得资源共享受限。

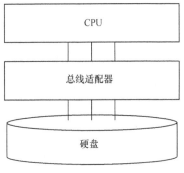

图 6-2　内置 DAS 存储形态

内置 DAS 的管理主要是通过主机和主机操作系统来实现，也有使用第三方软件来进行管理。主机主要实现存储设备硬盘/卷的分区创建及分区管理，以及操作系统支持的文件系统布局。

6.1.3　外置 DAS 形态

外置 DAS 中，服务器与外部存储设备基于总线直接连接，通过 FC 协议或者 SCSI 协议进行通信。例如，直接连接到服务器的外部硬盘阵列。

相比内置 DAS，外置 DAS 克服了内部 DAS 对连接设备的距离和数量的限制，可以提供更远距离、更多设备数量的连接，增强了存储扩展性。另外，外部 DAS 还可以提供存储设备集中化管理，使操作维护更加方便。但是，外置 DAS 对设备连接距离和数量依然存在限制，也存在资源共享不便的问题。

相对于内置 DAS 的管理，外置 DAS 管理的一个关键点是主机操作系统不再直接负责一些基础资源的管理，而是采用基于阵列的管理方式，比如 LUN 的创建、文件系统的布局以及数据的寻址等。如果主机的内部 DAS 是来自多个厂商的存储设备，如硬盘，则需要对这些存储设备分别进行管理。但是，如果将这些存储设备统一放到某个厂商的存储阵列中，则可以由阵列的管理软件进行集中化统一管理。这种操作方式避免了主机操作系统对每种设备的单独管理，维护管理更加便捷。

如图 6-3 所示，外置 DAS 包含两种存储形态：外部硬盘阵列和智能硬盘阵列。

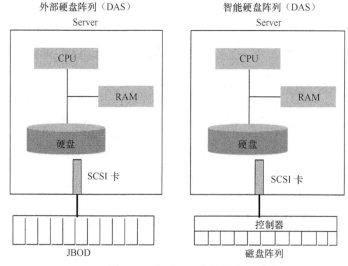

图 6-3　外置 DAS 存储形态

磁盘簇（Just a Bunch Of Disks，JBOD）即为外部磁盘阵列，JBOD 技术在逻辑上把几个物理磁盘串联在一起，解决内置存储的磁盘槽位有限而导致的容量扩展不足问题。其目的仅仅是为了增加磁盘的容量，并不提供数据安全保障。JBOD 采用单磁盘存放方式来保存数据，可靠性较差。

智能硬盘阵列由控制器和硬盘构成。其中控制器中包含 RAID 功能、大容量 Cache，使得磁盘阵列具有多种实用的功能，如增强数据容错性、提升数据访问性能等。智能硬盘阵列通常采用专用管理软件进行配置管理。

6.2　DAS 技术特点

DAS 适用于对存储容量要求不高、服务器数量很少的中小型局域网，其主要优点在于存储容量扩展的操作非常简单，投入的成本少。下面分述 DAS 技术的优缺点。

1. DAS 的优点

（1）本地数据供给优势明显；

（2）系统可靠性高；

（3）针对小型环境部署简单；

（4）系统复杂度较低；

（5）成本少而见效快，系统效益高。

2. DAS 的局限性

DAS 存储方式实现了机内存储到存储子系统的跨越，但其也存在很多局限性：

（1）扩展性差：①规模扩展性。服务器与存储设备之间采用 SCSI 线缆直接连接的方式，提供的有效用户接口数量通常较少，导致了主机数目和可以连接的存储上双向受限，当整个系统新增应用服务器时，必须为新增服务器单独配置存储设备，造成用户投资的浪费和重复；②性能扩展性。DAS 设备的带宽有限，这也导致了其处理 I/O 的能力有限，当与 DAS 设备相连的主机对 I/O 性能的需求较大，很快就达到 DAS 设备的 I/O 处理能力上限。

（2）浪费资源：存储空间无法充分利用，存在浪费，因为 DAS 共享前端主机端口的能力有限，也导致了 DAS 的资源利用率比较低。DAS 系统容易出现存储资源孤岛现象，即，有些 DAS 系统资源过剩，而有些 DAS 系统资源紧张，原因在于系统很难将剩余未用的存储资源重新进行分配，从而阻碍了 DAS 设备之间的资源共享。

（3）管理分散：DAS 方式的数据存储依然是分散的，不同的应用各有一套存储设备，难以对所有存储设备进行集中统一管理。

（4）异构化严重：DAS 方式使得企业在不同阶段采购了不同厂商不同型号的存储设备，设备之间异构化现象严重，导致维护成本居高不下。

（5）数据备份问题：DAS 方式与主机直接连接，在对重要的数据进行备份时，将会极大地占用主机网络的带宽。

（6）维护内置 DAS 时，系统需要停机断电处理。

6.3　SCSI 协议

6.3.1　SCSI 协议概览

1. 总线

总线（Bus）是计算机与存储系统间进行数据通信的主要通道，是源设备到目标设备的数据传输路径。

在数据通信过程中，控制器首先向总线处理器发出请求信号，请求使用总线，该请求被接受后，控制器高速缓存开始进行数据的发送。整个过程中，控制器占用总线，总线上连接的其它设备都无法占用总线。但是，总线具备有中断功能，因此总线处理器可以随时中断传输过程并且将总线控制权转交给其他设备，以便其他拥有更高优先级的设备执行操作。

例如，将移动手机或数码相机连接到计算机时，一般使用通用串行总线（Universal Serial Bus，USB）端口。对于存储音频文件、图元文件等的小型电子设备，例如 MP3 或移动手机，USB 端口已经可以满足传输数据和充电的工作。然而，USB 串行总线并不足以同时支持整台计算机和服务器以及其他多台设备的数据传输使用。在这种情况下，计算机就需要使用 SCSI 这种并行总线。

小型计算机系统接口（Small Computer System Interface，SCSI）是一种用于计算机及其周边设备之间（硬盘、软驱、光驱、打印机、扫描仪等）系统级接口的独立处理器标准。如图 6-4 所示，SCSI 总线上数据操作和管理是由 SCSI 控制器控制，SCSI 控制器可以看成是一块小型 CPU，它有自己的命令集和缓存空间。SCSI 总线结构可以对计算机中连接到 SCSI 总线上的多个设备进行动态分工操作，并可以对系统中的多个工作灵活地进行资源分配，动态完成。

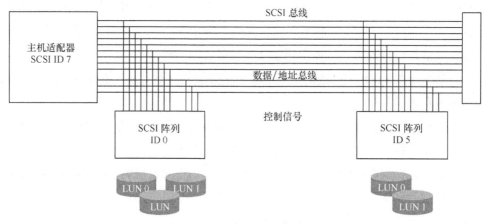

图 6-4　SCSI 总线模型

2. SCSI 协议

SCSI 协议全称是小型计算机系统接口协议，是主机与存储磁盘通信的基本协议，也是计算机和外围存储设备之间进行数据传输的通用接口标准，支持并行传输数据[49][50]。

SCSI 协议除了被 DAS 用于实现主机服务器与存储设备的互联，也是 SAN 网络传输的基本协议，承载在 FC 协议和 iSCSI 协议中进行传输（具体内容可参看本书第 7 章）。

3. 并行 SCSI 的演变

SCSI 协议最初由 Shugart Associates 和 NCR 公司在 1981 年开发出来，并命名为 SASI

（Shugart Associates System Interface）。两家公司开发 SASI 的目的是建立一个专用的、高性能的系统接口标准，后来，为了增加 SASI 在行业的接受度，将 SASI 协议更新升级成了一个更强大的接口协议，并更名为 SCSI。1986 年，美国国家标准委员会（American National Standards Institute，ANSI）认可 SCSI 作为行业标准。SCSI 经历了 SCSI-1、SCSI-2、SCSI-3 的演变过程，如表 6-1 所示。

表 6-1　　　　　　　　　　　　　　　SCSI 版本演变

版本信息		主频（MHz）	总线宽度（bit/s）	传输速率（MB/s）	可连接设备数（不含接口卡）
SCSI-1	SCSI 1	5	8	5	7
SCSI-2	Fast SCSI	10	8	10	7
	Wide SCSI	10	16	20	15
SCSI-3	Ultra SCSI（Fast-20）	20	8	20	7
	Ultra Wide SCSI	20	16	40	15
	Ultra SCSI（Fast-40）	40	8	40	7
	Ultra2 SCSI	40	16	40	15
	Ultra160 SCSI	80	16	160	15
	Ultra320 SCSI	80	16	320	15
	Ultra640 SCSI	160	16	640	15

SCSI-1 是最初的 SCSI 标准。SCSI-1 又称为 Narrow SCSI，它定义了线缆长度，信号特性，命令和传输模式。其支持的最大数据传输率为 5MB/s，使用 8 位窄总线，最大支持接入 7 个设备。SCSI-1 是在 1986 年开发的原始规范，现已不再使用。

SCSI-2 标准是 1992 年制定的，SCSI-2 是 SCSI-1 的发展，在 SCSI-1 标准中加入一些新功能。SCSI-2 提供了两种传输选择：一种为 Fast SCSI，同步传输速率可达 10MB/s；另一种是 Wide SCSI，最大同步传输速度为 20MB/s，并且由 8 位窄总线扩展到 16 位，最大支持接入 15 个设备。

SCSI-3 是 SCSI 最新版本，也称为 Ultra SCSI，由多个相关的标准组成。SCSI-3 最大支持 15 个设备的接入，最大传输速率可达 640MB/s，同时，SCSI-3 大大地提高了总线频率，降低了信号干扰，增强了数据传输的稳定性。

6.3.2　SCSI 通信过程

从本质上讲，SCSI 是一个智能传输协议。多个设备连接到同一组总线上的并行通信通道，这些设备可以相互进行通信。也就是说，两个连在同一组总线上的设备可以互相通信，不需要 CPU 或者特别的适配卡协助。

1. SCSI 协议传输过程

SCSI 协议在传输过程中经历以下 5 个阶段：

（1）总线忙：在总线通信开始之前，总线必须处于空闲状态。发起连接的设备（启动器）首先会发一个测试信号来确认总线是否空闲；

（2）寻址：通过发送方的地址和接收方的地址来确认通信的双方；

（3）协商：通信双方协商确定后面数据包的大小和数据包发送的速度；

（4）连接：数据包传输阶段；

（5）断开连接：数据传输完成，释放总线。

一旦启动器监测到总线处于空闲状态，则该启动器设备就获得了该总线的传输数据专有权，从而占有总线。然后，启动器通过寻址来确定目标器设备。由于 SCSI 协议拥有多个版本，不同版本在数据包发包速度和支持的设备地址位数等方面存在不同，因此需要两个设备之间事先协商好通信参数，协商内容包括数据包发包的速度和地址的位数等。尽管这种协商过程比较耗时，但只有协商成功之后，启动器和目标器设备才能够进行真正的数据内容传输。

两个 SCSI 设备的每次连接通信都要经历以上 5 个阶段。由于协商阶段的时间较长，影响了整体的传输效率，但是协商阶段是必需的，只有协商成功之后，启动器和目标器设备才能进行数据传输。为了保障传输性能又能保证通信连接，现在介绍一种断开重连技术。

断开重连技术有助于缩短设备通信连接时间。采用断开重连技术时，只有在第一次连接时需要执行"总线忙→寻址→协商→连接→断开连接"这五个步骤，之后当同一个启动器跟同一个目标器进行通信数据传输时，可以直接省略协商这一步骤，这是由于双方之前在建立通信时已经协商好相关参数，因此再次连接时可以使用上一次协商结果。

为了提升整体性能效率，SCSI 还引入标签指令队列技术，其工作方式如下：启动器设备在发送数据时一次发送多个 SCSI 数据包，目标器设备收到这些数据包后进行内部处理，然后再将数据包的内容写到相应的物理存储介质中。当目标器设备接收到数据包并缓存到内部存储之后，立即释放其对总线的使用权，便于其他设备可以使用总线。利用标签指令队列技术，既可以减少设备间建立连接的次数，也可以减少对总线的占用次数，增加了总线的整体利用率。

2. SCSI 数据传输原理

以图 6-5 为例来描述 SCSI 协议中数据传输原理，具体如下：

（1）当设备 B 要向设备 D 传输数据时，数据的发起端（即，设备 B）以电信号的方式将数据发送出去，数据从设备 B 与总线的接入点发送到总线上；

（2）信号到达总线上的交叉点后被分成两份，分别朝分叉的两个方向继续传输，并且在每个交叉口分份，再沿着各个分叉的方向进行传输。因此，当承载着数据的电信号从设备 B 传输到设备 B 与总线的交叉点后，信号将分成两份，分别向总线的两个相反的方向进行传输。当信号到达设备 A 或设备 C 与总线的交叉点时，信号再次会分成两份，分别沿着总线方向和设备方向进行传输。当信号到达设备 D 与总线的交叉点时，也会以同样的方式进行传输；

（3）当设备 D 收到信号时，其中一份信号向设备 D 传输，另一方则继续向前传输到达总线的尽头。在传输的信号里，包含了数据包目标设备等信息。因此，当设备 A 和设备 C 接收到这个数据包后，发现这个数据包不是传输给它们的，数据包将被丢弃。而设备 D 发现这个数据包是传输给自己的，就会接收并处理这个数据包的数据；

（4）除了设备 D 收到的数据包，还有一份数据继续往下传输并到达总线的尽头。为了避免信号被反射回总线，需要在总线的尽头安装一个终结器以吸收信号。

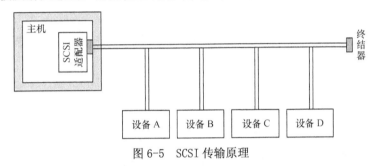

图 6-5　SCSI 传输原理

终结器位于 SCSI 总线的尽头，用于吸收接收到的信号以防止反射，减小信号相互影响，维持 SCSI 总线上的电平稳定。因此，每一个 SCSI 总线系统都需要安装终结器，以保证正常得进行信号传输。

另外，在传输过程中会有一份信号传输到总线的另一端，即 SCSI 适配卡端，与终结器一样，传输到这一端的信号同样也会被吸收，防止信号被反射回去。

3. SCSI 数据传输方式

SCSI 通信传输方式有两种：异步方式和同步方式。

异步传输方式下，两组数据传输之间没有固定的时间间隔。SCSI 协议发送额外的信息或者命令来发起通信。比如，在发送内容数据前，首先由发起方先发送状态信息，接收方根据状态信息获悉马上要发送内容数据。额外状态信息或者命令的发送时间可以不是固定的，因此，内容数据之间的传输间隔也可以不是固定的。这是异步传输方式的重要特点。

同步传输方式下，数据包会按照定时器设定的时间间隔进行传输。首先，通信双方先通过异步方式来确定对方设备是否已经准备好接收数据；建立连接之后，通信双方会采用最高效的传输方式进行实际内容数据的传输，这种方式就是同步传输方式。在同步传输方式中，发起方发送数据的时间间隔是固定的，而接收方知道这个时间间隔，就能快速地接收和处理数据。

4. SCSI ID

在 SCSI 总线体系结构中，任何连接到总线的设备都可以互相通信。为实现这一点，信号从发送端设备发出后，最终会在多点总线（多分支总线）上结束。在多点总线上，信号将被传输到目标设备上。在这个通信流程中，需要保证总线上的多个并发用户不会互相干扰。如果总线上多个设备同时发送信息就会产生线路拥塞，发生线路拥塞时，多个设备发送的信息之间会互相冲突、干扰，最终导致所有设备的发送操作都不成功，而发送端必须重新进行发送，这就导致数据的发送效率变低，因此需要保证连接到总线上的多个设备不会同时发送信息。

为了保证 SCSI 总线系统同一时刻在整条总线上只有一个设备在发送信息，开发者们设计出了一种带优先级的等候机制，即，总线上的每个 SCSI 设备都有不同的优先级。SCSI ID 用于唯一标识总线上的设备，即标识着数据的发送方和接收方，这里采用设备的 SCSI ID 来标记设备的优先级，用于决定每个设备在检测到总线忙时需要等待多久再尝试发送数据。

如果是 8 位窄线，则优先级从高到低为：7 > 6 > 5 > 4 > 3 > 2 > 1 > 0。

如果是 16 位窄线，则优先级从高到低为：7 > 6 > 5 > 4 > 3 > 2 > 1 > 0 > 15 > 14 > 13 > 12 > 11 > 10 > 9 > 8。

无论是 8 位窄线还是 16 位窄线，能连接的设备数都是 n-1（n 表示总线宽度），其中一位被 SCSI 控制器占用。由于控制器需要控制整条总线，因此控制器的优先级必须是最高的 7。

当一个设备需要发送数据时，它必须要检测总线是否在忙，即是否有另外一个设备正在发送数据。当设备检测到总线在忙（如，有其它设备正在发送数据），它就需要等待一定的时间再尝试发送。这个等待的时间长短是由其 SCSI ID 决定的。设备的优先级越高，则它等待的时间就越少，因而，在等待时间结束后，能够成功发送数据的概率就越大。通常来说，总线上的设备中，速度快的设备（如硬盘）比速度慢的设备（如磁带库）拥有更高的优先级。

5. SCSI 协议寻址

在 SCSI 总线的通信过程中，除了保证总线上的多个并发用户不会互相干扰之外，还要组织通信流程，以保证数据最终到达总线上正确的目标设备。借助 SCSI 寻址，将信息准确无误地发送到正确的目标设备上。上文提过，SCSI ID 用于唯一标志总线上的设备，但是，仅仅依靠 SCSI ID 是不能寻找到目标设备的。如图 6-6 所示，SCSI 总线的寻址过程是通过总线号（Bus ID）—设备号（SCSI ID）—逻辑单元号（LUN ID）来实现的。

总线号（BUS ID）用于区分每一条总线。传统的 SCSI 适配卡连接单个总线，相应地，只有一个总线号。一个服务器可能配置了多个 SCSI 控制器，从而可能有多条 SCSI 总线。

设备号（SCSI ID）用于识别某 SCSI 总线上的每一个存储设备，每条总线最多可允许有 8 个或者 16 个设备 ID。服务器中的主机总线适配器也拥有独立设备 ID。

逻辑单元号（LUN ID）用于识别某存储设备上的每一个子设备。子设备包括虚拟磁盘、磁带驱动器和介质更换器等。利用逻辑单元号，可以对存储设备中的子设备进行寻址。

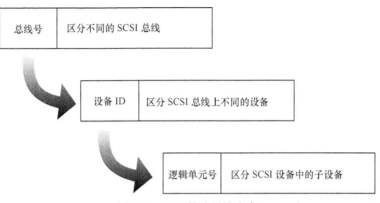

图 6-6　SCSI 协议寻址内容

下面介绍一下查看 SCSI ID 的方法：

（1）在 Windows 中查询 SCSI ID

在"我的电脑"上单击鼠标右键，然后从快捷菜单中选择"管理"；在计算机管理窗口中，单击导航树中的"磁盘管理"；右键单击映射的磁盘，然后从快捷菜单中选择"属性"；在"常规"选项卡页面中可以查看当前位置的 SCSI 设备 ID 信息，如图 6-7 所示。

图 6-7　在 Windows 中查询 SCSI ID

可以看到，BUS Number、Target ID 和 LUN ID 都为 0，其中 Target ID 即为 SCSI ID。这里的"Target"通常用于表示该目标设备的数据物理存储位置。"Target"通常是一个物理硬盘，而在企业级服务器中，"Target"对应着更复杂的存储系统，如磁盘阵列、磁带库等。

（2）在 Linux 系统查看 SCSI ID

在 Linux 系统的命令行中，输入命令 lsscsi，结果如图 6-8 所示。

```
linux-suse-icy:/proc/scsi # lsscsi
[0:0:0:0]    disk    ATA        ST3160318AS      CC65  /dev/sda
[0:0:1:0]    cd/dvd  HL-DT-ST   DVD-ROM DH10N    0M10  /dev/sr0
[2:0:0:0]    disk    HUAWEI     S5500T           2105  /dev/sdb
```

图 6-8　在 Linux 中查询 SCSI ID

主机上每个 SCSI 设备都具有一个 SCSI 地址，该地址由 initiator ID（或称为 host ID）、bus ID、target ID 以及 LUN ID 组成；在实际组网中，initiator ID 一般对应主机 HBA 端口，target ID 一般对应存储阵列控制器端口（bus ID 适用于老旧的并行 SCSI 总线，在 SAN 环境中一般固定为 0）。

6.3.3　SCSI 协议模型

SCSI-3 协议架构是由 ANSI 认可和发布的 X.3.270-1996 号标准，可以帮助开发人员、硬件设计人员和用户更有效地理解和使用 SCSI。在 SCSI-3 架构中，定义和分类了各种 SCSI-3 标准和要求。如图 6-9 所示，SCSI 架构模型主要有以下组成部分：

（1）命令层：也称为应用层。它包括了适用于所有设备的通用指令和某一指定类型的设备专用的初级指令。

（2）传输层：定义了设备间互连和信息共享的标准规则，保障计算机生成的 SCSI 指令都能够成功的传送到目标端。

（3）物理层：也称为互连层，定义了如电信号传输方法和数据传输模式之类的接口细节。

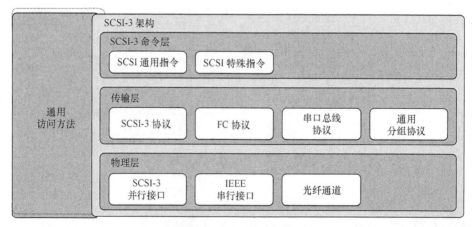

图 6-9　SCSI 协议架构

6.3.4 SCSI 读写操作过程

SCSI 采用客户端/服务器（Client/Server，C/S）模型进行通信。主机/启动器到存储磁盘/目标器的通信由启动器发起，由目标器接收和处理。当发起端和目标端建立起连接后，一个 I/O 请求通常由主机上的应用程序或系统发出，由目标端的存储设备接收处理。

如图 6-10 所示，当进行 SCSI 读写操作时：

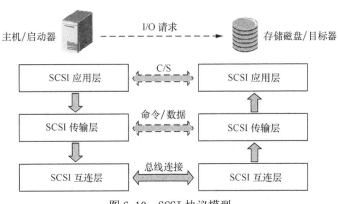

图 6-10　SCSI 协议模型

在应用层，SCSI 协议采用 C/S 体系架构，客户端位于主机，代表上层应用程序、文件系统和操作系统发起 I/O 请求。服务器端位于目标设备（如，存储磁盘）中，对客户端 I/O 请求做出响应。C/S 请求和响应通过其下层协议进行传输。

在传输层，SCSI 设备之间通过一系列的命令实现数据块的传送，大致分成三个阶段：命令的执行，数据的传送和命令的确认。

在互连层，发送方和 SCSI 设备进行总线连接，并完成发送方和目标方的选择等功能。

当互连层完成 SCSI 设备对总线的连接，以及发送方和目标方的选择，传输层协议执行实际的数据传输。发起方通过命令描述块（CDB）向目标方发送具体的命令。命令描述块有定长和不定长两种格式，而定长格式又有 6 字节、10 字节、12 字节、16 字节不同的长度规定，最长不超过 16 字节。

如图 6-11 所示，一个命令描述块（CDB）包括操作码、命令参数和控制码。

操作码是所有命令描述块都具有的共同结构，放在命令描述块的开头一个字节。5～7 位是组代码，指示该命令具体属于哪个命令组，它决定 CDB 的长度，0～4 位则是具体的命令代码。8 比特在理论上共有 256 个可能的操作码。

命令参数包含以下五个字段：（1）混杂 CDB 信息，表示与具体的 CDB 相关的信息，如表示逻辑设备号；（2）逻辑块地址，指逻辑单元中起始操作块的位置；（3）传送长度，表示命令所请求的传送量，通常是块数；（4）参数表长度，表示需要传送到存储设备的参数的长度，0 表示不需要传递参数；（5）分配长度，表示应用客户为缓冲区分配的最大长度，根据具体的 CDB 类别，可能是字节数，也可能是块数。

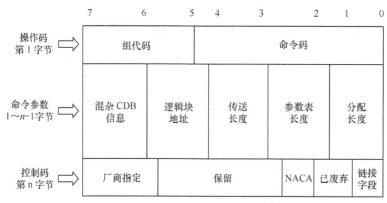

图 6-11　CDB 结构组成

控制码的长度是一个字节，包括一些厂商信息，以及标准自动化应急处理（Normal Auto Contingent Allegiance，NACA）和链接字段。

SCSI 读操作流程和 SCSI 写操作流程基本，但数据传送的方向不同，读流程中，数据传输方向是目标方→发起方；而在写流程中，数据传输方向是发起方→目标方。

图 6-12 所示为 SCSI 读操作流程，具体如下：

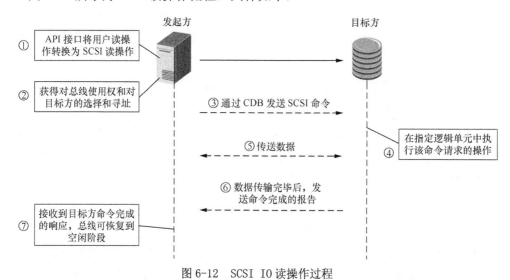

图 6-12　SCSI IO 读操作过程

① 主机操作系统首先将用户的读取操作通过 SCSI I/O 的应用程序编程接口 API 转化为 SCSI 的读操作，并在操作完成后通过相应的 API 返回响应值；

② 发起方申请 SCSI 总线，SCSI 总线经历空闲阶段、总线仲裁和选择阶段，使得发起方获得对总线使用权以及对目标方的选择和寻址；

③ 发起方通过 CDB 向目标方发送 SCSI 的读命令；

④ 目标方接收到该命令，通过设备管理器在指定的逻辑单元中执行该命令请求的操作；

⑤ 目标方以字节为单位向发起方传送所需要的数据；

⑥ 在数据传输完毕后，目标方向发起方发送命令完成的报告；

⑦ 发起方接收到命令完成的响应，总线恢复到空闲阶段。

6.4　本章小结

本章介绍了直接连接存储（DAS）存储架构的概念、特点和分类，并介绍了主机与存储设备通信的基本协议—SCSI 协议的方方面面。首先概括了 SCSI 协议的版本演变（SCSI-1、SCSI-2、SCSI-3），然后重点介绍了 SCSI-3 协议。具体地，SCSI-3 协议的通信过程分为五阶段：总线忙→寻址→协商→连接→断开连接，寻址依据为总线号（BUS ID）→设备号（SCSI ID）→逻辑单元号（LUN ID）三部分，SCSI-3 的协议模型分为三层：SCSI 命令层/应用层、传输层、物理层。SCSI 采用 C/S 模型进行通信，应用层发起 I/O 请求，传输层实现数据块的传送，物理层完成 SCSI 设备对总线的连接。

练习题

一、判断题

1．DAS 解决方案不方便共享存储，容易形成存储的孤岛。（　　　）

2．内部 DAS 管理硬盘分区是基于阵列的管理。（　　　）

二、选择题

1．DAS 的优点不包括（　　　）

A．对于小型环境来说部署迅速　　　　　B．投资小

C．扩展性好　　　　　　　　　　　　　D．复杂度小

2．SCSI 寻址包括（　　　）

A．设备号　　　　　　　　　　　　　　B．逻辑单元号

C．总线号　　　　　　　　　　　　　　D．扇区号

3．正确的 SCSI 协议传输流程是（　　　）

A．总线忙-协商-寻址-连接-断开连接

B．总线忙-寻址-协商-连接-断开连接

C．寻址-协商-总线忙-连接-断开连接

D．协商-总线忙-寻址-连接-断开连接

三、填空题

1. 如果 SCSI 总线采用的是 16 位窄线，则连接的设备数为（　　　　）台，其中优先级最高为（　　　　），优先级最低为（　　　　）。

2. SCSI 协议模型由（　　　　）（　　　　）、（　　　　）三部分组成。

四、思考题

1. SCSI 协议的读操作具体包括哪些流程？

2. DAS 有哪些优/缺点？如何克服 DAS 的缺点？

第7章
SAN技术介绍

存储区域网络（Storage Area Network，SAN）是一种面向网络的、以数据存储为中心的存储架构。SAN 采用可扩展的网络拓扑结构连接服务器和存储设备，并将数据的存储和管理集中在相对独立的专用网络中，向服务器提供数据存储服务。以 SAN 为核心的网络存储系统具有良好的可用性、可扩展性、可维护性，能保障存储网络业务的高效运行。本章分为四个部分，分别介绍了 SAN 的基础知识；使用 FC 技术的 FC SAN；使用 IP 技术的 IP SAN；使用 FCoE 技术的融合网络。

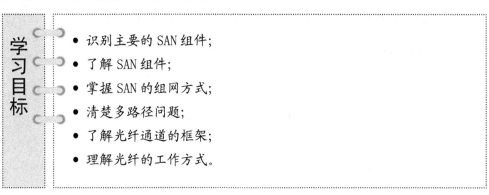

学习目标

- 识别主要的 SAN 组件；
- 了解 SAN 组件；
- 掌握 SAN 的组网方式；
- 清楚多路径问题；
- 了解光纤通道的框架；
- 理解光纤的工作方式。

7.1 SAN 存储基础

7.1.1 SAN 概念

传统数据存储 DAS 在以下几个方面存在不足。

（1）**存储空间得不到有效的利用。** DAS 存储不管是使用内置的磁盘空间，还是通过直连磁盘陈列来获取空间，都避免不了主机系统之间形成多个数据孤岛的问题。每个单独的小"岛屿"都是一个专门直接连接的存储器应用，导致存储内容无法共享，存储空间无法合理利用。例如，有些应用服务器由于应用数据少而留着很大的存储空间处于空闲状态，而有些应用服务器的数据量相当大，空闲存储空间很小；从而，存储资源得不到合理利用，浪费了很多宝贵的存储资源，增加了用户的整体拥有成本。

（2）**存储空间无法满足日益增长的数据需求。** 存储空间主要依赖于服务器上自带硬盘，而每台服务器能够挂接的硬盘数量是有限，随着业务的发展，需要保存的数据量必然陡增，所需存储空间也会越来越大，仅仅依靠本机的存储空间已经无法满足要求。况且，每一次安装硬盘，都需要给服务器断电，进而中断业务的运行；同时数据管理变得复杂，数据放置过于分散，大大加重了管理员的负担。

（3）**存储架构无法满足日益发展的业务需求。** 由于采用了硬盘挂接在服务器上这种存储架构，服务器上任意部件（如内存、硬盘、硬盘连接线等）发生故障，都会使服务器运行中断，业务和应用停止服务。对用户而言，业务的中断带来了经济损失，影响经济效益，而且业务的中断对企业信誉也是一种致命的打击，造成负面影响。所以需要一种高效、安全而且可靠的存储架构来保障信息数据的安全和可用性，保证业务的持续性。

（4）**存储架构可扩展性差。** 可扩展性是指现有投资在受到保护的情况下，不影响业务的前提下，通过添加新设备而达到客户新的规模要求和性能要求。以扩充容量（即，扩容）为例，对于传统数据存储而言，扩容不仅意味着往服务器上增加新的硬盘，还需要将一部分数据从已有硬盘迁移到新增硬盘上。这种扩容意味着现有存储架构的可扩展性不好，理想的扩容应该是在保证业务连续性的前提下，通过添加存储设备（如硬盘）从而达到客户扩容要求的方案。

针对以上问题，业界提出了存储区域网络（Storage Area Network，SAN），通常人们将 SAN 技术视为 DAS 技术的一个替代者[51][52]。存储网络工业协会 SNIA 对于 SAN 的标准定义是："A network whose primary purpose is the transfer of data between computer systems and storage elements and among storage elements. Abbreviated SAN"，即，SAN 是用来在计算机系统和存储单元之间、存储单元与存储单元之间进行数据传输的网络系统。SAN 包含一个通信系统基础结构，包括物理连接、管理层、存储单元和计算机系统，以确保数据传输的安全性和稳定性。

SAN 是服务器和存储资源之间的一个高性能的专用网络体系，它提供存储装置、计算机主机及相关网络设备的管理机制，并且提供强而有力且安全的数据传输环境，它为了实现大量原始数据的传输而进行了专门的优化。SAN 通常被认为是提供数据块存取

（Block I/O）服务而非档案存取服务，但这并不是 SAN 的必要条件，事实上，可以把 SAN 看成是对 SCSI 协议在长距离应用上的扩展。

利用 SAN 可以构架理想的存储结构，这种理想的存储结构包括如下特征：

（1）具有可伸缩能力；

（2）可扩展到整个世界；

（3）非常可靠；

（4）提供尽可能高的传输速度；

（5）易于管理。

例如，华为技术有限公司，在全球有超过 100 000 的员工，假设在荷兰工作的员工，希望能够访问存储在深圳总公司存储设备上的相关数据，那么要求它是'能扩展到整个世界'的存储架构设计。一个设计良好的存储架构，可以运行很多年。当设计一个庞大的信息通信（ICT）基础设施时，需要如下的设计需求列表：

（1）设计可以无限扩展，可以方便地增加方案中的设备数量；

（2）设计能够允许各个组件之间的距离没有限制或限制较小。在实践中，相距 20000 公里的设备组件是允许互联的；

（3）设计必须是可靠的，当发生硬件故障或者人为失误时，也不会给公司造成严重的问题；

（4）相互连接的组件之间能够以最快的速度进行通信；

（5）即使设计非常复杂，少数的技术员也可以维护和监控整个存储架构中的设备。ICT 部门不需要 50 个人来管理 50 台或者 100 台设备。低成本、高效率的管理也是一个大的设计需求；

（6）设计应该是灵活的。在基础设施中改变、替换和增加组件不会有任何限制，这意味着即使经过几年技术的发展，仍然可以将新技术集成到当前的基础设施中；

（7）设计应该支持异构。异构是指来自不同厂商的设备可以像来自同一个厂商的设备那样一起工作。支持异构是存储架构设计中的一个重要挑战，并不容易做到：一方面，大多数的客户只会购买一个公司的设备，因为客户往往只想和一个硬件供应商签订服务合同，以防止在发生技术问题的时候，需要去联系多个厂家的技术支持团队；另一方面，又不能过于依赖同一个公司，以免这个公司的产品出现批次问题或者其它问题时，影响本公司的正常运转。另外，如果系统支持异构，那么当从一个公司的产品切换到另外一个公司的设备时，将更容易进行迁移。

7.1.2　SAN 组网

SAN 也叫存储区域网络，它是将存储设备（如，磁盘阵列、磁带库、光盘库等）与服务器连接起来的网络。结构上，SAN 允许服务器和任何存储设备相连，并直接存储所需数据。图 7-1 所示是一种典型的 SAN 组网方式。

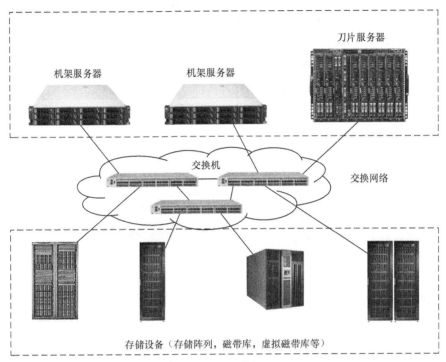

图 7-1　SAN 的组网

相对于传统数据存储方式，SAN 可以跨平台使用存储设备，可以对存储设备实现统一管理和容量分配，从而降低使用和维护的成本，提高存储的利用率。根据 Forrester 研究报告，使用传统独立存储方式时存储利用率介于 40%～80% 之间，平均利用率是 60%，存储通常处于低利用率状态[53]。SAN 对存储资源进行集中管控，高效利用存储资源，有助于提高存储利用率。更高的存储利用率意味着存储设备的减少，网络中的电能能耗和制冷能耗降低，节能省电。

此外，通过 SAN 网络主机与存储设备连通，SAN 为在其网络上的任意一台主机和存储设备之间提供专用的通信通道，同时 SAN 将存储设备从服务器中独立出来。SAN 支持通过光纤通道协议（Fibre Channel，FC）和 IP 协议组网，支持大量、大块的数据传输；同时满足吞吐量、可用性、可靠性、可扩展性和可管理性等方面的要求。如图 7-2 所示。

由图 7-2 可以看到，SAN 和 LAN 相互独立，这个特点的优势在上文已经提过，然而它会带来成本和能耗方面的一些不足：（1）SAN 需要建立专属的网络，这就增加了网络中线缆的数量和复杂度；（2）应用服务器除了连接 LAN 的网卡之外，还需配备与 SAN 交换机连接的主机总线适配器（Host Bus Adapter，HBA）。

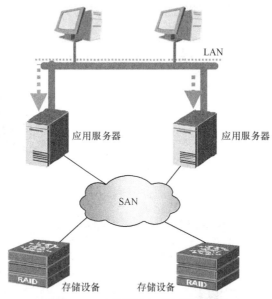

图 7-2　SAN 的网络拓扑架构示意图

7.1.3　SAN 组件

SAN 由三个基本组件组成：服务器、网络基础设施和存储。这些组件可以进一步的划分，分别是：端口、连接设备、集线器、存储阵列等。

（1）SAN 网络服务器

所有 SAN 解决方案中，服务器基础结构是其根本，其基础结构可以是多种服务器平台的混合体，包括 Windows、UNIX、Linux 和 Mac OS 等。

（2）SAN 网络存储

光纤接口存储设备是存储基础结构核心。SAN 存储基础结构能够更好地保存和保护数据，能够提供更好的网络可用性、数据访问性和系统管理性。SAN 为了使存储设备与服务器解耦，使其不依赖于服务器的特定总线，将存储设备直接接入网络中。从另一个角度看，存储设备做到了外置或外部化，其功能分散在整个存储系统内部。

（3）SAN 网络互连

实现 SAN 的第一个要素是通过 FC 等通道技术实现存储和服务器组件的连通。所使用的组件是实现 LAN 和 WAN 所使用的典型组件。与 LAN 一样，SAN 通过存储接口的互连形成很多网络配置，并能够跨越很长的距离。除了线缆和连接器，还包括如下具体互连设备：

－交换机：交换机是用于连接大量设备、增加带宽、减少阻塞和提供高吞吐量的一种高性能设备。

－网桥：网桥的作用是使 LAN/SAN 能够与使用不同协议的其他网络通信。

——集线器：通过集线器，仲裁环线路上一个逻辑环路上可以连接多达 127 个设备。

——网关：网关是网络上用来连接两个或更多网络或设备的站点，是一个网络连接到另一个网络的接口，也用于两个高层协议不同的网络互连，也被称为网间连接器、协议转换器。网关产品通常用来实现 LAN 到 WAN 的访问，通过网关，SAN 可以延伸和链接。

（4）SAN 网络端口有三种常用端口。

1）FC 接口使用 FC 协议，使用该种协议的 SAN 架构，称为 FC SAN；

2）ETH 接口使用 iSCSI 协议，使用该种协议的 SAN 架构，称为 IP SAN；

3）FCoE 接口使用 FCoE 协议，使用该种协议的 SAN 架构，称为 FCoE SAN。

7.1.4　DAS 和 SAN 区别

SAN 网络和 DAS 直连一样，都是以 SCSI 块的方式发送数据，将数据从存储设备传送到服务器上。当然，SAN 网络和 DAS 直连有一些显著的区别，如价格，用户购买 SAN 网络所需花销远远大于 DAS，如 DAS 缆线的连接范围在 25 米以内，而 SAN 网络连接则可以长达数百或者数千公里等等。

在一个基于 SAN 网络架构的解决方案中，SAN 不只会在网络上发送单独的 SCSI 协议块，而是将 SCSI 协议块封装到一个数据包或者数据帧中，利用网络将数据包传输到更远的距离。数据包就好像是一个信封，我们可以利用信封来把信传递给某人。信可以看成是用户数据，而信封就是数据包。事实上，我们不可能通过将信纸放在地上，然后让风将信纸送到收信人的地址。所以一个好的办法是将信纸装入到信封，并且贴上邮票，然后写上正确的地址信息并把信塞入一个邮箱。国家邮政服务人员将信件从邮箱取出，并将它传递到收信人手中。当然，也有其他的办法可以将信送到收信人手中，一个替代办法是选择专业的快递服务公司，例如 UPS 或者 FedEx。他们有自己的投递系统，你需要将这封信放入到一个特殊的信封中。然后，负责送货服务的传输系统将负责把信送到收信人手中。

现在有多种方法将 SCSI 块发送到跨 SAN 的连接中，这些方法被称为协议，每个协议都有不同的方法来描述处理 SCSI 块的传输方式。如上所述，FC、iSCSI 和 FCoE 是 SAN 网络架构中三种常用协议，FC 协议通常和 iSCSI 协议用于现代的 SAN 架构中，而 FCoE 协议主要用于 SAN 和 LAN 业务融合场景，表 7-1 从协议、应用场景、优缺点等几个方面来对比 DAS 和 SAN 两种存储架构。

从连接方式上对比，DAS 采用了直接连接，即，存储设备直接连接应用服务器，但是扩展性较差；SAN 网络则是通过多种技术来连接存储设备和应用服务器，具有很好的传输速率和扩展性。SAN 不受现今主流的、基于 SCSI 存储结构的布局限制。特别重要的是，随着存储容量的爆炸性增长，SAN 允许独立地增加它们的存储容量。SAN 网络的结构允许任何服务器连接到任何存储阵列，这样不管数据置放在那里，服务器都可直接存取所需的数据。因为采用了光纤接口，SAN 还具有更高的带宽。

表 7-1   DAS 和 SAN 区别

	DAS	SAN
成本	低	高
扩展性	不易于扩展	易于扩展
是否集中管理	否	是
备份效率	低	高
网络传输协议	无	光纤通道协议

DAS 存储一般应用在中小企业，与计算机采用直连方式；SAN 网络则使用光纤接口，提供高性能、高扩展性的存储，其应用场景包括：（1）对数据安全性要求很高的企业，如，金融、证券和电信；（2）对数据存储性能要求高的企业，如，电视台、测绘部门和交通部运输部门；（3）具有本质上物理集中、逻辑上又彼此独立的数据管理特点的企业，如银行、证券和电信等行业。

7.2　FC SAN

随着当今社会对信息存储需求的空前增加，对信息存储系统的性能，信息网络的利用率和信息的备份、容灾能力都有更高的要求，SAN 可以很好地满足数据统一存储、企业数据共享、远程数据容灾等的需要。随着 IT 技术的迅速发展及各种数据的集中化，建立一个基于 SAN 的存储体系结构也已经成为信息化的必然之路。FC SAN 是当今 SAN 网络中的主流，在高性能应用环境中占主要份额。

7.2.1　FC SAN 概念

20 世纪 80 年代，随着计算机处理器的运算能力的提高，外部设备的 I/O 带宽成为整个存储系统的一大瓶颈。为了解决 I/O 瓶颈对整个存储系统所带来的消极影响，提高存储系统的存取性能，美国国家标准委员会（ANSI）的 X3T11 工作组于 1988 年开始制定一种高速串行通信协议——光纤通道协议（Fibre Channel，FC）。FC 协议制定的初衷是用来提高硬盘传输带宽，侧重于数据的快速、高效、可靠传输。随着技术发展，该协议将快速可靠的通道技术和灵活可扩展的网络技术有机地融合在一起，既提供通道所需要的指令集，也提供网络所需要的各种协议，因此，它不仅能够进行数据的高速传输、音频和视频信号的串行通信，而且为网络、存储设备和数据传送设备提供了实用、廉价和可扩展的数据交换标准，并能广泛用于高性能大型数据仓库、数据存储备份和恢复系统、基于网络的存储、高性能的工作组、数据的视/音频网络等等。这些特点使得 FC 协议在整个 20 世纪 90 年代都得到了人们的认可，并且从 20 世纪 90 年代末开始 FC SAN 得到大规模的广泛应用。目前，FC 协议被用在绝大多数高容量、高端直连存储设备上。

FC SAN 是指使用 FC 协议的 SAN 网络。作为 SAN 网络中第一个成功的千兆位串行传输技术，FC 已成为最适合块 I/O 应用的体系结构。FC 满足存储网络对传输技术的下列需求：

（1）高速长距离的串行传输；

（2）大规模网络应用中的异步通信；

（3）较低的传输误码率；

（4）较低的数据传输延迟；

（5）模块化和层次化结构；

（6）传输协议可在 HBA 上以硬件方式实现，减少对服务器 CPU 的占用。

7.2.2　FC 协议栈

光纤通道协议其实并不能翻译成光纤协议，只是 FC 协议普遍采用光纤作为传输线缆，因此很多人把 FC 称为光纤通道协议。在逻辑上，我们可以将 FC 看作是一种用于构造高性能信息传输的、双向的、点对点的串行数据通道。在物理上，FC 是一到多对应的点对点的互连链路，每条链路终结于一个端口或转发器。FC 的链路介质可以是光纤、双绞线或同轴电缆。

光纤通道是一种通用的传输通道，它能够为多种高层协议（Upper Level Protocols，ULP）提供高性能的传输通道，协议包括智能外设接口（Intelligent Peripheral Interface，IPI）命令集、小型计算机系统接口（Small Computer System Interface，SCSI）命令集或高性能并行接口（High-Performance Parallel Interface，HiPPI）数据帧、互联网协议（Internet Protocol，IP）、IEEES02.2 等。

光纤通道是一种基于标准的网络结构。它的标准定义了物理层的特征、传输控制方法以及与 TCP/IP、SCSI-3、HiPPI 和其他一些协议的上层接口。光纤通道是一种千兆位传输技术，目前的实现支持最高可达 64 Gbit/s 的传输速率。

光纤通道标准定义了一个通过网络移动数据的多层结构。它的协议被划分为 5 个层次，如图 7-3 所示。

FC-0 层描述物理接口，包括传送介质、发射机和接收机及其接口。FC-0 层规定了各种介质和与之有关的能以各种速率运行的驱动器和接收机。

FC-1 层中定义了 FC 的底层传输协议，包括串行编码、解码和链路状态维护。它描述了 8B/10B 的编码规则，使控制字节与数据字节分离且可简化比特，字节和字同步，该编码还具有检测某些传送和接收误差的机制。在 FC-1 层中由几个专用字符组合在一起，并通过字符命令集来表示一定的特殊含义，如：帧边界、简单传输请求或通过周期性的交互维持链路传输状态。

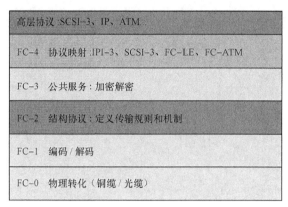

图 7-3　光纤通道协议栈

FC-2 层是信令协议层,它规定了需要传送成块数据的规则和机制。在所有协议层中,FC-2 层是最复杂的一层,它提供不同类型的服务,分组,排序,检错,传送数据的分段重组,以及协调不同容量的端口之间的通信需要的注册服务。

FC-3 层提供的一系列服务,是光纤通路节点的多个 N 端口所公用的。尽管这层没有明确定义,但是它所提供的功能适用于整个体系结构未来的扩展,例如多路复用和地址绑定功能。

FC-4 层提供了光纤通路到已存在的更上层协议的映射,这些协议包括 IP、SCSI 协议、HiPPI 等。例如,串行 SCSI 必须将光纤通道设备映射为可被操作系统访问的逻辑设备。对于主机总线适配器,这种功能一般要由厂商提供的设备驱动器程序来实现。

FC 协议数据帧及数据包的发送和接收是在 FC-2 层实现的,每个光纤通道帧由多个 4 字节的传输字组成。一个光纤通道帧最多由 537 个传输字组成,最大传输 2148 字节的数据。如表 7-2 所示,光纤通道帧由以下几部分组成。

表 7-2　　　　　　　　　　　　光纤通道帧格式

帧起始（Start of Frame，SOF）	1 字节,表示帧开始
帧头（Frame Header）	24 字节,帧头决定使用何种协议,以及来源和目的地地址
可选帧头（Optional Header）	包含以下几种可选字段和固定字段: 1) 可选 ESP 帧头: 8 字节,提供编码和序列号; 2) 可选网络帧头: 16 字节,这样你可以将 FC SAN 连接到非 FC 网络; 3) 可选关联帧头: 32 字节,不是光纤通道协议使用的,但可用于确定节点内的流程; 4) 可选设备帧头: 最多 64 字节,不是光纤通道协议使用的,用于特定应用程序
载荷（Payload）	数据,最多可达 2048 字节
可选填写字节（Optional Fill bytes）	用于保证数据载荷的大小不超过字节界限;或可选 ESP 尾（Optional Trailer）:包含 ESP 检验值
循环冗余校验（CRC）	一个帧头 CRC 和光纤通道数据字段
帧结尾（End of Frame，EOF）	4 字节,并且表示是否是序列的最后一位

帧起始 SOF 和帧结尾 EOF 扮演着分隔符的角色；此外，SOF 也是一个标记，标识一个帧是否为一个帧序列的第一帧。一个完整的 FC 协议帧如图 7-4 所示。

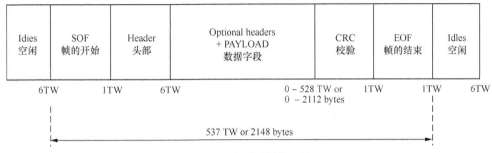

图 7-4　光纤通道协议帧

当上层协议的数据单元长度大于光纤通道数据帧负载的最大长度 2112 个字节时，则需要被分割成多个数据帧，FC-2 层将这些数据帧称为帧序列。一个帧序列表示一个上层协议数据单元，而上层应用程序对数据的操作通常基于一个个帧操作，一个操作包括双向的几个数据单元交换，因此，用帧交换来表示上层协议的一个操作，一个帧交换内只能有一个帧序列处于活动状态。数据包是由一个或若干个帧交换组成。

7.2.3　FC 与 SCSI 协议关系

图 7-5 给出 FC 与 SCSI 协议的关系。

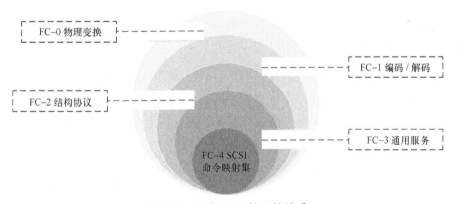

图 7-5　FC 与 SCSI 协议的关系

FC 通道并不是替代 SCSI 的，FC 可以通过构建帧来传输 SCSI 指令、数据和状态信息单元。

SCSI 是位于光纤通道协议栈 FC-4 的上层协议，SCSI 是 FC 协议的子集。

7.2.4　FC 典型组网拓扑和连接设备

光纤通道的层次基本上相当于 OSI 参考模型的较低层，并且可以看成是链路层的网络。光纤通道呈现为单个不可分割的网络，并在整个网络中使用统一的地址空间。虽然在理论上这个地址空间可以非常大，在单个网络中可以有千万个地址，但实际上光纤通道通常在一个 SAN 中只支持数十台设备，或者在某些大型数据中心应用中支持上百台设备。

光纤通道用拓扑结构来描述各个节点的连接方式。光纤通道术语中的"节点"是指通过网络进行通信的任何实体，而不一定是一个硬件节点，这个节点通常是一个设备，如一个磁盘存储器、服务器上的一个主机总线适配器或者是一个光纤网交换机。如图 7-6 列出三种光纤通道的拓扑结构。

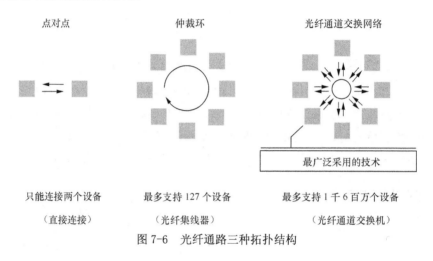

图 7-6　光纤通路三种拓扑结构

点对点（Fibre Channel Point-to-Point）：两个设备直接连接到对方，这是最简单的一种拓扑，连接能力有限。

仲裁环（Fibre Channel Arbitrated Loop）：这种连接方式中，所有设备连接在一个类似于令牌环的环路上。在这个环路中添加或者移除一个设备会导致环路上所有活动中断。环路上一个设备的故障将导致整个环路不能进行工作。通过添加光纤通道集线器的方法，能够将众多设备连接到一起，形成一个逻辑上的环路，并且能够旁路故障节点，使得环上节点的故障不会影响整个环路的通信。仲裁环曾经用于小型的 SAN 环境中，但是现在已经不再使用，其原因在于一个仲裁环最多只能容纳 127 个设备，而现在 SAN 环境中使用的设备基本上都多于 127 个设备。

交换网络（Fibre Channel Switched Fabric）：这是构建现代 FC SAN 所采用的连接方式。它使用 FC 交换机连接主机和存储设备。在现代的 SAN 中，最好使用两个交换机来连接主机和存储设备，这样可以形成链路冗余，增强 SAN 的可靠性。

光纤通道既支持光纤介质，也支持铜缆介质。由于光纤介质对噪音不敏感，用它来做传输介质是最好的，比如光缆具有如下优点：可以达到更长的距离、对电磁干扰不敏感、无电磁辐射、在设备之间无电连接和无交叉干扰的问题。但是，铜介质也得到了许多的使用，尤其是对小型光纤通道磁盘驱动器的连接，原因在于与光缆相比，铜缆较为便宜。

光缆及其接插件也有多种不同的类型。用于长距离传输的光缆比用于短距离的光缆更为昂贵。

人们通常用模来区分光纤类型。多模光纤使用短波激光，其纤芯直径为 50μm 或62.5μm，包层直径为 125μm。其中，纤芯为光通路，包层用来把光线反射到纤芯上。由于短波激光流是由数百种模（即所传输的光波的波长）组成的，它们在光纤内以不同的角度发生全反射，因此称为多模。光的散射效应限制了原始信号所能达到的总长度。从表 7-3 可以看到，多模光纤的最长距离是 500m。

表 7-3   常用的光纤连接介质

介质类型	发射器	速率	距离
9μm 单模光纤	1550nm 长波光激光器	1Gbit/s	2m～50km
		2Gbit/s	2m～50km
	1300nm 长波光激光器	1Gbit/s	2m～10km
		2Gbit/s	2m～2km
		4Gbit/s	2m～2km
50μm 多模光纤	850nm 短波光激光器	1Gbit/s	0.5m～500m
		2Gbit/s	0.5m～300m
		4Gbit/s	0.5m～170m
62.5μm 多模光纤		1Gbit/s	0.5m～300m
		2Gbit/s	0.5m～150m
		4Gbit/s	0.5m～70m

不管是光纤介质还是铜缆介质，光纤通道都要求误码率达到每传递 10^{12} 比特不超过1 比特错。这就意味着对于一条 1000Mbit/s 的连接，在全负荷情况下平均每 16.6 分钟最多可以发生 1 位错。这一误码率要求也适用于光纤通道中所有的部件，如，中继器和交换机。

如图 7-7 所示，给出了光纤通信的原理：在发送端首先把要传送的信息（如话音）变成电信号，然后调制到激光器发出的激光束上，光的强度随电信号的幅度（频率）变化而变化，光通信利用全反射原理，当光的注入角满足一定的条件时，光便能在光纤内形成全反射，从而达到长距离传输的目的。基于光射线在纤芯和包层界面上的全反射，使光线限制在纤芯中传输。如果光以一个不正确的角度射到界面，光将离开包层，那么，这部分光信号将丢失。这意味着，由于光不太亮，导致信号微弱，最后光电传感器不能检测到。光纤中有两种光线，即子午光线和斜射光线，子午光线是位于子午面上的光线，而斜射光线是不经过光纤轴线传输的光线。

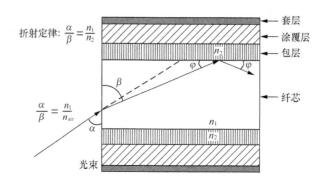

- n = 光学介质的折射率
- 备注:真空的折射率为1,空气中的折射率约等于1

图 7-7　光纤传输原理

从上述光纤通信原理可知,光纤传输对线缆是有要求的,因此处理缆线是非常重要的。例如一个工程师在处理光纤线的时候,不能将光纤线弯曲太多,并且需要保持线缆两端的收发器没有灰尘。如图 7-8 所示为光纤线的最大弯曲度。

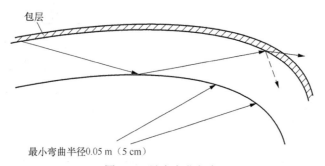

图 7-8　最大弯曲角度

很多原因会导致光信号的衰减,需要在使用中注意。这些原因包括:

最大弯曲度:最小弯曲半径为 5cm。光纤路径的弯曲度即使与规格有微小的差异,也会导致信号失真。

最小弯曲度:将光纤线扎得过紧会导致信号丢失。

散射:杂质有不同的折射率。当光通过杂质时,光将发生散射。

吸收:当光以不合适的角度射到包层时,在包层光将被吸收。

光纤收发器,通常又称为 FC 光模块,光纤收发器就是光纤发射器加上光纤接收器,它包含一个激光器或者发光二级管以创建光脉冲,它包含探测光的一个光学传感器,如图 7-9 所示。光纤收发器存在于存储设备,交换机和服务器 HBA 卡上,可以单独地移除和更换。

图 7-9　光纤收发器

主机总线适配器 HBA，一种能插入计算机、服务器或大型主机的板卡或集成电路适配器，在服务器和存储设备之间提供 I/O 处理和物理连接。光纤通道 HBA 卡是将主机接入 FC 网络必不可少的设备，如图 7-10 所示。HBA 能减轻主处理器在数据存储和检索任务的负担，能提高服务器的性能。

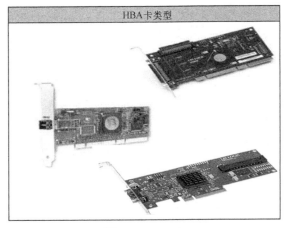

图 7-10　HBA 卡

存储设备的 FC 接口模块，如图 7-11 所示。

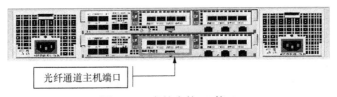

图 7-11　存储中的 FC 接口

7.2.5　FC 端口

在所有的拓扑结构中，设备（包括服务器、存储设备和网络连接设备）都必须配置一个或多个光纤通道端口。在服务器上，端口一般借助主机总线适配器实现。一个端口总是由两个通道构成：一个是输入通道，另一个是输出通道。在两个端口之间的连接称作链路。在点到点和交换网拓扑中，链路总是双向的。在交换网的情况下，链路所涉及的两个端口的输出通道和输入通道通过一个交叉装置连接在一起，使得每一个输出通道都连接到一个输入通道。另一方面，仲裁环拓扑的链路是单向的，每个输出通道都连接到下一个端口的输入通道，直到圆周闭合为止。仲裁环的线缆连接可以借助一个集线器简化，形成星形环，此时，端点设备双向连接到集线器，在集线器内部的线缆连接保证在仲裁环内部维持单向的数据流。FC 协议通过对端口标识，即端口标识符进行寻址并在不同设备间互联时定义了不同的接口类型。

如图 7-12 所示，根据不同的功能，如自适应式管理员设定可以将 FC 端口分为以下几种类型。

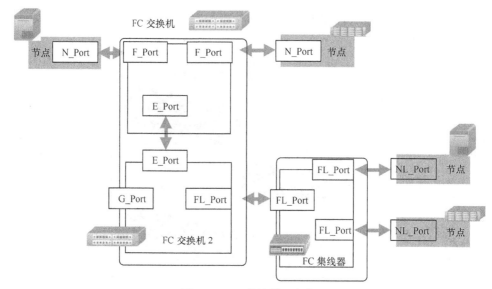

图 7-12　FC 协议端口定义

N 端口（结点端口）：光纤通道通信是围绕 N 端口和 F 端口开发的，这里的 N 表示 Node（结点），F 表示 Fabric（交换网）。N 端口描述一个端点设备（服务器，存储设备），也称结点，具有加入交换网拓扑或点到点拓扑的能力。

F 端口（交换端口）：F 端口是 N 端口在光纤通道交换机中的对接点。F 端口知道怎样把一个 N 端口发送给它的帧通过光纤通道网络传递给所目标端点设备。

NL 端口（结点和环端口）：NL 端口同时具有 N 端口和 L 端口的能力。一个 NL 端口既可以连到一个交换网，也可以连到一个仲裁环。

FL 端口（交换网环端口）：交换机的 FL 端口允许把一个交换网连接到一个仲裁环。FL、NL 和 L 端口都可以用来构成仲裁环。

E 端口（扩展端口）：两个光纤通道交换机通过 E 端口连接在一起。E 端口使得连接到两个不同交换机的端点设备可以互传数据。光纤通道交换机通过 E 端口在整个光纤通道网络上中转信息。

G 端口（通用端口）：现代光纤通道交换机具有一些可以自动地配置的通用端口，即

G 端口。例如，如果一个光纤通道交换机通过一个 G 端口连接到另一个光纤通道交换机，那么 G 端口就把它自己配置成一个 E 端口。

在一个光纤网络环境中，可能会有成千上万的组件，所以必须用一个唯一的标识符来识别每一个设备。光纤通道使用的标识符是全球唯一名称（World Wide Name，WWN）。光纤网络里，每一个设备（包括光纤通道兼容的设备）的唯一标识就是 WWN，用于标识存储设备中 I/O 模块的单个接口。如图 7-13 所示，WWN 有 2 种不同的定义：WWNN 和 WWPN。

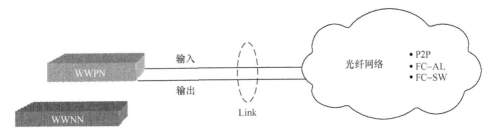

图 7-13　WWNN 和 WWPN 表示

全球唯一节点号（World Wide Node Number，WWNN）是分配给每一个上层节点的一个全球唯一的 64 位标识符。一个 WWNN 被分配给一个接光纤通道网络中的节点。一个 HBA 卡上的所有端口共享一个 WWNN，即，WWNN 可以被属于同一个节点的一个或者多个不同的端口（每个端口拥有不同的 WWPN，并且属于同一个节点）共同使用。

全球唯一端口号（World Wide Port Number，WWPN）是分配给每一个光纤通道端口的一个唯一的 64 位标示符。每个 WWPN 被该端口独享，WWPN 在存储区域网络中的应用就等同于 MAC 地址在以太网协议中的应用。

WWN 命名规则一般是 8 对十六进制数值，共 64 字节；每对十六进制数值之间以冒号隔开。在 ISO/IEC 14165-252（FC-FS-2）标准中定义了 WWN 的几种格式，比较常见的几种是：

10:00:00:00:C9:B7:1B:A6

20:34:00:A0:B8:32:5D:72

50:05:07:68:02:10:36:2A

C0:50:76:00:35:B7:01:2C

根据标准，首部的十六进制数值（即 NAA 位，Network Address Authority）决定的 WWN 采用的具体格式，参考表 7-4。

表 7-4　　　　　　　　　　　　　　　　光纤协议标识表

NAA 类型	NAA 编码	标识长度
NAA IEEE 48-bit	1h	8 bytes
NAA IEEE Extended	2h	8 bytes
NAA IEEE Registered	5h	8 bytes
NAA IEEE Registered Extended	6h	16 bytes
NAA EUI-64 Mapped	Ch, Dh, Eh, Fh	8 bytes

如图 7-14 所示，给出一个 WWN 解析例子。在 WWN 中，用一个十六进制字符表示一个 4 位的字符，16 个十六进制字符可以表示 64 位的标识符，以"20:00:00:60:69:00:60:02"为例，20:00 是 FC 标准预留，00:60:69 是由电气和电子工程师协会（Institute of Electrical and Electronics Engineers，IEEE）指定给制造商，在制造时被直接内置到设备中去的，00:60:02 是生产厂商定义的。单端口 FC HBA 卡上的 WWNN 和 WWPN 相同，但多端口 FC HBA 卡或 FC 交换机上的 WWNN 和 WWPN 不同。

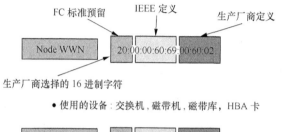

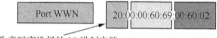

图 7-14　WWN 解析

7.2.6　FC 分区（zone）的概念

光纤通道协议提供有安全机制，比如它支持分区（Zone）功能，可以规定不同分区的设备能否交互。一个设备节点或 WWN 处于单独的分区，也可以同时处于多个分区之中。

FC 分区有两种类型的分区：软分区和硬分区，如图 7-15 所示。

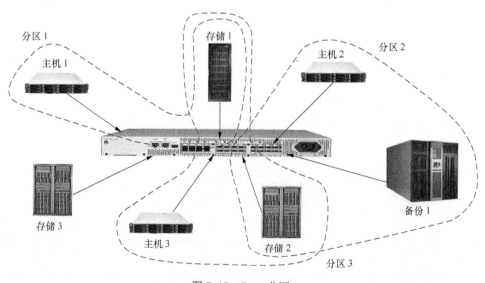

图 7-15　Zone 分区

软分区意味着交换机将设备的 WWN 分配到一个区之中,这和设备所连接的端口无关。例如,如果 Q 和 Z 在同一个软分区内,它们就能够彼此交谈。同理,如果 Z 和 A 处于另一个软分区之中,此时,A 和 Z 就能够看到对方,但是 A 看不到 Q。软分区要依赖光纤通道中节点的 WWN。通过使用软分区,可以连接交换机上的任何端口,可以看到应该看到的其他节点。

硬分区和以太网里的 VLAN 类似。当一个端口被分配到一个分区里,任何连接到这个端口的设备都属于这个分区。为了防止有人破坏光纤连接,在交换机上进行硬分区时,将 WWN 和目标上的 LUN 地址绑定。通过使用存储阵列的 WWN masking,多个 Initiator 都能够看到这个 Target。

7.3 IP SAN

7.3.1 IP SAN 概念

早期 SAN 网络采用光纤通道进行块数据传输,因此早期 SAN 指的是 FC SAN。在实际应用中,如果企业要使用 SAN 网路进行数据存储,需要购买 FC SAN 存储网络相关的设备组件,其昂贵的价格和复杂的配置限制了中小型企业,尤其是小型企业的部署使用。因此,为了提高 SAN 存储网络的使用,满足中小型企业的需求,工程师们提出并设计了 IP SAN 方案。

IP SAN 指基于 IP 协议传输的网络存储系统,其使用标准的 TCP/IP 协议,可在以太网上进行块数据的传输,无需配置专门的 FC 网络。图 7-16 所示为 IP SAN 的拓扑结构。

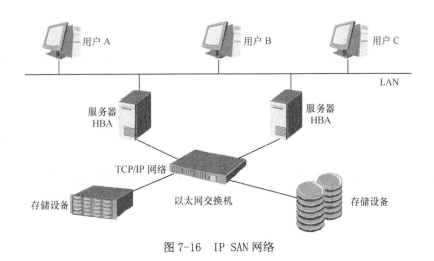

图 7-16 IP SAN 网络

7.3.2　IP SAN 网络架构的优缺点

IP SAN 具有如下优点。

接入标准化：IP SAN 的部署不需要专用的光纤 HBA 卡和光纤交换机，可直接利用现有网络中的以太网卡和以太网交换机；

传输距离远：只要 IP 网络可达的地方，就可以部署 IP SAN 存储网络；

可维护性好：IP 网络的维护工具非常发达，具有较多的专业技术人员支持；

带宽扩展方便：iSCSI 承载于以太网，现以太网已经发展 10Gbit/s 速率，40Gbit/s 也在研发中；

成本低：整体降低产品的总体拥有成本 TCO。

IP SAN 的缺点如下。

数据安全性：数据在 IP SAN 网络中传输时，尽管 IP 协议可以应用 IPSec 以保障数据的安全性，但也只能提供数据在网络传输过程的动态安全性，并不能保证数据被保存在存储设备上的静态安全性。另外，使用 IP 网络构建的 IP SAN 和传统的 IP 业务很难从物理上完全隔离，而 IP 网络是开放式网络，仍然存在众多安全漏洞，这对 IP SAN 也构成安全性威胁；

TCP 负载空闲引擎：由于 IP 协议是无连接不可靠的传输协议，数据的可靠性和完整性是由 TCP 协议来提供的，而 TCP 为了完成数据的排序工作需要占用较多的主机 CPU 资源，导致用户业务处理延迟的增加。

占用 IP 网络资源：由于 IP SAN 是直接部署在现有的网络资源上，而 IP 网络尤其是以太网络的效率和 QoS 都较低，因此 IP SAN 网络将占用系统资源。

7.3.3　IP SAN 组网形式

1. 直连组网

主机与存储设备之间直接通过以太网卡、TOE 卡或 iSCSI HBA 卡连接，如图 7-17 所示。

直连组网方式具有构建简单、经济省钱的优点，但存在主机存储资源分享比较困难的问题。

2. 单交换组网

主机与存储设备之间通过一台以太网交换机进行通信，同时主机安装以太网卡、TOE 卡或 iSCSI HBA 卡实现连接，如图 7-18 所示。

单交换组网结构使多台主机能共同分享同一台存储设备，扩展性强，但存在单点故障问题。

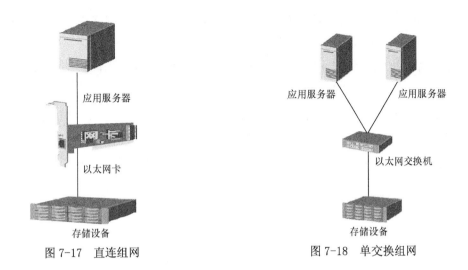

图 7-17　直连组网　　　　　　　　　　　图 7-18　单交换组网

3. 双交换组网

主机与存储设备之间通过两台以太网交换机进行通信，同时主机安装以太网卡、TOE 卡或 iSCSI HBA 卡实现连接，如图 7-19 所示。同一台主机到存储设备端由多条路径连接，可靠性强，避免了在单交换组网中以太网交换机处存在的单点故障。

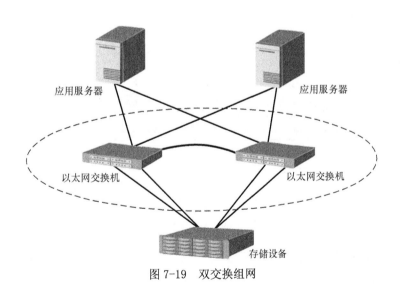

图 7-19　双交换组网

7.3.4　FC SAN 和 IP SAN 对比

下面从网络速度、网络架构、传输距离、管理维护、兼容性、性能、成本、容灾、安全性等方面对 FC SAN 和 IP SAN 进行分析和对比[54]。

网络速度：FC SAN 支持 4Gbit/s、8Gbit/s、16Gbit/s；IP SAN 支持 1Gbit/s、10Gbit/s。

网络架构：FC SAN 需要单独建设光纤网络和 HBA 卡；IP SAN 可直接使用现有 IP 网络。

传输距离: FC SAN 的传输距离受到光纤传输距离的限制; IP SAN 理论上没有距离限制, 只要 IP 网络可达的地方, 都能部署。

管理维护: FC SAN 技术和管理较复杂; IP SAN 的管理维护与 IP 设备一样操作简单。

兼容性: FC SAN 的兼容性差; IP SAN 与所有 IP 网络设备都兼容。

性能: FC SAN 具有非常高的传输和读写性能; IP SAN 目前主流 1GB, 10GB 正在发展。

成本: FC SAN 网络的搭建需要购买光纤交换机、HBA 卡、光纤磁盘阵列等、同时需要培训人员、系统设置与监测等, 成本高; IP SAN 购买与维护成本都较低, 有更高的投资收益比例。

容灾: FC SAN 搭建容灾的硬件、软件成本都比较高; IP SAN 本身可以实现本地和异地容灾, 且成本低。

安全性: FC SAN 和传统业务 IP 网络从物理上隔离, 保证了 SAN 网络下传输和存储的数据安全性; IP SAN 网络中, 尽管 IP 协议可以应用 IPSec 以保障数据的安全性, 但只能提供数据在网络传输过程的动态安全性, 并不能保证数据在存储设备上的静态安全性。由于 IP 网络是开放式网络, 仍然存在众多安全漏洞, 这对于使用传统 IP 网络构建的 IP SAN 是一个安全威胁。

7.3.5 iSCSI 协议栈

如图 7-20 所示, iSCSI 是层次协议, iSCSI 节点将 SCSI 指令 (即, 命令描述符块 CDB) 和数据封装成 iSCSI 包 (即, 协议数据单元 PDU) 后传送给 TCP/IP 层, 再由 TCP/IP 协议将 iSCSI 包封装成 IP 协议数据, 然后发送到以太网上进行传输。

图 7-20　iSCSI 协议层

所有的 SCSI 命令都被封装成 iSCSI 协议数据单元 (PDU), 利用 TCP/IP 协议栈中传输层的 TCP 协议封装 TCP/IP 数据包, 提供可靠的传输机制。传输帧结构如图 7-21 所示。

iSCSI 架构是基于 C/S 模型进行数据传输的。在 iSCSI 系统中, 用户在一台 SCSI 存储设备上发出 I/O 请求, 操作系统对该请求进行处理, 并将该请求转换成 SCSI 指令, 再传给目标 SCSI 控制卡。iSCSI 节点将指令和数据封装形成一个 iSCSI 包, 然后将数据单元传送给 TCP/IP 层, 由 TCP/IP 协议将 iSCSI 包封装成 IP 协议数据, 以适合在网络中传输。此过程也可以对封装的 SCSI 命令进行加密处理, 以保证在不安全的网络上传送的安全性。具体传输如图 7-22 所示。

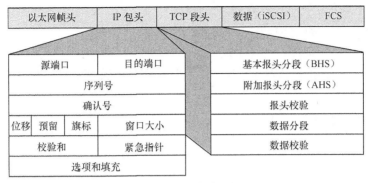

图 7-21　传输帧结构

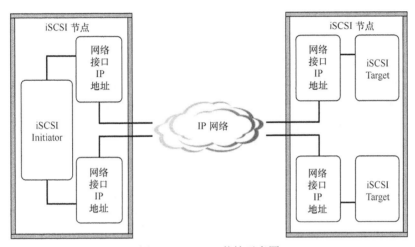

图 7-22　iSCSI 传输示意图

　　由于 iSCSI 的通信体系仍然继承了 SCSI 的部分特性，因此在 iSCSI 通信中，需要一个发起 I/O 请求的启动器（Initiator）和一个响应并执行实际 I/O 操作的目标器（Target）。在 Initiator 和 Target 建立连接后，Target 在操作中作为主设备控制整个工作过程。

　　iSCSI 具体的传输过程如图 7-23 所示。

　　发起端（Initiator）：SCSI 层负责生成命令描述符块 CDB，将 CDB 传给 iSCSI 层，iSCSI 层负责生成 iSCSI 协议数据单元 PDU，并通过 IP 网络将 PDU 发给 Target。发起端可以是软件 Initiator 驱动程序，硬件的 TOE 网卡，或者是 iSCSI HBA 卡。

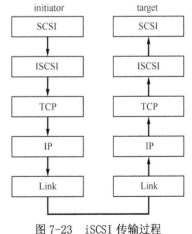

图 7-23　iSCSI 传输过程

　　目标器（Target）：与发起端的处理流程相反，Target 端点通过 TCP/IP 收到 iSCSI PDU 后，执行解封装操作，并将解封后的 CDB 传给 SCSI 层，SCSI 层负责解释 CDB 的意义，必要时发送响应。目标器可以是磁盘阵列、服务网上硬盘或磁带库。

7.3.6 iSCSI 存储设备与主机连接方式

实现 IP SAN 的典型协议是 iSCSI，它定义了 SCSI 指令集在 IP 网络中传输的封装方式。iSCSI（Internet SCSI）是 IEIF 在 2003 年制定的一项标准，iSCSI 协议是建立在 SCSI 协议和 TCP/IP 协议基础上的标准化协议，用于将 SCSI 数据块封装成 IP 数据包，并在以太网中传输。

iSCSI 设备一般采用 IP 接口作为主机接口，连接到以太网交换机，构建一个基于 TCP/IP 协议的 IP SAN 存储网络[55][56]。根据主机端所采用的不同连接方式，iSCSI 设备与主机的连接有三种形式。

1. NIC+Initiator 软件

如图 7-24 所示，主机使用标准的以太网卡（NIC）与网络连接。由主机 Initiator 软件完成 iSCSI 报文到 TCP/IP 报文转换。NIC+Initiator 软件的方式直接使用传统主机系统通用的 NIC 卡，其成本最低。但由于 iSCSI 协议和 TCP/IP 协议处理需要占用主机 CPU 资源，降低了主机系统性能。

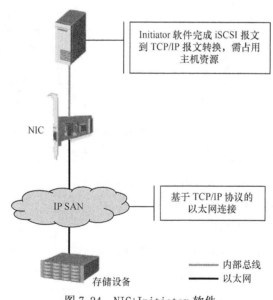

图 7-24　NIC+Initiator 软件

2. TOE+Initiator 软件

如图 7-25 所示，在 TOE+Initiator 软件方式下，主机使用 TCP 卸载引擎（TOE）来专门处理 TCP/IP 协议转换，而 iSCSI 报文的转换由主机的 CPU 实现，与 NIC+ Initiator 软件的方式相比，TOE+Initiator 软件将主机 CPU 实现 TCP 协议处理功能下放给 TOE 网卡，降低了主机的运行开销，同时提高了数据的传输速率。

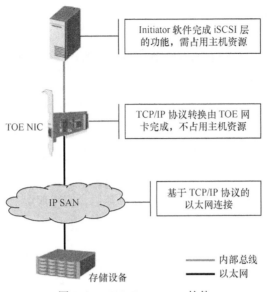

图 7-25　TOE+Initiator 软件

3. iSCSI HBA

如图 7-26 所示，在主机上安装一个 iSCSI HBA 卡，iSCSI HBA 卡完成 iSCSI 报文转换和 TCP/IP 报文转换功能，最大限度释放主机 CPU 资源，使得 IP SAN 操作对主机的开销占用最小，相比上述两种实现方式，iSCSI HBA 方式能获得最好的传输性能。而 iSCSI HBA 方式的代价是系统构建成本高。

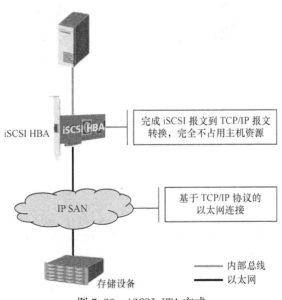

图 7-26　iSCSI HBA 方式

7.3.7 iSCSI 应用场景

iSCSI 构建的 IP SAN 存储网络广受中小企业的欢迎，因为中小企业大都以 TCP/IP 协议为基础构建网络环境，iSCSI 可以直接部署在 IP 网络上，降低搭建成本。

基于 iSCSI 存储技术的 IP 存储主要用于解决远程存储问题，实现异地间的数据传输，两个典型的 iSCSI 应用场景是异地数据交换和异地数据备份。

华为大多数的存储设备都支持 iSCSI 协议。以 OceanStor S5500 存储阵列为例，其支持两种不同传输性能的 iSCSI 接口模块，包括 1Gbit/s 和 10Gbit/s。

1）1Gbit/s iSCSI 接口模块提供了存储设备接收应用服务器读写请求的服务。每一个 1 Gb/s iSCSI 接口模块有 4 个端口用于接收应用服务器发出的数据交换命令；

2）10Gbit/s TOE 接口模块提供了存储设备接收应用服务器读写请求的服务。每一个 10 Gb/s TOE 接口模块有 4 个端口用于接收应用服务器发出的数据交换命令。

OceanStor S5500 存储阵列的两种 iSCSI 接口模块如图 7-27 所示。

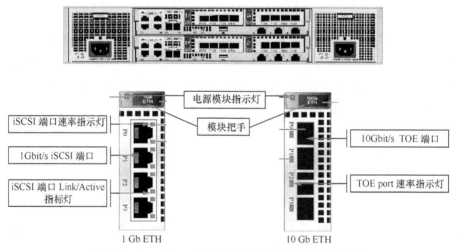

图 7-27 OceanStor S5500 存储阵列及两种 iSCSI 模块

7.4 FCoE

以太网光纤通道（Fibre Channel over Ethernet，FCoE）是由美国国家标准委员会（ANSI）定义的一种融合网络技术，是以光纤通道 FC 存储协议为核心的 I/O 整合方案。FCoE 是将 FC 帧封装到以太网帧中，以实现在以太网基础设施上传输光纤信道信号的功能。

7.4.1　FCoE 产生背景

通常情况下，数据中心运行的网络包括前端业务网络和后端存储网络，前端业务网络通常是以太网网络（Ethernet），用于客户端到服务器、服务器到服务器的通信；后端存储网络可以是 FC SAN，也可以是 IP SAN，用于服务器和存储设备、存储设备和存储设备之间的通信。一个数据中心运行多个独立的网络，服务器需要为每种网络配置单独的接口，包括连接以太网的网络接口卡（NIC）和连接光纤通道网络的主机总线适配器（HBA）。

多个独立网络并存的设计方案满足了数据中心的性能追求，同时也带来了一系列问题：首先，数据中心服务器需为每种网络专门配置一块甚至多块 HBA 卡，每种网络需要部署专用的交换机、线缆等硬件设备，投资成本高；其次，多个网络相互独立，彼此隔离，管理维护过程复杂，需要更多的人员运行维护，增加了人才培养成本投入；再者，服务器部署难度大，多物理接口卡造成软硬件之间耦合性强，削弱了业务灵活性，造成业务迁移复杂、困难；此外，存储网络和业务网络相互独立这种设计方式，难以充分利用以太网的扩展性的同时保留光纤通道的高可靠性和高效率，同时，相隔甚远的两个存储局域网也难以通信交互。

FC 通道和以太网各有其优势，加之以太网迅速发展，人们自然想到把两种网络相融合，于是工程师提出了 FCoE 的设计构想，即，将 FC 帧封装到以太网帧中借助以太网链路进行传输。FCoE 技术的产生，极大程度上降低数据中心基础设施和运行维护的投资成本，实现了数据中心在以太网和 FC 基础设施的无缝互通，使用户享受融合网络带来的优势。

FCoE 协议是指在增强型以太网基础设施上传输光纤信道信号功能的规范，它目前已被大部分网络和存储供应商支持，包括 Brocade、IBM、HP、EMC、NetApp、Cisco 等厂商，并且通过了美国国家标准委员会（ANSI）的审批，被收录到新的 FC-BB-5（Fibre Channel Backbone Generation 5）标准中[57]。FCoE 将光纤通道协议映射到以太网上，这是一个独立的以太网转发协议，被视为极具应用前景的新一代存储区域网协议[58]。

当一个生产系统的前端业务网和后端存储网络融合后，存储网络和以太网可共享同一个单一的、集成的网络基础设施，实现不同类型网络的共存和网络基础设施精简整合的目标；但是，也带来了新的问题。本小节主要针对 FCoE 的优点及其面临的挑战加以阐述。

优点一：精简网络结构，增强业务灵活性

存储网络（SAN）和业务网络（LAN）分开部署的情况下，组网比较复杂，如图 7-28 所示。当现有 LAN 网络中的主机需要增加 FC SAN 进行存储连接时，必须对主机进行停机，以另外部署 FC 交换机、光纤线缆以及在主机上安装 FC HBA 卡，这种双重组网部署结构相对复杂而且增加了网络管理难度。由于两种网络相互独立，业务运作时主机需要通过不同的网络进行客户端的交互和存储的访问，对于没有接入存储网络的主机而言，无法访问到 SAN 中存储设备，业务灵活性收到了一定的限制。

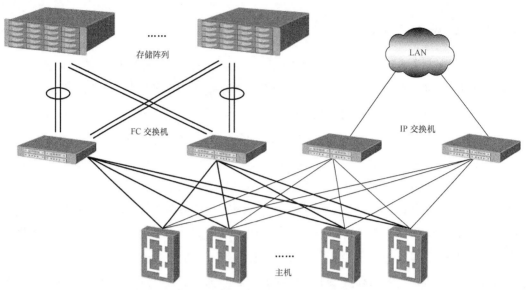

图 7-28　业务网和存储网独立部署

而在 SAN 和 LAN 网络融合部署的情况下,组网结构相对简单,如图 7-29 所示。当现有 LAN 网络中的主机需要进行存储连接时,直接通过 FCoE 交换机将流量发送给 SAN 中的存储阵列即可;与此同时,基于以太网的业务数据同样可以通过 FCoE 交换机传送至 LAN 上的客户端。由此可见,FCoE 组网的部署简化了生产系统的组网结构,不仅网络设备数量减少,而且管理和维护也变得方便。此外,原本以太网和 FC 网络领域的架构依然可以延续,连入融合网络中的所有的服务器,既能与客户端交互通信,又能访问存储设备,特别是在虚拟机迁移的应用场景下,可为虚拟机提供一致的存储连接,提高了系统的灵活性和可用性,增强的业务灵活性。

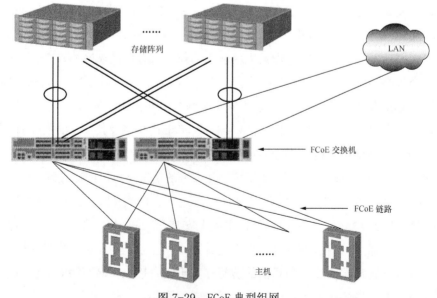

图 7-29　FCoE 典型组网

FCoE 交换机包含有传统的 FC 模块与接口、增强型以太网接口，可以实现传统以太网设备、传统 FC 设备和 FCoE 设备之间的交互通信。FCoE 卡也叫 CNA 卡，即硬 FCoE HBA 卡，是 FC HBA 卡和以太网卡的融合网卡，通过卡上的控制芯片，可以实现 FCoE 协议、FC 协议和以太网协议的处理。

优点二：节约资源，降低成本

LAN 和 SAN 网络通过 FCoE 技术共享网络资源，更有效地整合和利用分散的资源。双重网络分开部署情况下，需要投入以太网卡、以太网线缆、以太网交换机、FC HBA 卡、FC 线缆和 FC 交换机，所有的网络设备都要双重部署，而利用 FCoE 技术进行融合网络部署情况下，只需投入 FCoE 卡、FCoE 交换机和以太网线缆即可。网络的融合不仅减少网络基础设施的投资，而且简化了网络复杂度，降低网络的管理和维护成本；同时，服务器采用融合网络适配器，一定程度上减少生产系统的电力和冷却成本；FCoE 可以和现有的以太网及 FC 基础设施无缝互通，现有网络设施投资得到了保护。

优点三：兼备以太网的扩展性，保留光纤通道的高可靠性

FCoE 技术实现了在增强型以太网基础设施上传输光纤信道信号的功能，获得了光纤通道存储网络所具有的高性能和高可靠性优势，达到了将存储网络融入以太网架构的目标。FCoE 依然可以提供标准的光纤通道原有的多种服务，而且这些服务都可以按照原有标准运作，保有 FC 网络的低延迟性、高性能和高可靠性等特点，为服务器提供访问存储设备的后端存储网络。FCoE 采用增强型以太网作为物理网络传输通道，可以传输以太网数据帧，可以为前端的业务提供数据传输通道。FCoE 并不是要代替传统的光纤通道技术，而是对光纤通道进行拓展。图 7-30 所示为多台 FCoE 交换机时的组网情况。

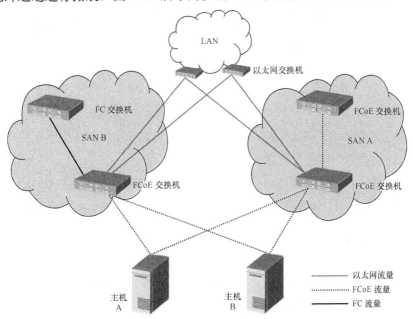

图 7-30　多 FCoE 交换机的典型组网

扩展性：FCoE 技术将 FC 帧封装在以太网帧中，承载在以太网二层链路上，实现了两个相隔甚远的存储区域网络的互通，让业务主机可以访问到距离更远的存储设备，极大地提高了存储区域网络的扩展性能，理论上遍布世界各地的 IP 网络可达之处，存储网络便可达。

可靠性：FC 协议不允许出现丢包，而以太网是可以容忍网络丢包，那么 FCoE 借助现有普通以太网链路来传输 FC 帧，是存在网络丢包现象的，因此需要对以太网做一定的增强来避免丢包。融合增强型以太网（Converged Enhanced Ethernet，CEE）作为 FCoE 物理网络传输架构，不仅能够提供标准的光纤通道有效内容载荷，避免类似 TCP/IP 协议的开销和数据包损失，而且通过基于优先级的流量控制、增强传输选择和拥塞通告，达到 FCoE 对以太网提出的无丢包要求。

基于优先级的流量控制（Priority-based Flow Control，PFC）是对以太网 Pause 机制的一种增强，以太网 Pause 机制能够实现网络不丢包的要求，但它会阻止一条链路上的所有流量。如图 7-31 所示，PFC 可以在一条以太网物理链路上创建多个独立的虚拟链路，并允许暂停和重启其中任意一条虚拟链路，通过对单个虚拟链路创建无丢包类别的服务供 FCoE 使用，实现同一物理链路上多种类型流量的共存，如业务流 IP、块存储 FCoE、网络电话 VoIP、视频流 VoIP 等。

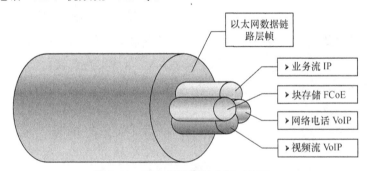

图 7-31　融合增强型以太网（CEE）

增强传输选择（Enhanced Transmission Selection，ETS）通过为不同的业务流量设定优先级，从而保证了高优先级业务的带宽，也允许低优先级流量使用高优先级队列的闲置带宽，提高整个网络的效率。

拥塞通告是一种在二层网络对持续拥塞流量的端到端管理方法。当网络中发生拥塞时，由拥塞点向数据源发送指示来限制引起拥塞的流量，并在拥塞消失时通知其取消限制。

7.4.2　FCoE 协议栈

光纤通道和以太网都是使用数据链路层协议在网络节点间进行数据帧传输的，如果要实现将 FC 帧封装在以太网帧中通过成熟的以太网络来完成终端到终端的数据传输，必须要有相关协议的支撑，即 FCoE 协议。

开放系统互连参考模型（Open System Interconnect，简称 OSI）把网络通信的工作分为 7 层，从下往上分别是物理层、数据链路层、网络层、传输层、会话层、表示层和应用层。物理层是传输网络信号的物理媒介，在设备之间传输比特流，规定了电平、速度和电缆针脚；数据链路层是帧协议层，将比特组合成字节，再将字节组合成帧，使用链路层地址（以太网使用 MAC 地址）来访问介质，并进行差错检测。如图 7-32 所示，在 FCoE 协议栈中，FC-0 和 FC-1 被映射成为 Ethernet 协议的数据链路层和物理层，把 FC-2 层以上的内容封装到以太网报文中进行承载，并添加了 FCoE 映射层作为上层 FC 协议栈与底层 Ethernet 协议栈之间的适配层。

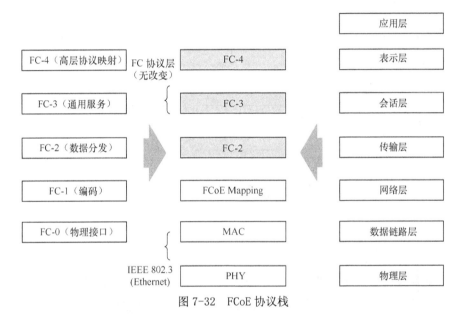

图 7-32　FCoE 协议栈

FCoE 协议实现了将一个完整的 FC 帧封装在以太帧中的功能，其报文封装格式如图 7-33 所示。其中以太帧头中指定了报文的源 MAC 地址、目 MAC 地址、以太帧类型和 FCoE 的 VLAN，FCoE 帧头指定了 FCoE 帧版本号和控制信息，FC 帧头和传统 FC 帧头相同，指定了 FC 帧的源地址、目的地址等信息，FC 帧内容即为 SCSI 的指令、数据和状态信息单元。

图 7-33　FCoE 报文封装格式

通常情况下，一个以太网的帧最大为 1500 字节，而一个典型的 FC 帧最大为大约 2112 字节，因此在以太网上打包 FC 帧时往往需要进行分段发送，然后在接收方进行重组。这种分段再重组的传输方式会产生额外的处理开销，影响 FCoE 端到端的传输效率。既然以太网和光纤通道各自所传输的帧之间存在的这种差异，那自然需要一个更大的以太网帧来平衡差异，于是便出现了 FCoE 以太网巨型帧，尽管这种巨型帧不是正式的 IEEE 标准，但它允许以太网帧在长度上达到 9KB。

如图 7-34 所示，最大的巨型帧（9KB）可以实现一个以太网帧封装四个 FC 帧的功能，但如此一来，相应的帧组合、恢复和流量控制过程自然变得复杂。值得注意的是，在使用 FCoE 以太网巨型帧时，要求所有以太网交换机和终端设备支持该类型帧的格式。

• 普通以太网帧

目的 MAC 地址	源 MAC 地址	以太网帧类型	FCoE 有效载荷	帧校验序列
6 字节	6 字节	2 字节	分片 FC 数据，小于 1500 字节	4 字节

• FCoE 以太网巨型帧

目的 MAC 地址	源 MAC 地址	以太网帧类型	FCoE 有效载荷	帧校验序列
6 字节	6 字节	2 字节	2112 字节或大于 2112 字节	4 字节

图 7-34　普通以太网帧与 FCoE 以太网巨型帧

7.4.3　FCoE 应用场景

存储区域网络的一个重要应用场景是大型数据中心。在传统的数据中心组网中，服务器与服务器、客户端之间的通信基于以太网 LAN，服务器与存储设备之间的通信基于存储区域网络 SAN。而 LAN 网络和 SAN 网络的部署和维护都是相互独立，如图 7-35 所示。

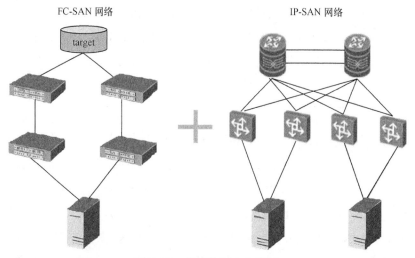

FC-SAN 网络　　　　　　　　　　IP-SAN 网络

图 7-35　传统数据中心组网

随着数据中心的迅猛发展，数据量和服务器数量日益剧增，LAN 和 SAN 独立部署方式已经无法满足企业的需求，出现两个挑战：（1）设备的增加使网络越来越复杂，同时，LAN 和 SAN 网络的独立部署使得业务部署的灵活性差，网络扩展困难，维护和管理成本高；（2）能效比低：服务器上需配置多块网卡，用于接入 LAN 的网络接口卡 NIC 和 SAN 的主机总适配器 HBA，配置多类型的网卡增加了整个数据中心的电力消耗和冷却成本。

如果大型数据中心采用以太网光线通道 FCoE 构建网络，如图 7-36 所示，FCoE 组网方式既支持 LAN 网络的数据传输，也支持 FC 网络的数据传输。

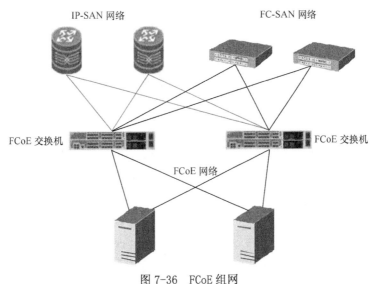

图 7-36　FCoE 组网

采用以太网光线通道 FCoE 构建网络具有如下优势：

优势一：降低总体拥有成本 TCO

FCoE 技术共享网络资源，整合 LAN 和 SAN 网络，并有效地利用资源，减少对于 SAN 网络基础设施的投资，简化网络复杂度，降低网络的管理和维护成本；同时，服务器采用融合网络适配器（即，CNA 卡），无需像传统网络去配置 LAN 网络接口卡 NIC 和 SAN 主机总适配器 HBA，减少数据中心的电力和冷却成本。

优势二：强大的投资保护

FCoE 可以和数据中心现有的以太网及 FC 基础设施实现无缝互通，同时保护了客户在现有以太网和 FC 网络上的投资。

优势三：增强的业务灵活性

FCoE 使得所有服务器共享存储资源。特别是在虚拟机迁移的应用场景下，可为虚拟机提供一致的存储连接，提高了系统的灵活性和可用性，增强的业务灵活性。

7.5　本章小结

本章介绍了 SAN 存储区域网络相关技术。首先描述 SAN 网络的概念，并介绍 SAN 网络组网、组件，并对比了 DAS 和 SAN 两种存储架构；其次对 SAN 网络中的 FC SAN 基本概念、相关原理和组网进行阐述，并介绍了 FC 协议、FC SAN 组网、FC 交换机端口和 FC Zone 等内容；接着对 SAN 网络中的 IP SAN 基本概念、相关原理和组网进行阐述，并介绍了 iSCSI 协议、IP SAN 组网和 IP SAN 应用等内容；最后对 SAN 网络中 FCoE 协议的基本概念、协议栈和应用场景进行阐述。

练习题

一、选择题

1. 描述 1：IP SAN 为了冗余使用了两个交换机，并创建了两个网络；描述 2：在一个 FC 交换机中，主机可以加入多个 zone ，这两个描述中（　　　）

A. 描述 1 对；描述 2 对

B. 描述 1 对；描述 2 错

C. 描述 1 错；描述 2 对

D. 描述 1 错；描述 2 错

2. FC SAN 具有如下哪些特征：（　　　）

A. 无损协议　　　　　　　　　　　B. 单网络

C. IQN zoning　　　　　　　　　　D. 最多可达 1.677 亿个设备

E. 速率可达 10 Gb　　　　　　　　F. 设计包含单点故障

3. 在 IP SAN 组网中，针对 iSCSI 三种连接方式的下述描述正确的是？（　　　）

A. 以太网卡＋Initiator 软件方式，需要占用主机 CPU 资源，导致主机系统性能的下降

B. TOE 网卡＋Initiator 软件方式，TCP 协议处理则交由 TOE 网卡完成，减轻了主机端的负担

C. TOE 网卡＋Initiator 软件方式，iSCSI 协议处理则交由 TOE 网卡完成，减轻了主机端的负担

D. ISCSI HBA 卡方式，iSCSI 协议功能及 TCP/IP 协议栈功能均由 iSCSI HBA 卡完成，对主机的开销占用最小

二、思考题

1. SAN 有哪五个主要特点？

2. 划分 FC zone 的方法有哪些？

3. IP SAN 和 FC SAN 有什么区别？

4. IP SAN 的连接模块有哪些？他们有什么特征？

5. iSCSI initiator and target 的功能是什么？

第8章
常用存储高级技术

随着信息技术的发展，企业数据量增多，很多企业考虑购置或已经购置满足需求的存储产品。然而，在存储产品使用过程中常常会面临存储空间浪费、存储性能低下、数据丢失等问题。本章讲的 SAN 存储优化技术涉及提高空间利用率、提升存储性能、增强数据可用性等方面，掌握本章知识有助于系统架构师在前期规划、中期实施、后期优化中最大化利用存储资源以满足用户需求。

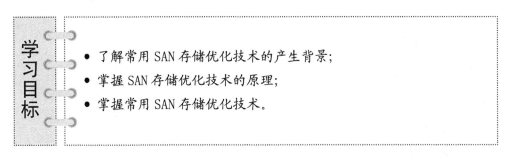

学习目标

- 了解常用 SAN 存储优化技术的产生背景；
- 掌握 SAN 存储优化技术的原理；
- 掌握常用 SAN 存储优化技术。

本章按存储空间利用率、存储性能、数据可用性三个角度来介绍 SAN 存储的优化技术，分别从技术产生背景和技术原理两个方面介绍自动精简技术、分层存储技术、Cache 技术、快照技术、克隆技术、远程复制技术和 LUN 拷贝技术等存储优化技术。其中，自动精简技术用于提高存储空间利用率，分层存储技术和 Cache 技术用于提升存储性能，快照技术、克隆技术、远程复制技术和 LUN 拷贝技术可归到数据备份领域中，用于防范数据丢失，提高数据可用性。

8.1 自动精简技术

8.1.1 自动精简技术背景

随着各行业数字化进程的推进,一方面,数据逐渐成为企事业单位的核心资源;另一方面,数据量呈现爆炸式增长。存储系统作为数据的载体,也面临着越来越高的用户要求。传统的存储系统部署方式要求在 IT 系统的设计规划初期,能够准确预估其生命周期(3 到 5 年,甚至更长时间)内业务的发展趋势以及对应的数据增长趋势。然而,在信息技术日新月异的时代,要做到精确的估计对系统规划者来说是一项近乎不可完成的任务。一个错误的规划设计往往导致存储空间利用率的不均衡,一些系统没有多余的存储空间来存储增长迅速的关键业务系统数据,而另一些系统却有大量的空余存储空间被浪费。即便规划设计能够准确预测未来 5 年的数据增长量,但在系统部署之初就投入大量成本购买未来 5 年所需的存储空间,这大大加重了企业的运营成本。

按照传统的存储系统部署方式,为某项应用程序分配使用存储空间时,通常预先从后端存储系统中划分足够的空间给该项应用程序,即使所划分的空间远远大于该项应用程序所需的存储空间,划分的空间也会被提前预留出来,其他应用程序无法使用。这种空间分配方式不仅会造成存储空间的资源浪费,而且会促使用户购买超过实际需求的存储容量,加大了企业的投资成本。

最大限度地保护用户前期投资,同时有效降低后期运维、升级等成本已成为数据存储系统设计和管理中的关键技术挑战。针对上述挑战,研究人员提出了一种称为自动精简配置(Thin-provisioning)的存储资源虚拟化技术[59][60]。自动精简配置的设计理念是通过存储资源池来达到物理空间的整合,以按需分配的方式来提高存储空间的利用率。该技术不仅可以减少用户的前期投资,而且推迟了系统扩容升级的时间,有效降低了用户整体运维成本。

8.1.2 自动精简技术原理

自动精简配置技术最初由 3PAR 公司开发,目的是提高磁盘空间的利用率,确保物理磁盘容量只有在用户需要的时候才能被调取使用。自动精简技术是一种按需(容量)分配的技术,依据应用程序实际所需要的存储空间从后端存储系统分配容量,不会一次性将划分的空间全部给某项应用程序使用,当分配的空间无法满足应用程序使用时,系统会再次从后端的存储系统中分配容量空间。除了有助于提高空间的利用率之外,自动精简技术还能降低用户整体运维成本,例如,前期规划时预留一部分存储卷给用户,用户在后期使用过程中，系统可以自动扩展已经分配好的存储卷，无需手动扩展。

自动精简技术作为容量分配的技术，它的核心原理是按需解发容量"欺骗"，欺骗的对象为管理容量的文件系统，让文件系统认为它管理的存储空间中很充足，而实际上文件系统管理的物理存储空间则按需分配的。例如，在存储设备上启用自动精简配置特性后，文件系统可能显示 2TB 的逻辑空间，而实际上只有 500GB 的物理空间是被利用的。尽管只有 500GB 的空间被利用，但随着用户往存储系统写入越来越多的数据，实际物理存储的容量会达到上限 2TB，其空间利用率也会越来越高。

8.1.3 自动精简技术应用

各大存储厂商对自动精简技术都有所涉及，为便于理解该技术，下文对华为技术有限公司提出的 SmartThin 自动精简配置技术进行解读。

SmartThin 自动精简配置技术具有如下特点。

（1）按需分配。SmartThin 技术可以减少前期的投入，减少总拥有成本（Total Cost of Ownership，TCO 从产品采购到后期使用、维护的总成本）。满足客户对存储容量不断增长的需求，增强存储系统的利用率和扩展性。

（2）支持在线扩容。Smart Thin 技术可用于在线扩容。一方面，业务系统正常运行，无需中断；另一方面，Smart Thin 技术在进行存储扩容时，不必对原有数据进行迁移或者备份，有效避免了数据迁移带来的风险，降低了数据备份成本。

（3）自动化容量管理。用户不必费心为不同的业务配置不同的容量，通过竞争机制分配各种业务所需容量，最终达到存储容量的最优化配置。

SmartThin 技术以一种按需分配的方式来管理存储设备，基于 RAID2.0+存储虚拟资源池创建 Thin LUN，以 Grain 为单位（请参看第 5 章 RAID 2.0+技术，内有 Grain 技术详解）。Thin LUN 是一种 LUN 类型，支持虚拟资源分配，能够以较简便的方式进行创建、扩容和压缩操作，因此 SmartThin 自动精简配置技术也称为 Thin LUN 技术。Thin LUN 在创建的时候，可以设置一个初始分配容量。Thin LUN 创建完成后，存储池只会分配初始容量大小的空间，剩余的空间还放在存储池中。当 Thin LUN 已分配的存储空间的使用率达到阈值的时候，存储系统会从存储池中划分一定的配额给 Thin LUN。如此反复直到达到 Thin LUN 最初设置的全部容量。如果最初设置的容量大于物理存储空间，那么可通过扩充后端存储资源池的方式来进行系统扩容，整个扩容过程无需业务系统停机，对用户完全透明。

在图 8-1 中，假设后端存储总共有 500GB 的存储空间，考虑到客户暂时不需要使用如此大的存储空间，按照 SmartThin 自动精简配置策略，将后端 200GB 物理存储空间做 RAID 5 后映射给客户机使用，其余 300GB 作为预留空间给客户备用，并设置了当用户的使用空间达到 180GB 时，自动为用户扩容。客户机在挂载使用后，看到的空间为 500GB

的存储空间，但其真实使用的空间为原先管理员设置的 200GB 空间，用户往主机里面存储的数据存储在 200GB 的空间内。当存储的空间达到管理员设置的 180GB 时，存储系统会自动将原先设置的 300GB 空间在用户无感知的情况下自动分配给用户使用。

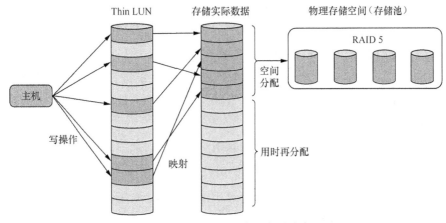

图 8-1　SmartThin 空间容量分布

8.2　分层存储技术

8.2.1　分层存储技术背景

随着科学技术的发展，ICT 领域也在不断发生变化。在当今 IT 领域中，企业与管理部门通常会遇到数据存储的容量、性能与价格等方面的挑战。一方面企业面临原先购买的存储设备不能满足现如今发展而带来的存储空间不足的问题；另一方面，随着企业的不断发展，需要收集保存的数据也会越来越多，这会在一定程度上影响 IT 存储系统的性能。

对于企业在日常工作中的业务应用来说，并不是所有的数据都具有非常高的使用价值。随着时间的推移，有些数据在一定的时间范围内被频繁的访问，这些数据通常称为热数据；而有些数据则很少或者没有被用户读取访问，这些数据通常称为冷数据。

经过科学的统计和分析，数据信息的调取和使用在生命周期过程中是有规律的，换句话说，信息生命周期是有迹可循的。在通常情况下，新生成的数据信息会经常被用户读取与访问，其有较高的使用价值，随着时间的推移，这些新生成的数据信息使用频率呈现下降的趋势，直至在很长的一段时间内不被用户访问，其使用价值在逐年降低。存储系统容量和资源会被这些大量的低使用价值的数据信息占据，影响其性能。然而，这些低使用价值数据由于受数据仓库建设、政策法规限制等原因不能删除，如何解决这些不常用数据的保存问题，是目前企业面临的数据管理难题之一。企业通常使用备份或者归档方式将长期不访问的数据从高成本的存储阵列上迁移至低成本的归档设备中，但面对数据爆炸式增长带来的大量低访问周期数据，如何解决存储问题依然面临诸多的问题。

数据生命周期灵活有效管理问题。庞大的数据量会使数据的管理难度加大，难以依靠人力将数据及时合理分配到存储空间。

数据空间占用高性能存储问题。大量使用价值不高的数据占用的存储介质空间过多，会导致资源浪费的问题，为了保证新数据的访问性能，需要不断购买新的高性能的存储设备来实现扩容问题。

如何解决上述问题，是企业在发展过程中必须要思考的问题，尤其是在 IT 系统初期搭建过程中，要考虑数据生命周期管理的问题。因此研究者提出了自动分层存储技术。分层存储也称层级存储管理（Hierarchical Storage Management，HSM）[61]。自动分层存储技术首先将不同的存储设备进行分级管理，形成多个存储级别；然后通过预先定义的数据生命周期或者迁移策略将数据自动迁移到相应级别的存储中，将访问频率高的热数据迁移到高性能的存储层级，将访问频率低的冷数据迁移到低性能大容量的存储层级。以下列出自动分级存储的两个设计目标。

1）降低成本

通过预先定义的数据生命周期或者迁移策略，将访问频率较低的数据（即冷数据）迁移到低性能、大容量的存储层级，将访问频率高的数据（即热数据）迁移到高性能的存储层级。按 80/20 定律，20%数据是热数据，80%数据是冷数据，热数据的比例较小，采用上述迁移策略有助于节约高速存储介质，从而降低存储设备的总成本。

2）简化存储管理，提高存储系统性能

通过对企业业务的分析管理，设置合适的企业数据迁移策略，将极少使用的大部分数据迁移到低性能、大容量的存储层级，减少冷数据对系统资源的占用，可以提高存储系统的总体性能。

从广义的角度讲，分层存储系统一般分为在线（On-line）存储、近线（Near-line）存储和离线（Off-line）存储三种存储方式，具体区别详见表 8-1。

表 8-1 三种存储方式综合比较

类别	时效性	容量	性能	访问速度	成本
在线存储	即时服务	小	高	快	高
近线存储	非即时服务	较大	低	较快	低
离线存储	非即时服务	大	低	慢	低

在线存储将数据存放在 SAS 磁盘阵列、固态闪存磁盘、光纤通道磁盘这类高速的存储介质上。此类存储介质适合那些访问频率高、存储重要的程序和文件，其优点是数据

读写速度快、性能好，缺点是存储价格相对昂贵。在线存储属于工作级的存储，其最大的特征为：存储设备和所存储的数据一直保持"在线"状态，数据可以随时读取与修改，满足高效访问的数据访问需求。

近线存储是指将数据存放在 SATA 磁盘阵列、DVD-RAM 光盘塔和光盘库等这类低速的存储介质上，对这类存储介质或存储设备要求寻址速度快，传输速率高。近线存储对性能要求并不高，但要求有较好的访问吞吐率和较大的容量空间，其主要定位是介于在线存储与离线存储之间的应用，例如保存一些不重要或访问频度较低的需长期保存的数据。从性能和价格的角度，近线存储是在线存储与离线存储之间的一种折中方案，其存取性能和价格介于高速磁盘与磁带之间。

离线存储也称为备份级存储，通常将数据备份到磁带或者磁带库等存储介质上，此类存储介质访问速度低，价格便宜，大多数情况下用于在线存储或近线存储的数据进行备份，防范数据的丢失，适用于存储无价值但需长期保留的历史数据、备份数据等。

8.2.2　分层存储技术分析

在分层存储系统中，根据数据生命周期管理策略或数据访问频度，需要在不同存储等级的设备之间进行数据迁移，此时，需要关注如下几个方面。

1. 数据一致性

分层存储系统中数据迁移可分为降级迁移和提升迁移。冷数据需要降级迁移，热数据则需要进行提升迁移，这两种数据迁移的目的、特征是不相同的。降级迁移是将数据迁移到低速存储设备上，对于降级迁移来说，因为是迁移冷数据，在迁移过程中很可能不会出现前端用户 I/O 请求。升级迁移则将数据迁移到高性能存储设备上，对升级迁移来说，迁移主要发生在 I/O 最密集的时间段，通常会有前端用户 I/O 请求发生，如果是写请求，那么迁移数据和用户请求数据就存在数据不一致问题。针对数据不一致问题，通常的应对措施是采用读写锁，以数据块为调度粒度来减小前端 I/O 性能的影响。迁移过程中，迁移进程为当前数据块申请读写锁，保证数据在迁移操作与写操作之间的数据一致性。

2. 增量扫描

在一个文件数为 10 亿级的大规模文件系统中，选择分级存储管理操作的候选对象是一个耗时操作，一般须扫描整个文件系统的名字空间。假设，每秒能扫描 5000 个文件，扫描 10 亿个文件大约需要 27 小时。为了提高扫描性能，一种应对方案是增量扫描技术，其技术要点有二条：1）扫描系统元数据，而非扫描整个文件系统；2）扫描近期某一时间段内所有被访问文件的次数和大小、总访问热度等信息，因为近期被访问文件占整体文件系统的比例很低。

采用增量扫描技术，一方面按照文件访问情况进行针对性扫描，能够大幅度减少文件扫描规模。例如，一个拥有 20 万个文件的文件系统，每天只有不到 1%的文件被访问（随着文件系统规模增加，访问百分比还会下降）；另一方面，通过元数据服务器定期获取近期访问过的文件信息，可以大大减少文件扫描任务量，从而减少维护文件访问信息的开销。

3. 数据自动迁移存储

在实际应用中，当数据信息达到迁移触发条件时，系统会自动启动数据迁移进程，从而实现冷数据的降级存储和热数据的升级存储。分级存储中数据需要在线迁移，这就需要考虑数据移动对前端 I/O 负载的性能影响。数据自动迁移技术要求最大限度地降低数据迁移动作本身对前端用户 I/O 性能的影响，并且迁移过程对前端应用是透明的，它根据前端 I/O 负载的变化来调整数据迁移速率，即迁移进程要完成负载感知的数据迁移调度和迁移速率控制，使得数据迁移动作本身对存储系统的 QoS 的影响非常小，同时使得数据迁移任务能够尽快完成。

4. 数据的迁移策略设计

数据信息分级策略是依据信息数据的重要程度、访问频率、生命周期等多种指标对数据进行价值分级。数据分级后在合适的时间迁移到不同级别的存储设备中，以达到最佳的存储状态。因此科学的数据分级显得非常重要，要充分挖掘数据的静态特征和动态特征，以获得更好的分级存储效果。以文件系统为例，进行文件分级时需要注意以下三点：1）文件系统的静态特征需关注大小文件的分布；2）文件系统的宏观访问规律需关注大小文件的访问次数；3）文件之间的访问关联特征需关注文件在被访问的同时另外一个文件在什么时间段被访问。依据这些特征和存储设备的分级情况，确定文件分级标准和文件分级变化的触发条件，从而在合适的时间将数据迁移到不同级别的存储设备中。

数据迁移最佳策略是各类最优策略的组合，也就是因需制宜地选择合适的迁移算法或迁移方法。例如，根据数据年龄（即创建之后的存在时间）进行迁移的策略可以用在归档及备份系统中，根据访问频度进行迁移的策略可以用于虚拟化存储系统中。

8.2.3 分层存储技术应用

分层存储技术有两个重要标准："精细度"与"运算周期"。

"精细度"是指系统执行存取行为、收集分析与数据迁移操作的单位，它决定了执行数据迁移时操作单元的大小。"精细度"并不是越小越好。"精细度"越小，虽然能提高空间利用率，但会加大迁移开销，影响存储设备的性能，因此，"精细度"需合理规划配置。假设需要在一个 50GB 的 LUN 上进行数据迁移，若采用的精细度为 1GB，则系统只需追踪 50 个数据分块；若采用更小的精细度，如 10MB，则系统就需要追踪 5 万个数据分块，操作量高出 100 倍。

"运算周期"是指系统执行存取行为、统计分析与数据迁移操作的周期，它反映磁盘存取行为的时间变化。运算周期越短、存取操作越密集，系统将能更快地依照最新的磁盘存取特性，重新配置数据在不同磁盘层集中的分布。运算周期太长，统计分析与数据迁移操作会占用过多 I/O 资源。

以华为技术有限公司的数据迁移技术 SmartTier 为例，SmartTier 的精细度为 512KB～64MB，默认是 4MB，最小运算周期为 1 小时。

目前主要存在基于块、基于文件和基于对象的三类自动分层存储技术。SmartTier 是基于块的自动分层存储技术，它将存储分成三个层级：高性能层（由 SSD 组成）、性能层（SAS 组成）、容量层（NL-SAS），各存储层级划分详见表 8-2。

表 8-2　　　　　　　　　　　存储层级划分

层级	硬盘类型	硬盘特点	应用特点	数据特点
高性能层	SSD 硬盘	高 IOPS；任务响应时间短；每单位存储容量成本很高	适合随机读取存储请求密度高的业务负载	最活跃数据：存储至或迁移至高性能层硬盘且读性能得到很大提升的"繁忙"数据
性能层	SAS 硬盘	在大量业务负载下具有高带宽；任务响应时间适中；没有被缓存的数据，写比读慢	适合存储请求密度适中的业务负载	热数据：存储至或迁移至性能层硬盘的较活跃数据
容量层	NL-SAS 硬盘	低 IOPS；任务响应时间长；每单位存储请求处理成本很高	适合存储请求密度低的业务负载	冷数据：存储至或迁移至容量层硬盘的"空闲"数据，且数据迁移后，其现有性能不会受到影响

高性能层通常采用高性能的 SSD 硬盘，支持高 IOPS，低响应时间，适用于存放业务系统中最活跃数据。当然，高性能层存储成本也是最高的。性能层一般采用 SAS 硬盘，用于支持具有高带宽、响应时间适中要求的业务负载，即较为活跃的热数据。容量层一般采用 NL-SAS 硬盘，NL-SAS 硬盘是 SATA 的盘体与 SAS 连接器的组合体（NL-SAS 硬盘的转速只有 7200rpm，性能比 10000RPM 的 SAS 硬盘差。由于使用了 SAS 接口，在寻址与速度上比 SATA 硬盘有了提升），其适用于低 IOPS、响应时间长的业务负载，即访问频度较低的冷数据。

如果存储系统想开启 SmartTier 功能，必须配备有两种或者两种以上不同性能的磁盘。具体流程如图 8-2 所示，首先，根据设定的时间监控 IO 的活跃度，其次，对数据进行活跃度的分析，并排序；最后，根据数据活跃度和数据迁移策略进行数据迁移操作。具体地操作是将活跃度低的数据迁移到速度较慢但是空间较大的容量层，将活跃度一般的数据迁移到速度较高的性能层，将活跃度最高的一部分数据迁移到速度更快的高性能层，从而为活跃度比较高的数据提供更快的响应速度。迁移粒度是 RAID2.0+技术中的 Extent 的大小（512KB~64MB），默认为 4MB。

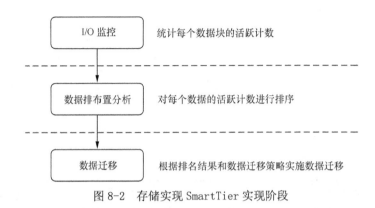

图 8-2　存储实现 SmartTier 实现阶段

阶段一：I/O 监控

I/O 监控阶段由存储系统的 I/O 监控模块完成。存储系统根据两个数据块的活跃度来判断一个数据块比另一个更热或更冷。每个数据块的活跃度通过统计数据块的读写访问频率和 I/O 比例得出。通常，系统提供的是数据块活跃度的加权累计值。作为实时监控任务，所有数据块都会被持续统计。

阶段二：数据排布分析

数据排布分析阶段由存储系统的数据排布分析模块完成。首先，以 I/O 监控模块生成的每个数据块的统计信息作为输入，根据存储池中各个存储层的容量，系统按照数据块的热度确定出每个存储层放置数据块的 I/O 计数阈值（确定阈值时，按照热度最高的数据块放在最高性能层级的原则进行）。数据排布分析模块对大于阈值的数据块进行排序，选出最热数据块优先进行迁移。数据排布分析模块会对存储池中的每个数据块进行排名，排名由高至低，从同一个存储池中的最热数据块开始，直到最冷数据块，需要注意，排名操作仅限于在同一个存储池中进行。

阶段三：数据迁移

数据迁移阶段由存储系统的数据迁移模块完成。SmartTier 根据数据排布分析阶段对数据块的排名结果和数据迁移策略实施数据迁移，SmartTier 所采用的排名结果是数据迁移前数据排布分析模块得出的最近一次分析结果。通常，迁移模块将排名高的数据块迁移至较高存储层（通常是高性能层或性能层），将排名低的数据块迁移至较低存储层（通常是性能层或容量层）。

8.3 Cache 技术

8.3.1 Cache 技术背景

在动态的业务环境中提高应用程序的响应速度，是一项成本高昂且复杂耗时的任务。应用程序的响应延迟过大会影响业务的效率，进而降低企业的生产效率和客户服务的水平。随着服务器处理能力不断的增长，存储系统的性能成为制约应用程序响应速度的一个重要因素。虽然存储系统通过增加普通缓存资源（如 RAM Cache），能够提升存储设备的访问速度，但普通缓存具有价格昂贵、容量较小、数据掉电丢失等缺点，存储厂商将目光转到固态硬盘 SSD 上。

SSD 具有响应时间短、容量远大于普通缓存资源的优点，与传统的机械硬盘相比，SSD 能大幅提升响应速度，实现了最高的 IO 性价比。利用 SSD 这一特性，将 SSD 盘作为读缓存资源，可以减少存储系统的读响应时间，有效提高热点数据的访问效率[62]。

8.3.2 Cache 技术原理

各厂家对智能闪存 Cache 技术有不同的定义，但基本原理及最终实现效果基本相同。如 EMC 厂家将 Cache 技术称为 FAST Cache 技术，而华为技术有限公司称为 SmartCache 技术。不管是 EMC 的 FAST Cache 技术还是华为的 SmartCache 技术，都具有提高效率、提升性能的作用。下文以华为技术有限公司开发的 SmartCache 技术为例阐述 Cache 技术原理。

SmartCache 又叫智能数据缓存。利用 SSD 盘对随机小 I/O 读取速度快的特点，通过 SSD 盘组成智能缓存池，将访问频率高的随机小 I/O 热点读数据从传统的机械硬盘复制到由 SSD 盘组成的高速智能缓存池中。由于 SSD 盘的数据读取速度远远高于机械硬盘，所以 SmartCache 特性可以缩短热点数据的响应时间，从而提升系统的性能。

更进一步讲，SmartCache 将智能缓存池划分成多个分区，为业务提供细粒度的 SSD 缓存资源。不同的业务可以共享同一个分区，也可以分别使用不同的分区，各个分区之间互不影响，从而可以向关键应用提供更多的缓存资源，保障关键应用的性能。此外，采用 SmartCache 不会中断现有业务，也不会影响数据的可靠性，因为 SSD 属于非易失性存储。

利用 SSD 盘较短的响应时间和较高的 IOPS（Input/Output Operations Per Second）特性，SmartCache 特性可以提高业务的读性能。SmartCache 适用于存在热点数据的场景，且读操作多于写操作的随机小 I/O 业务场景，包括在线事务处理 OLTP 应用、数据库、Web

服务、文件服务应用等。

8.4 快照技术

8.4.1 快照技术背景

随着信息技术的发展，数据备份的重要性也逐渐凸显。最初的数据备份方式中，恢复时间目标（Recovery Time Objective，RTO）和恢复点目标（Recovery Point Objective，RPO）无法满足业务的需求，而且数据备份过程会影响业务性能，甚至中断业务。当企业数据量逐渐增加且数据增长速度不断加快时，如何缩短备份窗口成为一个重要问题。因此，各种数据备份、数据保护技术不断被提出。

恢复时间目标 RTO 是容灾切换时间最短的策略。以恢复时间点为目标，确保容灾机能够快速接管业务。后续第 11 章将有详细介绍。

恢复点目标 RPO 是数据丢失最少的容灾切换策略。以数据恢复点为目标，确保容灾切换所使用的数据为最新的备份数据。后续第 11 章将有详细介绍。

备份窗口指在用户正常使用的业务系统不受影响的情况下，能够对业务系统中的业务数据进行数据备份的时间间隔，或者说是用于备份的时间段。

快照技术是众多数据备份技术中的一种，其原理与日常生活中的拍照类似，通过拍照可以快速记录下拍照时间点拍照对象的状态。由于可以瞬间生成快照，通过快照技术，能够实现零备份窗口的数据备份，从而满足企业对业务连续性和数据可靠性的要求。实现快照技术的方式有很多，本节主要介绍写时复制（COW）和重定向写（ROW）两种快照技术。

8.4.2 快照技术原理

存储网络工业协会（SNIA）对快照（Snapshot）的定义是"A point in time copy of a defined collection of data"，指指定数据集合在某个时间点的一个完整可用副本。根据不同的应用需求，可以对文件、LUN、文件系统等不同的对象创建快照。快照生成后可以被主机读取，也可以作为某个时间点的数据备份。

从具体的技术细节来讲，快照是指向保存在存储设备中的数据的引用标记或指针，即快照可以被看作详细的目录表，但它被计算机作为完整的数据备份来对待。

快照有三种基本形式：基于文件系统式的、基于子系统式的和基于卷管理器/虚拟化式的，而且这三种形式差别很大。市场上已经出现了能够自动生成这些快照的实用工具，比如，NetApp 存储设备使用的操作系统，实现文件系统式快照；HP 的 EVA、HDS 通用存储平台以及 EMC 的高端阵列则实现了子系统式快照；而 Veritas 则通过卷管理器实现快照。

常见快照技术有两种，分别是写时复制（Copy On Write，COW）快照技术[63]和重定向写（Redirect On Write，ROW）快照技术[64]。下文以写时复制快照技术 COW 为例描述其原理及使用场景。

写时复制快照技术在数据第一次写入到某个存储位置时，首先会将原有的内容读取出来，写到另一个位置（此位置是专门为快照保留的存储空间，简称快照空间），然后再将新写入的数据写入到存储设备中。当有数据再次写入时，不再执行复制操作，此快照形式只复制首次写入空间前的数据。

写时复制快照技术使用原先预分配的空间来创建快照，快照创建激活以后，倘若物理数据没有发生复制变动时，只需要复制原始数据物理位置的元数据，快照创建瞬间完成。如果应用服务器对源 LUN 有写数据请求，存储系统首先将被写入位置的原数据（写前拷贝数据）拷贝到快照数据空间中，然后修改写前拷贝数据的映射关系，记录写前拷贝数据在快照数据空间中的新位置，最后再将新数据写入到源 LUN 中，其操作示意如图 8-3 所示。

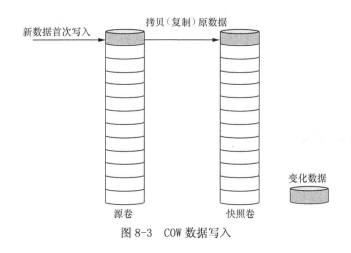

图 8-3　COW 数据写入

COW 技术中，源卷在创建快照时才建立快照卷，快照卷只占用很小的一部分存储空间，这部分空间用来保存快照时间点之后元数据发生首次更新的数据，在快照时间点之前是不会占用存储资源的，不会影响系统性能，使用方式也非常灵活，可以在任意时间点为任意数据建立快照。

从 COW 的数据写入过程可以看出，如果对源卷做了快照，在数据初次写入源卷时，需要完成一个读操作（读取源卷数据的内容），两个写操作（源卷以前数据写入到快照空间，新数据写入源卷空间），读取数据内容时，则直接从源卷读取数据，不会对读操作有影响。如果是频繁写入数据的场景，采用了 COW 快照技术会消耗 I/O 时间。由此可知，COW 快照技术对写操作有影响，对读操作没有影响，从而，COW 快照技术适合于读多写少的业务场景。

8.4.3　快照技术特点及应用

快照技术具有如下两方面优点。

（1）快照生成时间短：存储系统可以在几秒内生成一个快照，获取源数据的一致性副本。

（2）占用存储空间少：生成的快照数据并非完整的物理数据拷贝，不会占用大量存储空间，即使源数据量很大，也只会占用很少的存储空间。

快照技术可应用于以下两个方面。

（1）保证业务数据安全性：当存储设备发生应用故障或者文件损坏时可以进行及时数据恢复，将数据恢复成快照产生时间点的状态；另外，快照灵活的时间策略，可以为其设置多个激活时间点，为源 LUN 保存多个恢复时间点，实现对业务数据的持续保护。

（2）重新定义数据用途：快照生成的多份快照副本相互独立且可供其他应用系统直接读取使用。例如，应用于数据测试、归档和数据分析等多种业务。这样既保护了源数据，又赋予了备份数据新的用途，满足企业对业务数据的多方面需求。

8.5　克隆技术

8.5.1　克隆技术背景

随着信息技术的发展，数据的安全性和可用性越来越成为企业关注的焦点。20 世纪 90 年代，数据备份需求大量涌现。在一些实际应用中，用户需要从生产数据中复制出一份副本用于独立的测试、分析，这种用途催生了能适配该需求的数据保护技术——克隆。经过不断地发展，如今克隆已经成为存储系统中不可或缺的一种数据保护特性。

克隆技术可以实现用户的如下需求。

（1）完整的数据备份。实现了数据的完整备份，数据恢复不依赖源数据，提供可靠的数据保护。

（2）持续的数据保护。源数据和副本可实时同步，提供持续保护，实现零数据丢失。

（3）可靠的业务连续性。备份和恢复的过程都可在线进行，不中断业务，实现零备份窗口。

（4）有效的性能保障。可将一份源数据产生多个副本，将副本单独用于应用测试和数据分析，主、从 LUN 性能互不影响。在多业务并行条件下有效保障各业务性能。

（5）稳定的数据一致性。支持同时生成多份源数据在同一时间点的副本，保证了备份时间点的一致性，从而保护数据库等应用中不同源数据所生成的副本之间的相关性。

8.5.2　克隆技术原理

克隆是一种快照技术，是源数据在某个时间点的完整副本，是一种可增量同步的备份方式。其中，"完整"指对源数据进行完全复制生成数据副本；"增量同步"指数据副本可动态同步源数据的变更部分。克隆技术中，保存源数据的 LUN 称为主 LUN，保存数据副本的 LUN 称为从 LUN。

各厂家对克隆技术都有所涉及，下文以华为技术有限公司开发的克隆 HyperClone 技术为例介绍克隆具体实现过程。要注意的一点是华为技术有限公司开发的数据克隆技术克隆一定是在同一台设备上的备份，这是与远程复制等比较大的区别。克隆的主要用途是备份主 LUN 数据以供日后还原，或者保存一份主 LUN 在某一时间点的副本，用于单独读写。从这两种用途出发，克隆的实现过程分为三个实现阶段：同步、分裂和反向同步，如图 8-4 所示。

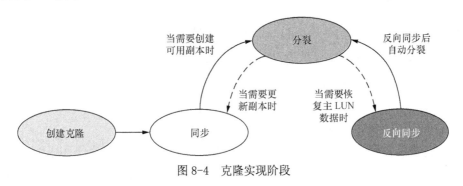

图 8-4　克隆实现阶段

阶段一：同步

存储系统将数据从主 LUN 拷贝至从 LUN，然后同时写主、从 LUN。在同步过程中，主机仍然可以对主 LUN 进行读写，从而保证业务的连续性。

阶段二：分裂

同步完成后，用户可以在某一时刻分裂 Pair（在克隆中，主 LUN 和每个从 LUN 构成一个 Pair。Pair 用于表示主 LUN 和从 LUN 之间的镜像关系；一个克隆中只能有一个主 LUN，但可以添加多个从 LUN。每添加一个从 LUN，就和主 LUN 构成一个新的 Pair），此时，从 LUN 便成为主 LUN 的可用副本，该副本封存了分裂时刻主 LUN 的所有数据。

分裂后，从 LUN 可以提供给主机读写，使主机既可以读写分裂时主 LUN 的数据，又不会影响主 LUN 性能。分裂后，可将从 LUN 和主 LUN 再次同步或者反向同步。

阶段三：反向同步

当需要恢复主 LUN 数据时，可将从 LUN 数据反向同步到主 LUN 上。反向同步后 Pair 会自动分裂。与同步相似，在反向同步过程中，主机仍然可以对主 LUN 进行读写，从而保证业务的连续性。

8.6 远程复制技术

8.6.1 远程复制技术背景

随着各行各业数字化进程的推进，数据逐渐成为企业的运营核心，用户对承载数据的存储系统的稳定性要求也越来越高。虽然企业拥有稳定性极高的存储设备，但还是无法防止各种自然灾害对生产系统造成不可恢复的毁坏。为了保证数据存取的持续性、可恢复性和高可用性，企业需要考虑远程容灾解决方案，而远程复制技术则是远程容灾解决方案的一个关键技术。

8.6.2 远程复制技术原理

远程复制技术（Remote Replication）是一种数据保护技术，指通过建立远程容灾中心，将生产中心的数据实时或者周期性地复制到灾备中心[65]。正常情况下，生产中心提供给客户端存储空间供其使用，生产中心存储的数据会按照用户设定的策略备份到容灾中心，当生产中心由于断电、火灾、地震等因素无法工作时，生产中心将网络切换到容灾中心，容灾中心提供数据给生产中心使用。

远程复制可分为同步远程复制和异步远程复制两类：同步远程复制会实时同步数据，最大限度地保证数据的一致性，以减少灾难发生时的数据丢失量；异步远程复制会周期性地同步数据，最大限度地减少数据远程传输的时延而造成的业务性能下降。

各大厂商对远程复制技术都有所涉及，下文以华为技术有限公司的 Hyper Replication 为例来解读远程复制技术。HyperReplication 是容灾备份的核心技术之一，可以实现远程数据同步和灾难恢复。在物理位置上分离的存储系统，通过远程数据连接功能，远程可以维护一套或多套数据副本。一旦灾难发生，分布在异地灾备中心的备份数据并不会受到波及，从而实现灾备功能。

HyperReplication 同步模式将主存储系统中的数据实时复制到从存储系统中，具体流程参看图 8-5。

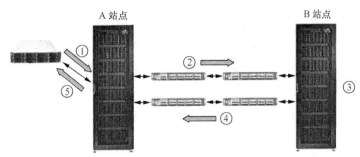

①主机 I/O 存储到 A 站点　②数据通过内部链路传输到 B 站点　③数据存储到 B 站点
④通过链路确认　⑤主机收到消息：I/O 完成

图 8-5　远程复制同步模式

同步远程复制的流程如下。

（1）从主机端接收 I/O 请求后，主存储系统发送 I/O 请求到主 LUN 和从 LUN。

（2）当数据成功写入到主 LUN 和从 LUN 之后，主存储将数据写入的结果返回给主机。如果数据写入从 LUN 失败，从 LUN 将返回一个消息，说明数据写入从 LUN 失败。此时，远程复制将双写模式改为单写模式，远程复制任务进入异常状态。

（3）在主 LUN 和从 LUN 之间建立同步远程复制关系后，需要手动触发数据同步，从而使主 LUN 和从 LUN 的数据保持一致。当数据同步完成后，每次主机写入数据到存储系统，数据都将实时地从主 LUN 复制到从 LUN。

HyperReplication 异步模式将主存储系统中的数据周期性复制到从存储系统中，具体流程如图 8-6 所示。

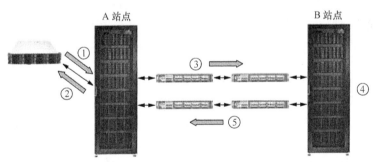

①主机 I/O 存储到 A 站点　②主机收到消息：I/O 完成　③数据通过链路传输到 B 站点
④数据存储到远端站点　⑤通过链路确认

图 8-6　远程复制异步模式

异步远程复制依赖于快照技术，快照是源数据基于时间点的拷贝。异步远程复制的流程如下。

（1）从主机端接收 I/O 请求后，主存储系统发送 I/O 请求到主 LUN；

（2）当主机写入数据到主 LUN，只要主 LUN 返回一个数据写入成功的消息，主存储系统就给主机返回一个数据写入成功的消息；

（3）当主 LUN 和从 LUN 建立异步远程复制关系之后，将触发数据初始同步，把主 LUN 上的数据全部复制到从 LUN，从而使主 LUN 和从 LUN 数据一致。当初始同步完成后，存储系统按如下方式处理主机写：当接收到一个主机写，主存储系统将数据发送到主 LUN，只要主 LUN 返回一个数据写入成功的消息，主存储系统就返回数据写入成功的消息给主机；当同步操作被系统定期触发时，主 LUN 上的新数据被复制到从 LUN；

主站点和远程站点之间不管是采用同步远程复制技术，还是异步远程复制技术，在主站点被破坏的情况下，故障切换操作都可以被启动，即在远程站点上的从 LUN 将被激活。在远程站点上的主机将再次与数据联系起来，以保持业务的连续性。当然，在远程站点上的主机，必须与本地主机运行相同的业务程序。

8.7 LUN 拷贝技术

8.7.1 LUN 拷贝技术背景

随着各行各业数字化的推进，企业产生了因设备升级或数据备份而进行数据迁移的需求。传统的数据迁移过程是存储系统→应用服务器→存储系统。这种迁移过程具有数据迁移速度慢的缺点，且数据在迁移过程中还会占用应用服务器的网络资源和系统资源。为了提升数据迁移速度，人们提出了 LUN 拷贝技术，待迁移数据直接在存储系统之间或存储系统内部传输，并可同时在多个存储系统间迁移多份数据，满足了用户快速进行数据迁移、数据分发及数据集中备份的需求。相比于远程复制只能在同类型存储系统之间运行的缺点，LUN 拷贝不仅支持同类型存储，而且支持经过认证的第三方存储系统。

8.7.2 LUN 拷贝技术原理

LUN 拷贝是一种基于块的将源 LUN 复制到目标 LUN 的技术，可以同时在设备内或设备间快速地进行数据的传输。如果 LUN 拷贝需要完整地复制某 LUN 上所有数据，此时，需要暂停该 LUN 的业务。LUN 拷贝分为全量 LUN 拷贝与增量 LUN 拷贝两种模式。

全量 LUN 拷贝：将所有数据进行完整地复制，需要暂停业务，该拷贝模式适用于数据迁移业务。

增量 LUN 拷贝：创建增量 LUN 拷贝后会对数据进行完整复制，以后每次拷贝都只复制上次拷贝后更新的数据。这种 LUN 拷贝方式对主机影响较小，从而能够实现数据的在线迁移和备份，无需暂停业务。该拷贝模式适用于数据分发、数据集中等备份业务。

8.8　本章小结

本章介绍了 SAN 存储系统的多项优化技术，包括自动精简技术、分层存储技术、Cache 技术、快照技术、克隆技术、远程复制技术和 LUN 拷贝技术，这些技术主要用于优化存储空间利用率、存储性能和数据可用性。每一种优化技术分别从技术产生背景、技术原理和技术应用场景三个方面进行阐述。本章需要掌握的知识点包括：自动精简技术的原理、分层存储技术的原理、快照技术的性能指标及原理、远程复制技术的分类、LUN 拷贝技术的分类等。

练习题

简答题

1. 描述自动精简技术原理。

2. 全量 LUN 拷贝与增量 LUN 拷贝有什么区别？

3. 同步远程复制与异步远程复制有什么区别？

第9章
NAS技术介绍

网络附加存储（Network Attached Storage，NAS）是基于 IP 网络、通过文件级的数据访问和共享提供存储资源的网络存储架构。本章主要介绍 NAS 产生与发展的背景，以及 NAS 的组成与部件，重点介绍 NAS 文件共享协议 CIFS 和 NFS，并概括 NAS 与 SAN 二者区别。

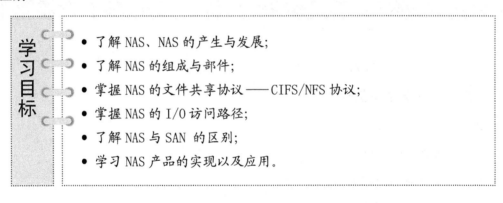

学习目标

- 了解 NAS、NAS 的产生与发展；
- 了解 NAS 的组成与部件；
- 掌握 NAS 的文件共享协议——CIFS/NFS 协议；
- 掌握 NAS 的 I/O 访问路径；
- 了解 NAS 与 SAN 的区别；
- 学习 NAS 产品的实现以及应用。

9.1　NAS 产生与发展

9.1.1　NAS 产生背景

随着网络技术的飞速发展，企业在网络中共享资料、共享数据的需求越来越大。跨平台的、安全的、高效的文件共享是网络附加存储（Network Attached Storage，NAS）产生的内在驱动力。IT 工程师为了实现文件网络共享，将大量的文件存储在一台专用的文件服务器上，其他用户可以通过网络对这些文件进行存取。随着企业的发展和数据的海量产生，网络中不同主机间的数据共享需求越来越大，而 NAS 设备能够提供大量存储空间，并支持高效文件共享功能，恰好满足企业的存储需要。

在过去，KB 级别的文件共享使软盘变得普及。而随着企业的不断发展，大容量数据的跨平台共享需求也在不断上升，此时出现了可移动存储介质，比如闪存，它提供 GB 量级的存储空间，并取代了软盘的位置。然而，企业不仅仅需要大量存储空间，还需要通过网络便利地共享和使用数据，因此具备存储和网络双重特性的 NAS 是一个不错的选择。对于服务器/主机而言，NAS 是一个外部设备，可灵活部署在网络中，同时，NAS 提供文件级共享，通过其客户端可以直接访问到所需文件。图 9-1 所示为文件共享技术的演变过程。

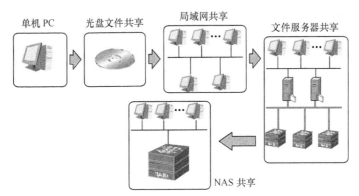

图 9-1　文件共享技术演变过程

9.1.2　NAS 概念

NAS 也称为网络附加存储，是一种将分布的、独立的数据进行整合，集中管理数据的存储技术，为不同主机和应用服务器提供文件级存储空间，其逻辑架构如图 9-2 所示。

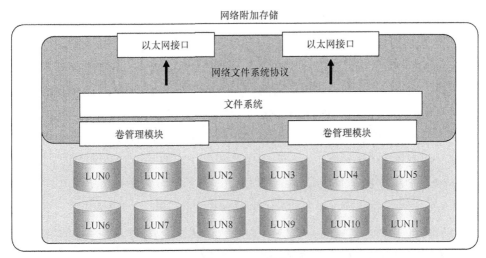

图 9-2　NAS 架构

从使用者的角度，NAS 是连接到一个局域网的基于 IP 的文件共享设备[66]。NAS 通过文件级的数据访问和共享提供存储资源，使客户能够以最小的存储管理开销快速地共享文件，这一特征使得 NAS 成为主流的文件共享存储解决方案。另外，NAS 有助于消除用户访问通用服务器时的性能瓶颈，NAS 通常采用 TCP/IP 数据传输协议和 CIFS/NFS 远程文件服务协议来完成数据归档和存储。

随着网络技术的快速发展，支持高速传输和高性能访问的专用 NAS 存储设备可以满足当下企业对高性能文件服务和高可靠数据保护的应用需求。图 9-3 给出一种 NAS 设备的部署情况，通过 IP 网络，各种平台的客户端都可以访问 NAS 设备。

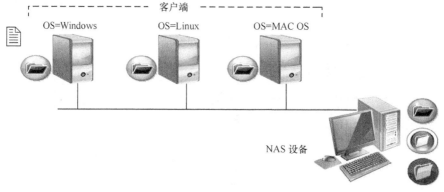

图 9-3　NAS 设备的网络部署

NAS 客户端和 NAS 存储设备之间通过 IP 网络通讯，NAS 设备使用自己的操作系统和集成的硬/软件组件，满足特定的文件服务需求，NAS 客户端可以是跨平台的，可为 Windows、Linux 和 Mac 系统。与传统文件服务器相比，NAS 设备支持接入更多的客户机，支持更高效的文件数据共享。

9.1.3　NAS 网络拓扑

1. NAS 网络拓扑

NAS 可作为网络节点，直接接入网络中，理论上 NAS 可支持各种网络技术，支持多种网络拓扑，但是以太网是目前最普遍的一种网络连接方式，所以本书主要讨论的是基于以太网互连的网络环境。NAS 能够支持多种协议（如 NFS、CIFS、FTP、HTTP 等）以及支持多种操作系统。通过任何一台工作站，采用 IE 浏览器就可以对 NAS 设备进行直观方便的管理，如图 9-4 所示。

2. NAS 的实现方式

NAS 的实现方式有两种：统一型 NAS 和网关型 NAS。统一型 NAS 是指一个 NAS 设备包含所有 NAS 组件；而网关型 NAS 中 NAS 引擎和存储设备是独立存在的，使用时二者通过网络互连，存储设备在被共享访问时采用块级 I/O。

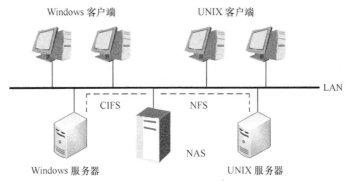

图 9-4　NAS 网络拓扑

图 9-5 所示为统一型 NAS 的部署示意，统一型 NAS 将 NAS 引擎和存储设备放在一个机框中，使 NAS 系统具有一个独立的环境。NAS 引擎通过 IP 网络对外提供连接，响应客户端的文件 I/O 请求。存储设备由多个硬盘构成，硬盘既可以是低成本的 ATA 接口硬盘，也是高吞吐量的 FC 接口硬盘。NAS 管理软件同时对 NAS 引擎和存储设备进行管理。

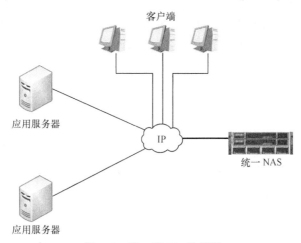

图 9-5　统一型 NAS 的部署

在网关型 NAS 的解决方案中，管理功能更加细分化，即对 NAS 引擎和存储设备单独进行管理。如图 9-6 所示，NAS 引擎和后端存储设备（如存储阵列）通常采用 FC 网络进行连接，与统一型 NAS 相比，网关型 NAS 存储更加容易扩展，因为 NAS 引擎和存储设备都可以独立地进行扩展。

3. NAS 的管理环境

在统一型 NAS 系统的管理中，由于存储设备专用于 NAS 存储服务，属于独占式存储，所以 NAS 管理软件可以对 NAS 部件和后端存储设备同时进行管理。

在网关型 NAS 系统的管理中，网关型 NAS 系统采用共享式存储，这意味着传统的 SAN 主机也可以使用后端存储设备（如存储阵列）。NAS 引擎和存储阵列都通过自己的专门管理软件进行配置和管理。

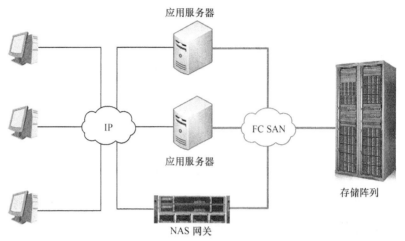

图 9-6　网关型 NAS 的部署

4. NAS 与文件服务器对比

如图 9-7 所示，文件服务器的主要功能是为网络上的主机提供多种服务，如文件共享及处理、网页发布、FTP、电子邮件服务等。但是文件服务器在数据备份、数据安全等方面并不占据优势。而 NAS 本质上是存储设备而不是服务器，它专用于文件数据存储，将存储设备与服务器分离，提供文件集中存储与管理的功能。NAS 可以看作是优化的文件服务器，其对文件服务、存储、检索、访问等功能进行了优化。

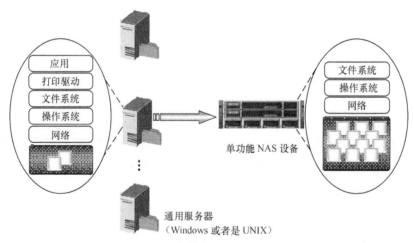

图 9-7　NAS 与传统文件服务器的对比

文件服务器可以用来承载任何应用程序，支持打印、文件下载等功能；而 NAS 专用于文件服务，通过使用开放标准协议为其他操作系统提供文件共享服务。另外，为了提升 NAS 设备的高可用性和高可扩展性，NAS 还支持集群功能。

9.2 NAS 组成与部件

如图 9-8 所示，NAS 的硬件组成包括：1）NAS 引擎（CPU 和内存等）；2）网络接口卡（NIC），如千兆以太网卡、万兆以太网卡；3）采用工业标准存储协议（如 ATA、SCSI、FC 等）的磁盘资源。

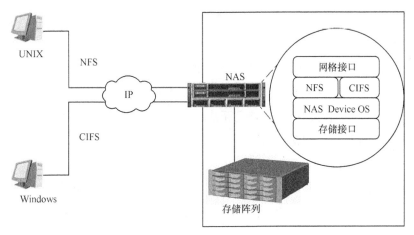

图 9-8 NAS 的组成

NAS 的软件组成包括：1）NAS 内嵌操作系统，通常是精简版的 Linux 系统，对 NAS 进行管理；2）文件共享协议，如 NFS 和 CIFS；3）网络互连协议，如通过使用 IP 协议支持 NAS 和客户端之间互连。

9.3 NAS 文件共享协议

大多数 NAS 设备支持多种文件共享协议以处理远程文件系统的 I/O 请求。上述内容提到，NFS 和 CIFS 是两种典型文件共享协议[67][68][69]，其中，NFS 主要用于 UNIX 的操作环境；CIFS 用于 Windows 操作环境。用户使用文件共享协议可以跨越不同操作环境进行文件数据共享，文件共享协议支持不同操作系统间文件的透明迁移。

9.3.1 CIFS 协议

通用网络文件系统（Common Internet File System，CIFS）是一个网络文件共享协议，允许 Internet 和 Intranet 中的 Windows 主机访问网络中的文件或其他资源，达到文件共享的目的，其示意如图 9-9 所示。CIFS 是服务器消息块（Server Message Block，

SMB）协议的一个公共版本，SMB 协议让本机程序可以访问局域网内其他机器上的文件。

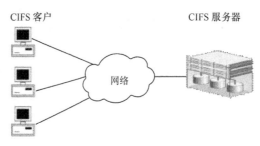

图 9-9　CIFS 协议应用

1. CIFS 协议工作原理

CIFS 协议是一个状态协议，在 OSI 模型的应用/表示层工作，图 9-10 给出 CIFS 协议交互过程，它包括协议协商、会话建立、连接建立、文件操作等步骤。当客户端应用程序访问过程故障中断时，用户必须重新建立 CIFS 连接。CIFS 运行在 TCP/ IP 上，使用 DNS 域名服务进行名称解析。

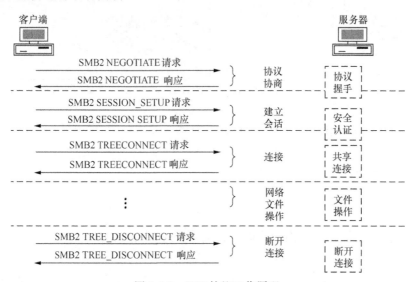

图 9-10　CIFS 协议工作原理

CIFS 是否可以自动恢复连接并重新打开被中断的文件，取决于应用程序是否启用 CIFS 的容错特性。CIFS 服务器会维护每个客户端的相关连接信息，因此 CIFS 是一个有状态的协议。在网络故障或 CIFS 服务器故障的情况下，客户端会接收到一个连接断开通知。如果应用程序能通过嵌入式智能软件来恢复连接，则中断影响最小化；反之，用户必须重新建立 CIFS 连接。

2. CIFS 共享环境

利用 CIFS 协议，NAS 设备以目录的形式把文件系统共享给某个用户，该用户可以查看或访问给予其权限（如只读、读写、只写等）的共享目录。CIFS 的共享环境有"无域"

和"AD 域"两种。图 9-11 所示为无域环境中的 CIFS 共享情形，此时 Windows 用户通过 CIFS 协议直接访问某特定存储系统。

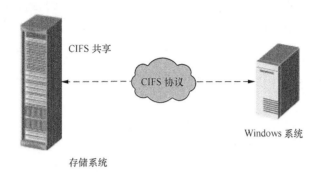

图 9-11　无域环境中的 CIFS 共享

图 9-12 所示为 AD 域环境中的 CIFS 共享情形。AD 是 Active Directory 的简称，指的是 Windows 网络中的目录服务[70]。随着越来越大的局域网和广域网规模，利用 AD 域，企业能够更加便捷地实现 Windows 网络管理。存储系统能够加入 AD 域，作为 AD 域的客户端，实现和 AD 域环境的无缝对接。AD 域控制器中保存了域环境中所有的用户信息、群组信息等。AD 域客户端访问存储系统提供的 CIFS 共享时，需要进行身份认证，认证操作由 AD 域控制器完成。所有域用户均可以访问存储系统提供的共享目录。AD 域的管理员甚至可以进行基于文件的权限管理，对不同域用户访问每个文件夹进行不同的权限控制。通过开启 Homedir 功能，AD 域客户端只能访问与其名称相同的共享目录，无法查看并访问其他域客户端的共享目录。

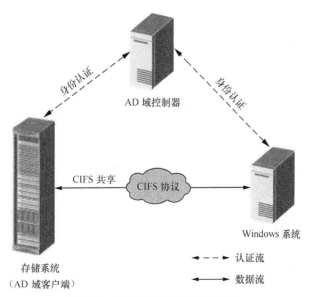

图 9-12　AD 域环境中的 CIFS 共享

3. CIFS 协议的优点

CIFS 具有如下优点。

高并发性：CIFS 提供文件共享和文件锁机制，允许多个客户端访问或更新同一个文件而不产生冲突。利用文件锁机制同一时刻只允许一个客户端更新文件。

高性能：客户端对共享文件进行的操作并不会立即写入存储系统，而是保存在本地缓存中。当客户端再次对共享文件进行操作时，系统会直接从缓存中读取文件，提高文件访问性能。

数据完整性：CIFS 采用抢占式缓存、预读和回写的方式保证数据的完整性。客户端对共享文件进行的操作并不会立即写入存储系统，而是保存在本地缓存中。当其他客户端需要访问同一文件时，保存在客户端缓存中的数据会被写入存储系统中，这时需要保证同一时刻只有一个拷贝文件处于激活状态，防止出现数据不一致性的冲突。

高安全性：CIFS 支持共享认证，通过认证管理，设置用户对文件系统的访问权限，保证文件的机密性和安全性。

应用广泛性：支持 CIFS 协议的任意客户端均可以访问 CIFS 共享空间。

统一的字符编码标准：CIFS 支持各类字符集，保证 CIFS 可以在所有语言系统中使用。

9.3.2 NFS 协议

NFS 协议是由 SUN 公司开发的用于异构平台之间的文件系统共享协议，其在网络环境中提供分布式文件共享服务。

1. NFS 协议原理

NFS 使用客户端/服务器架构。服务器程序向其他计算机提供对文件系统的访问，客户端程序对共享文件系统进行访问。NFS 通过网络让不同类 UNIX 操作系统（如，Linux/UNIX/AIX/HP-UX/Mac OS）的客户端彼此共享文件。与 CIFS 不同，NFS 是一个无状态协议。当客户端应用程序访问过程故障中断时，系统能自动恢复工作。

NFS 支持面向流的协议（TCP）或者面向数据报的协议（UDP），如图 9-13 所示。通过 NFS 网络共享协议，客户端的应用可以像使用本地文件系统一样使用远程 NFS 服务端的文件系统。

远程过程调用（Remote File System，RPC）的主要功能是向客户端回复每个 NFS 功能所对应的端口号，以实现客户端的正确连接。当启用 NFS 后，NAS 设备会主动向 RPC 注册自己随机选用的数个端口，然后由 RPC 监听客户端的请求并回复相应端口号。监控过程 RPC 使用 111 指定端口。启动 NFS 之前须先启动 RPC 机制，否则 NFS 端口号注册将失败。

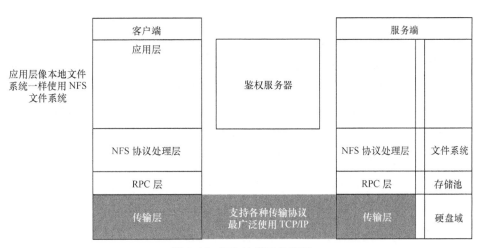

图 9-13 NFS 协议工作原理

2. NFS 共享环境

基于 NFS 的 NAS 系统支持三种共享环境：1）无域环境下 NFS 共享；2）LDAP 域环境下 NFS 共享；3）NIS 域环境下 NFS 共享。

在无域环境下，存储系统作为 NFS 服务器，通过 NFS 协议向客户端提供对文件系统的共享访问。客户端将共享文件挂载到本地后，用户像访问本地文件系统一样远程访问服务器中的文件系统。在服务器端设置客户端标识后，可访问该文件系统的客户端信息，如图 9-14 所示。

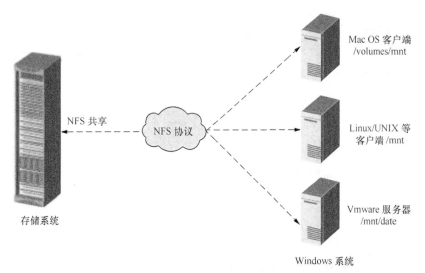

图 9-14 无域环境下 NFS 共享

随着网络应用的日益丰富，用户管理成本越来越高也越来越复杂。相对于提供单一服务的系统来说，采用"用户名—密码"的认证方式是相对成熟的方案。网络中的各种应用对每个用户有不同的权限，这导致对每个用户或每个应用都需要设定不同的用户名和密码。对于不同的应用系统，用户需要输入不同的用户名和密码，过程不仅烦琐，而且不易管理。针对此类问题，轻量级目录访问协议（Lightweight Directory Access Protocol，LDAP）被用于支持多应用系统下的目录服务[71]。

由于其具有简单、安全、优秀的信息查询功能，并且支持跨平台的数据访问，LDAP已逐渐成为网络管理的重要工具。基于 LDAP 的认证应用主要是实现一个以目录为核心的用户认证系统，即 LDAP 域环境。相比无域环境下 NFS 共享，LDAP 域环境下 NFS 共享多了一道认证环节。如图 9-15 所示，在 LDAP 域环境中，当用户需要访问应用程序时，客户端将用户名和密码提供给 LDAP 服务器，LDAP 服务器将其与目录数据库中的认证信息进行比对来确定用户身份的合法性。

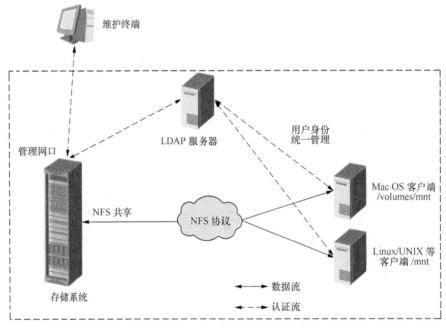

图 9-15　LDAP 域环境下 NFS 共享

在一个独立应用的局域网系统中，如果不同的主机分别维护各自的网络信息，包括用户名、密码、主目录、组信息等，一旦网络信息需要更改，将是非常复杂的事情。网络信息服务（Network Information Service，NIS）是一种可以集中管理系统数据库的目录服务技术，其提供了一个网络黄页的功能，为网络中所有的主机提供网络信息[72]。NIS 使用客户端/服务器架构。如果某个用户的用户名以及密码保存在 NIS 服务器中的数据库中，NIS 允许此用户在 NIS 客户端上登录，并且可以通过维护 NIS 服务器中的数据库，统一管理整个局域网系统中的网络信息。如图 9-16 所示为 NIS 域环境下 NFS 共享。

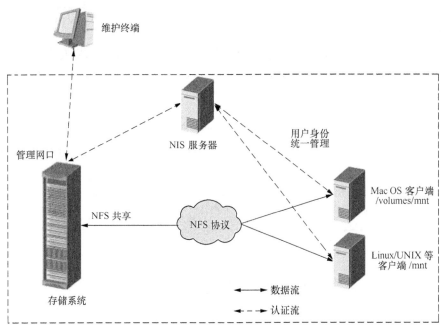

图 9-16　NIS 域环境下 NFS 共享

3. NFS 协议的优点

NFS 协议具有如下几方面的优点。

高并发性：多台客户端可以使用同一文件，以便网络中的不同用户都可以访问相同的数据。

易用性：文件系统的挂载和远程文件系统的访问对用户是透明的，当客户端将共享文件系统挂载到本地后，用户像访问本地文件系统一样远程访问服务器中的文件系统。

9.3.3　CIFS 与 NFS 协议对比

CIFS 协议和 NFS 协议都需要转换不同操作系统之间的文件格式。如果文件系统已经设置为 CIFS 共享，再添加 NFS 共享，则 NFS 共享只能设置为只读。与此类似，如果文件系统已经设置为 NFS 共享，再添加 CIFS 共享，则 CIFS 共享只能设置为只读。

表 9-1 列出 CIFS 和 NFS 协议的各项对比。

（1）平台：NFS 主要运行 UNIX 系列的平台；CIFS 主要运行 Windows 系列的平台。

（2）软件：NFS 的客户端必须配备专用软件；CIFS 被集成到操作系统中，不需要额外的软件。

（3）底层网络协议：NFS 使用 TCP 或 UDP 传输协议；CIFS 是一个基于网络的共享协议，其对网络传输的可靠性要求很高，所以它通常使用 TCP/IP 传输协议。

（4）故障影响：NFS 是无状态的协议，可在连接故障后自动恢复连接；CIFS 是一个有状态的协议，连接故障时不能自动恢复连接。

（5）效率：由于 NFS 是无状态的协议，每次进行 RPC 注册时都要发送较多的冗余信息，效率较低；而 CIFS 是有状态协议，仅发送少许的冗余信息，因此具有比 NFS 更高的传输效率。

表 9-1 　　　　　　　　　　　　CIFS 与 NFS 的比较

协议	传输协议	客户端	故障影响	效率	支持的操作系统
CIFS	TCP/IP	操作系统集成不需要其他软件	大	高	Windows
NFS	TCP 或 UDP	需要其他软件	小：交互进程中断可自动恢复连接	低	UNIX

9.4　NAS I/O 访问路径

NFS 和 CIFS 协议支持访问远程文件系统的文件存取请求，其 I/O 过程由 NAS 设备进行管理。NAS I/O 的过程如图 9-17 所示。

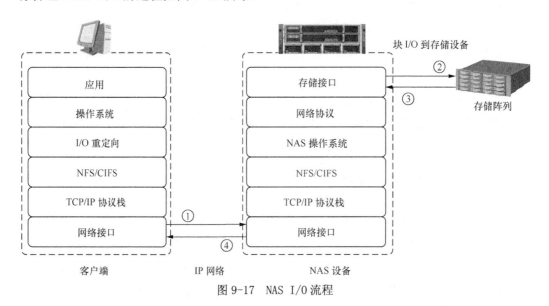

图 9-17　NAS I/O 流程

（1）客户端的 I/O 请求到达 TCP/IP 协议栈，封装成 TCP/IP 报文，并通过协议栈转发出去，NAS 设备从网络接收此请求。

（2）NAS 设备把收到的 I/O 请求转换为对应的物理存储请求，即块级 I/O 请求，然后对物理存储池执行相应的操作。

（3）当请求数据块从物理存储池返回时，NAS 设备处理返回数据并重新打包、封装，将数据转换成相应的文件协议数据单元。

（4）通过 TCP/IP 传输协议，NAS 设备将协议数据单元返回给客户端。

NAS 设备与服务器、客户主机的应用业务共享同一网络——局域网（LAN），因此增加了网络流量，造成网络的负担，容易导致拥塞。由于网络共用，NAS 本身的传输能力也受到限制，LAN 的性能通常是 NAS 系统的性能瓶颈。

9.5　NAS 和 SAN 的比较

9.5.1　NAS 优点

NAS 具有如下优点。

（1）支持全面的获取信息：NAS 实现高效的文件共享，既支持多个客户端同时访问一个 NAS 设备，也支持一个客户端同时连接多个 NAS 设备。

（2）高访问效率：NAS 设备使用专用的操作系统提供文件服务，相比通用服务器的文件服务操作，NAS 设备具有更高的访问效率。

（3）高应用灵活性：NAS 使用行业标准协议，支持 UNIX 客户端和 Windows 客户端。不同类型的客户端能够访问同一存储资源。

（4）集中式存储：数据进行集中存储，减少客户端的数据量，简化数据管理。

（5）可扩展性：根据不同的利用率配置和各种业务应用可提供高性能、低延迟扩展。

（6）高可用性：NAS 设备可以使用集群技术用于故障切换。NAS 使用冗余的网络组件，提供多连接选项。NAS 还具有复制功能和恢复选项，可实现数据的高可用性。

（7）安全：NAS 通过身份认证、文件锁定和安全架构三者相结合的方式确保数据安全性。

9.5.2　NAS 和 SAN 对比

图 9-18 给出 NAS 和 SAN 两种存储架构，二者都具有良好的扩展性，便于扩展。然而，二者具有明显区别。

服务方式：NAS 提供文件级的数据访问和存储服务，而 SAN 提供块级数据访问和存储服务。

文件系统所在位置：NAS 的文件系统集成在 NAS 设备上，而 SAN 的文件系统集成在主机侧。

访问性能：NAS 与业务应用共享网络，占用 LAN 网络带宽资源，既影响业务，也限制 NAS 传输能力；SAN 采用专用的存储网络，不占用 LAN 带宽资源，提高传输性能。

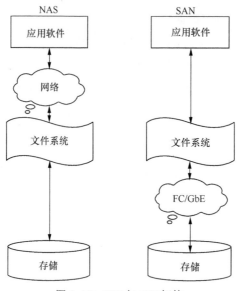

图 9-18　NAS 与 SAN 架构

9.6　NAS 产品介绍

1. OceanStor 9000

OceanStor 9000 作为大数据存储产品，具有大容量、高性能和易扩展性等方面的突出优势，能为用户提供数据资源共享服务，能够支持广电媒体、卫星测绘、基因测序、能源勘探、科研教育等多种数据业务，适用于高性能计算、数据中心、互联网运营等领域。

OceanStor 9000 可被看作统一型 NAS 系统，但是与使用专用设计的存储架构不同，OceanStor 9000 采用多个通用 X86 架构服务器来构建 NAS 集群，如图 9-19 所示。其具有性能、容量和可扩展性优势。

2. Isilon IQ

EMC 提供一系列的集群存储解决方案 Isilon[73]，其中 Isilon IQ 支持可扩展的分布式文件系统 OneFS，它将三个传统存储架构层（即文件系统、卷管理器和 RAID）组合成一个统一的软件层，从而创建了一个智能的完全对称文件系统，该系统横跨集群内的所有节点。

从图 9-20 可知，Isilon IQ 横向扩展 NAS 集成了对多种行业标准协议的支持，包括 NFS、CIFS、HTTP、FTP 等。利用横向扩展，NAS 可以扩展单个集群的容量——每个群集的容量高达 50 PB。OneFS 能够高效管理集群中的所有组件，创建统一的高效存储池，并支持超过 80%的存储利用率。

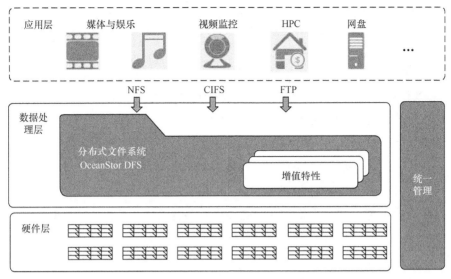

图 9-19　OceanStor 9000 组成

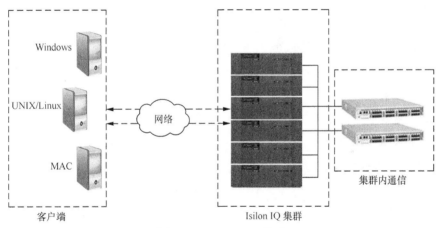

图 9-20　Isilon IQ 组成

9.7　本章小结

　　本章介绍了网络附加存储 NAS 的存储架构，其整体架构由 NAS 引擎、网络接口卡、操作系统、文件共享协议、磁盘资源、IP 网络组成。本章还介绍了统一型 NAS 和网关型 NAS 两种实现方式，统一型 NAS 由 NAS 管理软件管理后端存储设备，网关型 NAS 由存储阵列管理后端存储设备。本章重点介绍了 UNIX 下 NFS 和 Windows 下 CIFS 这两种典型 NAS 文件共享协议，并从扩展性、服务方式、文件系统所在位置、性能等方面对 NAS 和 SAN 进行了对比，最后介绍了两种采用 NAS 架构的存储产品。

练习题

一、判断题

1. NAS 在传输文件时，对业务网络的影响比 SAN 小。（　　　）

2. CIFS 协议支持故障连接的断开自动重连。（　　　）

二、选择题

1. 以下有关存储文件系统的说法错误的是（　　　）

A. NAS 文件系统包括 CIFS、NFS 等

B. SAN 文件系统允许不同操作系统的多个服务器共享存储在公共存储介质上的相同文件

C. CIFS 是 NAS 存储设备在 UNIX 环境下的文件共享方式

D. NFS 是 NAS 存储设备在 Linux 环境下的文件共享方式

2. NAS 的使用的网络传输协议是（　　　）

A. TCP/IP　　　　　　B. UDP　　　　　　C. FC　　　　　　D. IPX

3. NAS 使用的文件共享协议是（　　　）

A. FTP　　　　　　B. HTTP　　　　　　C. CIFS　　　　　　D. HTTPS

三、填空题

1. NAS 的文件共享协议中 NFS 的共享环境有（　　　　　）、（　　　　　）、（　　　　　）三种；CIFS 的共享环境有（　　　　　）、（　　　　　）。

2. NAS 的组成包括（　　　　　）、（　　　　　）、（　　　　　）、（　　　　　）、（　　　　　）、（　　　　　）。

四、思考题

1. NAS 的实现方式有哪些，管理方式上有什么不同？

2. NAS 与 SAN 有什么区别？

第10章
大数据存储基础

博客、社交网络、云计算、物联网等新兴服务促使人类社会的数据种类和规模以前所未有的速度发展，大数据时代正式到来，而数据也从一种简单处理对象转变为基础资源。一方面，如何更好地存储、管理、分析和利用大数据已成为科研界和产业界共同关注的话题；另一方面，大数据的规模效应给数据存储、管理及分析利用带来了极大的技术挑战。本章主要介绍大数据的由来、定义、组成、特征以及处理方式等，并概述大数据相关知识和大数据管理系统的设计需求。

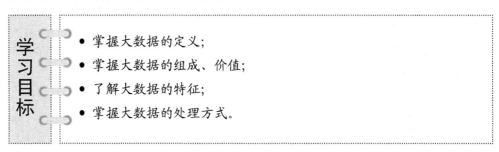

学习目标
- 掌握大数据的定义；
- 掌握大数据的组成、价值；
- 了解大数据的特征；
- 掌握大数据的处理方式。

10.1　大数据定义

随着网络信息化时代的到来，互联网、物联网、云计算等技术被提出并飞速发展，各种类型的移动终端也不断被普及。信息化技术不仅可以让你对客观世界的认识更进一步，而且让你更加理智地作出决策，不再依赖主观判断和过往经验。信息数据的产生已经不受时间、地点的限制，兴许你的一个习惯动作、一种无意行为、一次消费行为、一份就诊记录，都正在被巨大的数字网络串联起来。

博客、社交网络、云计算、物联网等新兴服务促使数据以前所未有的速度在增长和累积，大数据时代已经正式到来[74]。最早提出"大数据"时代到来的是全球知名咨询公司麦肯锡（McKinsey）。麦肯锡称："数据，已经渗透到当今每一个行业和业务职能领域，成为重要的生产因素。人们对于海量数据的挖掘和运用，预示着新一波生产率增长和消费者盈余浪潮的到来"。大数据在军事、金融、通信等领域存在已有时日，却因近年来互联网和信息行业的发展而备受关注。

大数据的英文名为"Big data"，表示数据规模很庞大，其泛指无法在一定时间范围内用常规软件工具进行捕捉、管理和处理的数据集合。下文是两个权威机构/协会给出的大数据定义。

高德纳研究咨询公司（Gartner）对大数据的定义是："Big Data is high-volume, high-velocity and/or high-variety information assets that demand cost-effective, innovative forms of information processing that enable enhanced insight, decision making, and process automation."，意思为"大数据是指需要创新的信息处理模式才能具有更强的洞察力、决策力和流程优化能力的海量、高增长率和多样化的信息资产"。

存储网络工业协会（SNIA）对大数据的定义是："A characterization of datasets that are too large to be efficiently processed in their entirety by the most powerful standard computational platforms available."，意思为"数据量特别巨大，在最强大的标准计算平台上都无法对全部数据进行有效处理的数据集"。

从上述定义可知，大数据具有如下特征：

（1）数据量巨大，且增长速度很快；

（2）具有不同的数据类型（结构的化数据和非结构化数据）；

（3）大数据包含重要信息，挖掘提取出来可以帮助公司进行更好的商业运作。

10.2　大数据价值

10.2.1　大数据来源

从世界诞生之日至 2003 年，人类共创造出 5EB 的数据，而 2011 年产生如此多的信息量只需要不到 2 天，2013 年产生此数据量只需要 10 分钟，预计到 2020 年，每年创造的数据容量将高达 40ZB。2016 年在贵阳举办的数博会上，腾讯董事会主席马化腾分享了腾讯的相关大数据：数据中心存储总量超过 1000PB，超过 15000 个全世界最大图书馆的总量，而且每天以 500TB 的数据上升。另外，腾讯的图片、视频以及移动支付，三个数字在各自领域都是国内第一，每天上传的照片数量非常惊人，整个社交网络视频播放量和专业视频网站的播放量也正在高速增长，移动支付领域，除夕时红包数量每天超过 25 亿笔，目前也能稳定到每天超过 5 亿笔。这里，TB、PB、EB 和 ZB 都是指存储容量单位，具体换算见下文。

大数据的诞生是信息技术发展的必然结果。如交通业，初期需要建设道路，当道路发展到一定里程，就为汽车发展提供了基础和条件；当汽车普及时，人们关注的焦点变成了汽车所运输的货物。与交通业相似，信息产业的发展也遵循"道路→工具→货物"这个轨迹。宽带网络建设是信息高速公路，物联网、云计算等技术相当于汽车和仓库，而大数据则是"货物"。

如图 10-1 所示，数据快速增长的原因是多方面的，下面列出几个重要因素。

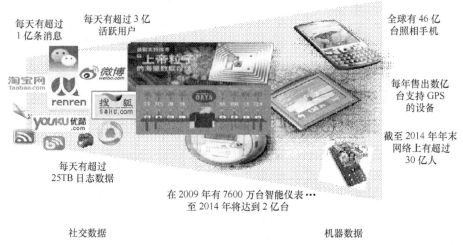

图 10-1　大数据来源

（1）智能终端普及。过去几年，智能手机、平板电脑、摄像机、照相机等终端设备充斥着人们的生活和工作。据统计，目前世界上有 60 亿部手机在使用，手机基本上都内置了高分辨率的摄像头，单张照片的分辨率是 5 年前的 10 倍，借助智能手机的音视频硬件，人们创建了越来越多的社交媒体数据，例如与他人分享图片、音频、视频等文件。

（2）物联网飞速发展。物联网将世界上越来越多的智能设备连接到全球网络中，例如大量的网络摄像头和打印机。另外，未来将会出现更多的智能设备，如智能家电、车载设备、工业领域的 RFID 系统等。可以预计，在不远的将来，物联网会产生更多的数据。

（3）互联网和高速宽带。在科技史上，互联网可以和"火"与"电"的发明相媲美。互联网将孤立计算机连接起来，改变了人们生活，成为人们获取数据的首要渠道，也成为人们共享数据的重要途径。另外，传输数据的网络在持续不断地升级，客观上加速了数据量的增长，比如，现在每个人都习惯用宽带上网，4G 无线网络已经广泛使用，使得共享数据变得快速而方便。

（4）云计算。在云计算出现之前，数据大多分散存储在个人电脑或公司服务器中。云计算的出现改变了数据的存储和访问方式，绝大部分数据被集中存储到"数据中心"，即所谓的"云端"。各大银行、大型互联网公司、电信行业都拥有各自数据中心，实现了全国级数据访问和管理。从而，云计算客观上为大数据提供了存储空间和访问渠道。

（5）社交网络。社交媒体的兴起是互联网发展史上一个重要里程碑，它将人类社会真实的人际关系完美地映射到互联网空间。例如，通过社交网络，人们可以分享各自的喜怒哀乐，并相互传播。知名的社交媒体有微博、微信、Facebook 等。

通常采用 TB 量级来统计大的数据量，然而，现有大数据的数据量已经难以用 TB 表示，而是使用新的单位，如 EB、ZB。

1B = 8 bit

1KB = 1024B≈1000byte

1MB = 1024KB≈1 000 000byte

1GB = 1024MB≈1 000 000 000byte

1TB = 1024GB≈1 000 000 000 000byte

1PB = 1024TB≈1 000 000 000 000 000byte

1EB = 1024PB≈1 000 000 000 000 000 000byte

1ZB = 1024EB≈1 000 000 000 000 000 000 000byte

1YB = 1024ZB≈1 000 000 000 000 000 000 000 000byte

10.2.2　大数据内容类型

根据数据结构特征，大数据主要分为如下三种类型：结构化数据、非结构化数据和半结构化数据，如图 10-2 所示。

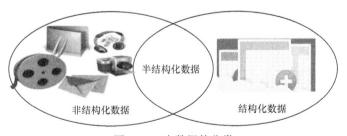

图 10-2　大数据的分类

能够用数据或统一的结构加以表示，可以用二维表结构来逻辑表达实现的数据，我们称为结构化数据，如数字、符号。它就是传统的关系数据模型中的行数据，财务系统、企业资源计划系统（Enterprise Resource Planning，ERP）、客户关系管理系统（Customer Relationship Management，CRM）等应用在数据库中存储的都是结构化数据。

非结构化数据是指字段长度可变,不方便采用结构化数据来逻辑表达的数据。非结构化数据包括全文文本、办公文档、图像、图片、声音、音频、影视、视频和各类报表等数据。

半结构化数据是结构化数据的一种表达形式,它是位于结构化数据和完全无结构(如声音、图像文件等)之间的数据。在半结构化数据中属于同一类集合可以有不同的属性,即使他们被组合在一起,这些属性的顺序并不重要。它可以自由地传达出很多需要的信息,所以半结构化数据具有很好的扩展性。典型应用场景包括邮件系统、Web 集群、教学资源库、数据挖掘系统、档案系统等。

图 10-3 和图 10-4 所示为结构化数据、非结构化数据、半结构化数据在互联网公司及电信运营商所占的比重。可以看出,不同结构数据在不同领域所占的比重各有不同,非结构化数据在互联网公司所占的比重远远高于结构化数据,结构化数据在电信运营商所占的比重远远高于非结构化数据。

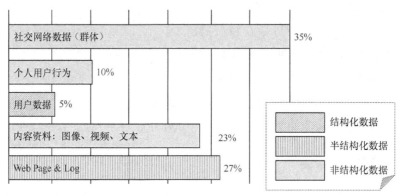

图 10-3　互联网公司数据比重分布

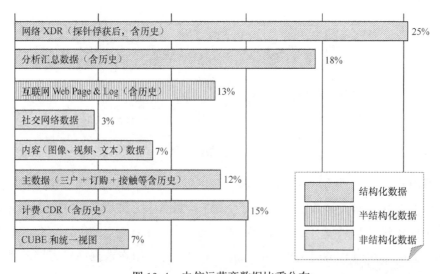

图 10-4　电信运营商数据比重分布

10.2.3　大数据组成

在全球新增的数据中，非结构化的数据所占比重很大。特别是互联网应用中，非结构化数据大幅增长。例如，2012 年，全球结构化数据增长速度约为 32%，而非结构化数据增速高达 63%。截至 2012 年，非结构化数据占整个数据总量的 75%以上[75]。图 10-5 所示为大数据构成情况，其中，非结构化数据主要由视频、音乐、图片、邮件、数据文件构成。

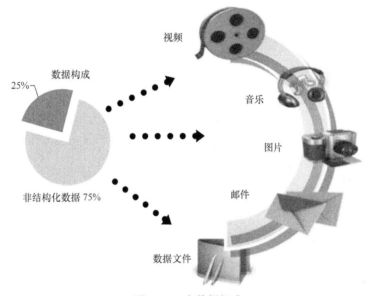

图 10-5　大数据组成

本章 10.3 节从数据的角度概括大数据的特征，这里则从数据使用者的角度来概括大数据。

（1）一次写入，较少修改。这一点与写一次读多次（Write Once Read Multiple，WORM）负载类型是一致的，保存之后主要是读取，很少编辑。具体数据包括视频、图片、音频文件等。

（2）数据价值不确定。数据价值可能因为某个偶然事件而增加。以照片和视频为例，如某人在某一段时间内成为焦点人物，那么他儿时照片就变得有价值。视频监控数据也有类似特征，比如，帮助公安部门揭示某案件真相或找到犯罪嫌疑人，这些数据就存在价值。数据价值很难评估，有可能是有用的，也有可能是无用的，但你不能轻易把它扔掉。

（3）占用容量大，增长速度快。数码相机和智能手机拍摄的照片迅猛增长，同时照相机的分辨率也在不断增加，从而导致了需要存储的数据量猛增。

（4）需要保存时间长。有些数据可能要保存几十年，甚至更长时间，这就需要存储介质能保存数据很多年，比如，家庭合影和长辈照片都具有非常高的纪念意义，需要长久保存。

10.2.4 大数据价值

大数据时代以前，人们使用数据的目的主要是分析过去到现在发生了什么、为什么会发生，并作出报告。而大数据的核心在于"预测"，预测是基于"数据之间的关联性"而非"为什么是这样的因果性"，并按照预测出来的趋势去响应、使用这些结果。图 10-6 给出二者区别。

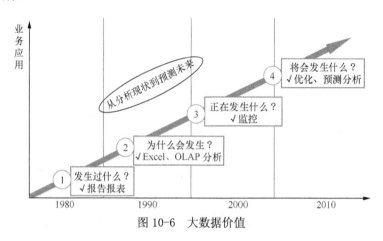

图 10-6 大数据价值

通过对大数据的分析，从中发现数据所蕴涵的有价值的规律，从而预测未来，这是一种非常有意义的活动。例如：Google 早在 2008 年推出了"流感趋势"网站，其建立的前提和假设是：相比在身体健康时，人们会在遭受疾病困扰时花更多的时间去搜索疾病相关内容，在此基础上，通过分析一个国家在特定时期的流感相关搜索量，便可以推算出该国家的流感病毒传播情况。结果表明，Google 流感趋势预测与美国疾病控制和预防中心（CDC）的数据相差无几。事实上，几次传染病初期的预测甚至比 CDC 早了一周之久。从而，疾病初期预测将为政府及时采取部署提供有利的时机。

2017 年 6 月，菜鸟网络和顺丰速运相互关闭平台接口，引发网络热议，最后在国家邮政局的干预下，双方同意互通物流数据接口，全面恢复业务合作和数据传输。这场物流数据之争最终以和解收场，但它给公众揭示了一个信息：数据是有价值的资产，而大数据具有巨大的商业价值。

大数据正在渗透到社会组织的每一个细胞，几乎对所有行业都会产生颠覆性和革命性的影响。但仅仅拥有大数据是不够的，特别是在数据质量普遍不高的情况下，海量数据产生的同时也产生了大量的数据噪音，我们需要借助理性的大数据管理软件对大数据进行有效的管理和分析，释放大数据潜能。大数据为企业获得更为深刻、全面的洞察能力，提供了前所未有的空间与潜力。比如借助大数据及相关技术，可获取对象的喜好，行为偏好，不同对象信息，然后针对不同行为特征的客户进行针对性营销，甚至能从"将一个产品推荐给一些合适的客户"到"将一些合适的产品推荐给一个客户"，得以更聚焦客户，进行个性化精准营销。

10.3　大数据特征

大数据的经典特征可以用 4 个 'V' 来归纳：海量的数据规模（Volume）、快速的数据流转和动态的数据体系（Velocity）、多样的数据类型（Variety）和巨大的数据价值（Value）[76]。

1. 巨量（Volume）

数据量大是大数据的基本属性，根据国际数据公司（International Data Corporation, IDC）的定义，至少要有超过 100TB 的可供数据分析的数据才能称得上大数据。导致数据呈现大规模增长的原因有很多，比如，互联网和高速宽带、智能终端普及、物联网快速发展、云计算和社交网络等。

随着互联网技术的发展，使用网络的企业、机构、个人等呈现增长的趋势，数据的获取、分享方式越来越简易。以前，只有少量的机构或者企业通过调查、取样的方式获取数据，而发布数据的机构也是有限的，人们难以在较短的时间内大量获取所需数据。现如今，用户通过网络可以在很短时间内轻松获得所需数据，用户有意的分享和无意的点击、浏览操作都将产生大量的数据。随着各种传感器数据获取能力的大幅提高，人们获取的数据越来越接近原始事物的本身，描述同一事物的数据量激增，早期通过表格等方式收集、存储、整理的数据，大多存在抽象化特点，不便于用户进行数据分析。此外，随着人们思维的转变，人们获取数据的方式及理念也发生了变化。早期人们受限于获取、分析数据的能力，较多地采用采样方式，以少量的数据来近似描述事物的全貌，通过采样方式获取到的样本规模量较小，采用当时的技术手段来进行数据管理和分析时，存在"如何通过正确的采样方法以最小的数据量分析事物整体属性"这一问题，在某些特定的领域，采用采样方式获取的数据不能完全描述整个事物，可能会存在分析的数据不完整、不适用等问题，导致分析结果与实际结果恰恰相反。因此，如果想让分析结果具有更高的精确性，就必须调取大量的数据，从接近事物本身的数据开始着手，从更多的细节来解释事物本身所具有的特征。

2. 速度（Velocity）

大数据与传统海量数据区别的一个重要特征是二者存在不同的数据处理速度要求，大数据的数据处理速度远远高于普通海量数据的处理速度，具体体现在如下两个方面。

其一，随着各种传感器与互联网络的飞速发展，信息的获取、数据的产生与发布越来越便捷，产生数据的途径也增多。新数据在不断地涌现出来，数据呈现爆炸式的快速增长，个人成为产生数据的重要主体之一，快速增长的数据量需要匹配快速的数据处理速度，使得获取到的大量数据得以有效利用，否则，快速增长的数据会成为解决问题的负担。

其二，有些数据具有时效性。在数据的获取过程中，数据不是一成不变的，而是随着时间变化也在发生变化，通常这种数据的价值会随着时间的推移呈现降低的趋势，如果数据在获取时间内没有得到有效的处理，就会失去价值。

3. 多样性（Variety）

数据类型繁多、复杂多变是大数据的重要特性。如今的数据类型早已不是单一的文本形式，形成结构化数据、半结构化数据和非结构化数据共存的局面。在数据呈现多元化（结构化数据，非结构化数据，半结构化数据）的背景下产生的大数据具有多样性。

以往的数据通常是按照原先定义的结构化数据来存储，结构化数据是指可以用二维表结构来逻辑表达实现的数据。在定义结构化数据的过程中，忽略一些在特定应用场景下可以不考虑的细节，抽取有用信息，以事先分析好的数据之间存在的关联属性来定义构造表，数据最终以表格的形式保存在数据库中，数据格式统一，以后不管产生多少的数据量，都将根据数据构造表格来存储数据。这种形式存储的结构化数据，呈现大众化、标准化特点，使得处理传统数据的复杂度呈线性增长，新增的数据可以通过常规的技术手段进行处理。

而随着互联网网络及传感器的快速发展，非结构化数据呈现飞速发展的趋势。非结构化数据没有统一的数据结构属性，难以用表结构来表示及存储，在记录数据数值的同时还需要存储数据的结构，增加了数据存储和处理的难度。但非结构化数据在很多领域所占领的比重是非常大的。据统计，75%～85%数据都为非结构化数据，比如，人们在日常生活中上网不仅仅是看新闻，发送电子邮件等，还会通过网络上传或者下载图片、视频等数据。通过这些方式所产生的数据就构成了非结构化数据。尽管非结构化数据的增长速度远高于结构化数据和半结构化数据的增长速度，但并不意味着结构化数据或半结构化数据将面临被淘汰的局面，具体的使用情况以实际的应用场景为准。

4. 价值（Value）

大数据是一个宽泛的概念，上面几个方面的特征（Volume、Velocity、Variety）都无一例外地突出了"大"字。诚然，"大"是大数据的一个重要特征，但远远不够。有一种观点认为大数据是"在多样的或者大量的数据中，迅速获取信息的能力"[77]，这种观点更加关注大数据的功用，即大数据能帮助人们干什么？10.2.4 小节提到，Google曾用大数据提前 7 天准确预测当年的流感趋势，这种"预测"能力体现了大数据的价值。

通常，数据价值的高低与数据量的大小成反比。传统的结构化数据按照特定的应用对事物进行相应的抽象，而大数据在获取信息时不会对事物进行抽象、归纳等处理。它会获取事物全部细节，在分析时直接采用获取的原始数据，保留了数据的原始面貌，减少了采样和抽象等步骤，但在分析的过程中多少会引入一些没有意义的信息或错误的信息，因此，相对于特定场景的应用，大数据关注的非结构化数据的价值较低。以视频为例，一部数小时的视频，在连续的不间断监控中，大量的数据被存储起来，但很多数据是无用的，对于特定场景的数据，有用的数据仅仅只有一两秒。

10.4　大数据处理流程

大数据处理的流程与一般数据处理的流程基本一致，包括数据采集、数据存储、数据管理、数据分析 4 个环节，具体流程如图 10-7 所示。按照信息生命周期管理的理念，大数据的技术体系可以细分为大数据采集与预处理、大数据存储、数据管理、大数据分析与挖掘和大数据可视化计算。

图 10-7　大数据处理流程

数据采集：利用多种途径、方法和工具来获取所需要的数据，为后续数据分析提供依据。在大数据的背景下，需要关注数据采集途径、数据采集方法、数据采集工具等。

根据 MapReduce 产生数据的应用系统分类，大数据的采集主要有 4 种来源：管理信息系统、Web 信息系统、物理信息系统和科学实验系统。管理信息系统指企业、机关内部的信息系统，如事务处理系统、办公自动化系统。Web 信息系统包含互联网上的各种信息系统，如社交网站、社会媒体、搜索引擎等，主要用于构造虚拟的信息空间，为广大用户提供信息服务和社交服务。物理信息系统是指关于这种物理对象和物理过程的信息系统，如实时监控、实时检测，主要用于生产调度、过程控制、现场指挥、环境保护等。科学实验系统是一种采用预设实验环境的物理信息系统，主要用于学术研究。

数据存储：对采集到的数据进行传输和存储。随着数据呈爆炸式增长，传统的数据存储方式已经很难满足大数据存储的需求，因此需要采用新技术来实现大数据的存储需求。

大数据给存储系统带来了三个方面的挑战：（1）存储规模大；（2）存储管理复杂，需要兼顾结构化、非结构化和半结构化数据；（3）数据种类繁多。这些挑战对存储系统的性能、可靠性等指标有不同的要求。具体地，一方面，大数据环境下的存储软件栈需要对上层应用提供高效的数据访问接口，能够存取 PB 甚至 EB 量级的数据，能够在可接受的响应时间内完成数据的存取，同时保证数据的可用性；另一方面，对底层设备，存储软件栈需要充分高效地管理存储资源，合理地利用设备的物理特性，以满足上层应用对存储系统性能和可靠性的要求。

数据管理：数据存储的延伸。在数据存储的基础上对数据进行深加工，进一步实现数据细分，为后续数据分析提供直接可用的元数据，提升数据分析的效率。

大数据存储中，数据通常存储在分散的设备或节点上，存储资源通过网络连接，并采用分布式文件系统对大数据进行存储和管理。相应地，大数据管理需要涉及以下几个关键技术；1）高效元数据管理技术，大数据应用下，元数据的规模非常大，元数据的存取性能是整个分布式文件系统性能的关键；2）系统弹性扩展技术，大数据环境下，数据规模和复杂度非常迅速的增加，按需扩展系统的规模是非常必要的，实现存储系统的高可扩展性首先要解决元数据分配和数据迁移这两个技术挑战；3）存储层级内的优化技术，构建存储系统时，通常采用多层不同性价比的存储器件来组成层次存储，对大数据存储，在保证系统性能的前提下，构建高效合理的存储层次；4）针对负载的存储优化技术，传统存储模型需要支持尽可能多的应用，因此需要考虑通用性，而大数据具有大规模、高动态等特性，需要结合大数据应用负载对文件系统进行定制和深度优化，并对数据存储和大数据应用进行耦合，放宽 POSIX 接口，扩展分布式文件系统功能。

数据分析：利用数据分析的方法、模型、工具对数据进行分析，从数据中发现知识并加以利用，进而指导人们的决策，满足大多数常见的分析需求。大数据环境下，传统的数据分析方法往往无能为力，需要进行深度的数据分析和深入的数据挖掘，以满足更高级别的数据分析需求。

大数据时代，不同领域、不同格式的数据从生活和工作的各个领域涌现出来。大数据往往含有噪声，具有动态异构性。如果采用传统的采样技术，尽管能将数据规模变小，但有可能导致信息的丢失，这是得不偿失的。如果采用传统的分析方法，那就很难从数据中发现知识并获得决策指导，传统分析方法生产的简单报表无法满足人们的分析需求，大数据下的数据分析必须采用深度分析，即人们不仅需要通过数据了解现在发生了什么，还需要利用数据对即将发生的事件进行预测，以便于在行动上做出主动的准备。

10.5　大数据解决方案

不同存储方案提供商针对大数据存储有不同的产品，本节先介绍互联网大数据解决方案 Hadoop[78]，再介绍华为针对大数据存储推出的 OceanStor 9000 产品与 FusionStorage 产品。

10.5.1　互联网大数据解决方案

前文介绍了互联网公司数据主要以非结构化数据为主，针对非结构化数据为主的互联网大数据解决方案比较有代表性的是 Hadoop。Hadoop 是一种开源的针对大规模数据进行分布式处理的技术框架，在处理非结构化数据上有着性能和成本方面的优势。

图 10-8 为 Hadoop 的组成图，主要分为三个部分，分别是：Hadoop 分布式文件系统（Hadoop Distributed File System，HDFS）、Hadoop 非关系型数据库（Hadoop Database，HBase）和 MapReduce 分布式并行处理架构。

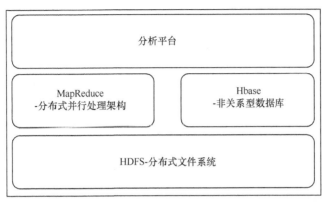

图 10-8　Hadoop 组成

HDFS 是一个构建于廉价计算机集群之上的分布式文件系统，采用三副本冗余方式对数据块进行存储，有着极高的容错特征，适用于大规模数据信息的存储。三副本存储方式带来两个优势：一方面，它能保证数据的可靠性，从而降低了系统对底层硬件的可靠性要求，即 Datanode 节点可以是低廉的硬件；另一方面，它提供了对数据读写的高吞吐率。具体地，HDFS 利用 Namenode 节点对所有的数据块进行复制操作，这主要是为了实现节点故障容错；同时，可以对集群中的 Datanode 节点进行周期性的心跳信号检测，获得相关数据块的状态报告。当 Namenode 节点顺利收到某 Datanode 节点的心跳信号，证明这个节点的状态良好，适合用于存储数据信息。

HBase（Hadoop Database）是非关系型数据库的一种，是构建在 HDFS 之上的分布式、面向列的存储系统。它具有高可靠、高性能、面向列和可伸缩的特性，利用 HBase 技术可在廉价 PC 上搭建起大规模结构化存储集群。HBase 利用 Hadoop MapReduce 来处理 HBase 中的海量数据；利用 Zookeeper 来提供失效转移服务；利用 Pig 和 Hive 来进行数据统计处理；利用 Sqoop 来完成 RDBMS 数据导入功能，使得传统数据库向 HBase 迁移变得非常简单。HBase 适合存储大表数据（表的规模可以达到数十亿行以及数百万列），并且大表数据的读、写访问可以达到实时级别。

MapReduce 是 Google 提出的一种简化并行计算的编程模型，其思想是将大规模集群上运行的并行计算加以抽象化，并用 Map 和 Reduce 两个抽象函数加以表达。在软件框架，MapReduce 首先对任务进行分解，然后汇总中间运行的结果，最终得到终极结果集。MapReduce 的工作原理主要包括以下具体内容，（1）提交 MapReduce 作业。在提交作业之后，runJob 方法将在每秒轮询作业进度，显示作业的完成状况，对于与记录不符的作业要在控制台加以显示，对于成功的作业，则显示出作业计数器；（2）MapReduce 作业的初始化。当 JobTracker 接收到 submitJob 方法的调用之后，由作业调度器对其进行调度，实施初始化，并追踪任务实施的状态；（3）MapReduce 任务的分配。JobTracker 首先要选定任务所在的作业，在选取好作业之后，JobTracker 就可以为该作业分配一个确定的任务。

10.5.2 OceanStor 9000 解决方案

OceanStor 9000 作为大数据存储产品，具有大容量、高性能和易扩展性等方面的突出优势。OceanStor 9000 能为用户提供结构化数据和非结构化数据共享服务，能够支持广电媒体、卫星测绘、基因测序、能源勘探、科研教育等多种数据业务，适用于高性能计算、数据中心、互联网运营等领域[79]。

OceanStor 9000 系统架构如图 10-9 所示，它采用全对称分布式架构，支持 3～288 节点弹性无缝扩展，容量和性能随节点增加而线性增长。所有的节点都统一于 OceanStor 9000 硬件平台，内部网络采用 10GE 以太网或者 40GE Infiniband 高速网络，支持 TOE/RDMA 技术，因此 OceanStor 9000 可以在保障低延时、高带宽、高并发的同时表现出极好的性能。为了匹配不同的应用场景，OceanStor 9000 的节点分为高 OPS 节点、高带宽节点和大容量节点三种类型，用户可以根据不同的商业性能和容量的需求，灵活配置不同数量的节点。

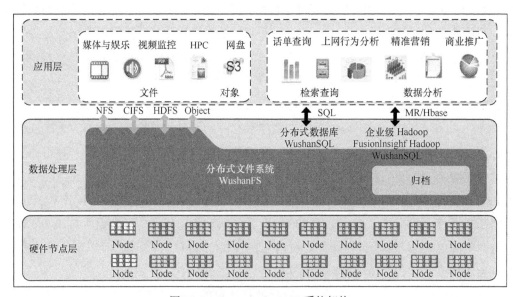

图 10-9 OceanStor 9000 系统架构

OceanStor 9000 支持多种接口与数据类型，如 NAS 接口 NFS、CIFS 和 POSIX，对象访问接口 REST 和 SOAP，数据库接口 JDBC 和 ODBC，备份归档接口 VTL 和 OST 等。应用这一特性，OceanStor 9000 解决方案可以胜任核心生产数据存储、商业数据存储与分析等应用场景。

OceanStor 9000 大数据存储系统包含文件存储子系统 WushanFS、结构化分析子系统 WushanSQL 和非结构化分析子系统 FusionInsight Hadoop，对外提供针对大数据优化的存储、分析支撑能力。WushanFS 分布式文件系统将三个传统的存储体系结构层（文件系统、卷管理器和 RAID）组合为一个统一的软件层，从而创建一个跨越存储系统中所有节点的单一智能文件系统，支持全局命名空间，支持动态扩展。WushanSQL 分布式数据库支持海量结构化、非结构化数据快速检索，提供标准 SQL 接口对结构化数据进行直接存取和复杂关联分析，同时支持通过标准文件接口（NFS/CIFS）存入非结构化、半结构化数据。基于企业级的 FusionInsight Hadoop 支持 Sqoop、MapReduce、HBase 和 Hive。用户借助 WushanSQL 和 FusionInsight Hadoop，OceanStor 9000 能够提供数据分析和查询功能。

10.5.3　FusionStorage 解决方案

FusionStorage 是一款支持大规模横向扩展的软件定义存储产品。它通过存储系统软件将标准 X86 服务器的本地存储资源组织起来，构建出全分布式存储池，实现一套存储系统，向上层应用提供块级、文件级和对象级三种存储服务，满足结构化、非结构化等多种类型数据存储需求[80]。FusionStorage 系统架构如图 10-10 所示。

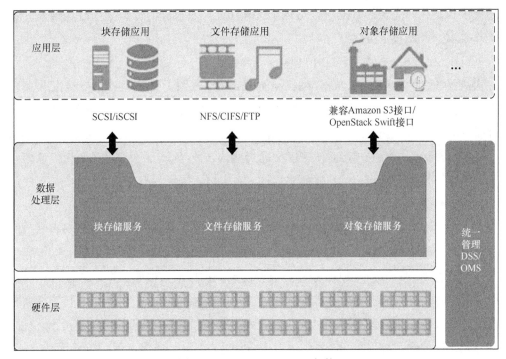

图 10-10　FusionStorage 架构

FusionStorage 将 HDD、SSD 等硬件存储介质通过分布式技术组织成大规模存储资源池，为上层应用和客户端提供工业级标准接口，实现一套系统按需提供块、文件和对象全融合存储服务能力。用户只需要在标准 X86 硬件之上部署 FusionStorage 软件，即可获得业务所需类型的存储服务，而无需提前采购大量的专用存储设备，实现存储服务类型免规划。

FusionStorage 提供 SCSI、iSCSI 块存储接口，支持分布式块存储服务。FusionStorage 通过存储虚拟化技术创建基于本地服务器的 SAN 存储，支持广泛的虚拟化平台及数据库应用，提供高性能与高扩展能力，满足云资源池、桌面云、开发测试云及数据库等场景的 SAN 存储需求。

FusionStorage 提供 NFS、CIFS、FTP、HDFS 等文件存储接口，支持分布式文件存储服务。FusionStorage 以卓越性能、大规模横向扩展能力和超大单一文件系统为用户提供非结构化数据共享存储资源，应用于视频/音频海量存储、大数据应用等多业务场景。

FusionStorage 提供兼容 Amazon S3 接口和 OpenStack Swift 的对象存储接口，支持分布式对象存储服务，支持融入主流云计算生态环境，满足云备份、云归档及公有云存储服务运营场景需求。

FusionStorage 提供统一的系统管理平台，包含数据服务子系统（DSS）及运维管理子系统（OMS）两大部分。DSS 提供精细的租户管理、存储资源管理和自动化资源发放功能。OMS 提供告警、拓扑、性能报表等丰富的硬件平台监控与管理功能。FusionStorage 通过提供自动化、完善的数据服务与运维管理功能，可显著降低数据中心运维人员的维护工作难度，并支撑业务快速上线。

FusionStorage 技术特点概括如下。

大规模线性扩展和弹性：FusionStorage 采用分布式 DHT 架构，将所有元数据按规则分布在各个存储节点，不存在跨节点的元数据访问，彻底解决了元数据负载频繁倾斜导致的系统性能瓶颈问题。FusionStorage 采用了独特的数据分块切片技术及 DHT Hash 的数据路由算法，可将卷的数据均匀地分散到较大的资源池范围内，使得每个硬件资源的负载相对均衡。

高性能：FusionStorage 支持分布式的 SSD cache 技术，配合大容量的 SATA 盘做主存，使得系统的性能可以具备 SSD 的性能和 SATA 的容量。

高可靠性：FusionStorage 对有效数据分片进行冗余保护，在硬盘、服务器故障的时候，能够并行重建有效数据，1TB 硬盘的重建时间小于 30 分钟，大大增强系统的可靠性。

简化运维管理：FusionStorage 的数据冗余保护技术，按照数据切片进行有效数据保护，重建时只要资源池范围内有剩余可用容量即可进行故障数据恢复。与传统 SAN 需要及时更换故障盘和热备盘不同，这种方式在硬盘故障的时候，无需及时更换硬盘，只需要系统预留足够的剩余可用空间，系统就可以自动地在其他地方将故障的数据重建出来。

FusionStorage 的主要应用场景分为两大类。

一类是在企业关键 IT 基础设施中，FusionStorage 通过 Infiniband 进行服务器互联、SSD cache 等关键技术，提高了存储系统的性能和可靠性，保留了分布式存储的高扩展基因，支持企业关键数据库、关键 ERP 等应用的使用，解决关键应用的大数据量需求。

另一类是在大规模云计算数据中心中，将通用 X86 存储服务器进行资源池化，建立大规模块存储资源池，提供标准的块存储数据访问接口（SCSI 和 iSCSI 等）。FusionStorage 支持各种虚拟化 Hypervisor 平台和各种业务应用（如 SQL、Web 等行业应用）；可以和各种云平台集成，如华为 FusionSphere、VMware、开源 Openstack 等，按需分配存储资源。

10.6　本章小结

本章首先介绍了不同组织或机构对大数据的定义；然后阐述了大数据的来源、内容类型、大数据的组成及价值；接着概述了大数据的 4V 特性及处理流程；最后描述了几种常见的互联网大数据解决方案，如，Hadoop、OceanStor 9000、FusionStorage。通过阅读本章，希望读者对如下几个概念有所认识。

（1）大数据的定义；

（2）大数据的内容类型；

（3）大数据的组成、价值；

（4）大数据特征。

练习题

一、选择题

1. 大数据有哪些特性？（　　）

A. Volume　　　　B. Variety　　　　C. Value　　　　D. Velocity

2. 大数据解决方案主要用于存储哪种类型的数据？（　　）

A. 结构化数据　　　　　　　　B. 非结构化数据

C. 结构化数据和非结构化数据　　　　D. 以上都不是

二、简答题

1. 结合大数据的作用及处理流程，列举生活中的大数据实际应用场景。

2. 大数据与传统数据的主要区别是什么？

第11章
容灾备份技术基础

随着 IT 技术的广泛应用，各类应用系统对存储提出了安全性需求和业务连续性需求。为了增强数据安全性，企业需要使用数据备份技术。为了保障业务连续性和系统可用性，企业需要使用容灾技术。本章主要介绍容灾和备份的技术基础。

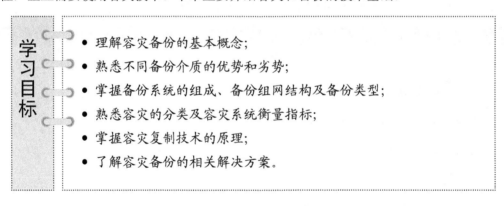

学习目标

- 理解容灾备份的基本概念；
- 熟悉不同备份介质的优势和劣势；
- 掌握备份系统的组成、备份组网结构及备份类型；
- 熟悉容灾的分类及容灾系统衡量指标；
- 掌握容灾复制技术的原理；
- 了解容灾备份的相关解决方案。

11.1　备份简介

随着信息技术的飞速发展与数据业务的快速增长，存储系统在企业信息系统中的位置显得越来越重要，企业的业务越来越依赖于数据信息。集中式存储方案有助于解决数据管理问题，分布式存储方案则让数据访问变得更加容易。不管是分布式存储还是集中式存储，企业信息系统对存储系统的安全性、可靠性和存储数据的完整性都有极高的要求。存储系统的可靠性很大程度上决定了应用系统工作的稳定性和应用业务的持续性，而数据的完整性往往决定了应用系统能否正常工作。

随着 IT 技术的不断发展，各种应用系统不断上线，不同类型数据的数据量增长也越来越快。而数据丢失对于企业来说是非常可怕的，各种应用系统会因为数据信息的丢失而无法正常运行，可能会导致业务的中断或停运，甚至会损失严重导致公司倒闭[81]。由于操作失误、病毒、人为破坏、软件缺陷、系统升级等因素导致数据逻辑错误，进而导致数据丢失的情况屡见不鲜，因此，增强数据的安全性对企业而言是至关重要的，于是出现了各种数据保护技术。一个典型案例是，为了保证关键数据不被破坏或丢失，企业在存储系统中引入了数据备份技术。

11.1.1　备份概念及拓扑结构

在信息数据管理领域，备份通常指在数据中心内，将文件系统或数据库系统中全部或部分数据集合从应用主机的磁盘或存储阵列复制到其他存储介质的过程，目的在于防止因操作失误、病毒、人为破坏、软件缺陷、系统升级、软件故障等因素造成数据的永久性丢失。生产过程中，一旦出现故障或错误操作而导致数据失效时，可以方便而及时地利用备份数据来恢复失效数据，保证系统正常运作。一个完善的数据备份与恢复方案，可以用于备份、归档并恢复各类计算环境中的数据，这些计算环境可以是大型数据中心、远程存储集群组，也可以是台式机、笔记本电脑等。一个完整的备份系统通常由备份服务器、备份介质、备份软件、备份客户端和备份网络构成，如图 11-1 所示。

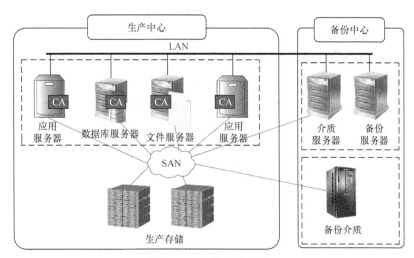

图 11-1　备份系统组成

备份系统中备份软件负责备份策略管理和备份作业监控，读取备份客户端的数据并把数据写入到备份介质中。备份服务器主要为备份软件提供运行的环境；备份介质作为保存数据的载体，用于存放备份数据；备份客户端作为需要备份数据的业务主机，一般安装有备份软件客户端代理程序（Agent），负责提供要备份的数据；备份网络为备份数据流在备份客户端与备份服务器之间的传输提供数据通道，可以是前端的业务网络，也可以包括后端的存储网络。

1. 备份服务器

备份服务器是备份软件的运行平台，是指安装了备份软件的应用服务器，包括备份管理服务器和介质服务器；此外，备份服务器为备份策略的执行提供服务。在某些备份架构中，备份服务器除了提供备份系统中各角色之间通信交互的备份指令流，也会接收应用发送过来的备份数据流并将这些数据送往备份介质上，进行统一、集中备份，在备份架构中起着中枢的作用。

备份管理服务器也称主服务器，是全网的管理中心，其安装有备份软件负责管理的软件模块。备份管理服务器负责整个备份流程的调度工作，指挥整个数据备份系统中各个角色有条不紊地动作，并对它们之间的控制通路进行管理，监控数据备份与恢复的全过程。此外，备份管理服务器还需制定全网的备份策略，决定备份系统工作的规则（如什么时候开始备份、备份哪些业务主机、备份业务主机上的什么内容、数据备份到什么地方、备份数据保留多长时间等）。一台备份管理服务器能够管理多台介质服务器，介质服务器和业务主机通过前端业务网络进行交互，实现并发备份。

介质服务器是备份客户端和备份介质的中间件，其安装有备份软件的介质服务器软件模块，负责响应管理服务器的调度通知并管理和操纵备份介质。介质服务器通过前端业务网络与备份管理服务器、备份客户端进行交互，通过前端业务网络或后端存储网络，与备份客户端进行备份数据的传输。由于某些备份介质（如 SCSI 磁带机）同一时刻只能连接一台主机，这台主机以外的其他主机无法掌管和使用它的存储资源。以 SCSI 磁带机为例，它只提供一个与主机交互的接口，不支持多台主机掌管和共享磁带资源。介质服务器存在的意义在于其充当备份介质的掌管者，借助于网络，实现多台主机对备份介质的共享。作为备份数据的中转站，介质服务器可以通过网络接收多个不同备份客户端所需备份的数据，并操纵备份介质将这些数据保存下来。简言之，利用介质服务器，可以实现不同地理位置上的多个备份客户端对一份备份介质的共享。

2. 备份介质

备份介质是备份数据存储的媒介，是备份数据的载体，其质量直接关系到备份工作的效率和备份数据的安全性。如图 11-2 所示，常用的备份介质有磁盘阵列、物理磁带库、虚拟磁带库、光盘塔/光盘库等。

磁盘阵列　　　　磁盘库　　　　　虚拟磁带库　　　　光盘塔/光盘库

图 11-2　备份介质

磁盘阵列以机械硬盘或固态硬盘作为备份数据的存储载体。磁盘阵列作为备份介质的一大优势在于数据备份和恢复性能高。一方面，机械硬盘或固态硬盘可以迅速完成备份任务，释放备份操作所占用资源，这对备份数据量庞大而备份窗口有限的应用场景非常有利；另一方面，其恢复性能和备份性能基本相等，当业务运作过程中出现数据丢失，可以在很短时间内恢复出丢失数据，减少业务中断带来的损失。对于需要大量历史数据的新兴业务，如数据挖掘、在线分析等，高速数据恢复更具有应用意义。另外，由于磁盘是全密闭的电子设备，工作过程中不需要人工干预，从而，磁盘阵列的故障率远远低于磁带设备，不仅极大地提高系统备份和恢复的可靠性，而且降低了维护成本，减少了维护人员的实际工作量。当然，以磁盘阵列作为备份介质，也存在两点不足：一是磁盘单位容量价格比磁带高，以磁盘为备份介质所需投入的成本自然比较高；二是磁盘通常要采用 RAID 技术来组成磁盘阵列来提高数据的读写性能和可靠性，而磁盘一旦离开了它所属的 RAID 组，存放其上的数据就没有意义，因此磁盘阵列不能离线保存数据。

磁带库是比较常见的基于磁带的备份系统，由驱动器、磁带槽、机械手臂组成，机械手臂可以按照预定程序自动拆卸或装载磁带，实现自动备份和恢复功能。一个磁带库可以支持多个驱动器并行工作。多个驱动器可以专门为一个应用服务器进行备份，也可以为多个应用服务器执行备份。采用磁带库作为备份介质的优势很多，首先，磁带库可实现数据存储载体和读写装置的分离，可实现数据的离线保存，而不像磁盘一样离开了磁盘控制器系统便无法使用；其次，磁带库容量扩展性好，通过添加磁带即可达到扩容的目的，理论上讲，其存储容量可以无限大。此外，磁带的单位存储成本较低，应用较为广泛。由于其固有特性，磁带库也存在它三个不足：1）性能。磁带的读写是顺序进行的，无法像硬盘一样进行随机读写，使得读写性能较差，导致数据备份和恢复性能较低；2）可靠性。物理磁带比较容易受环境影响而失效，磁带库的整体可靠性会随着磁带使用次数的增多而不断下降；3）故障率。磁带库是一个由很多的精密机械元器件组成的更大精密仪器系统，任何零部件的磨损都有可能造成整个磁带库的宕机，而机械手臂因频繁的机械运动容易产生故障，这种机械故障往往无法通过规划备份策略来避免。

虚拟磁带库（Virtual Tape Library，VTL）与物理磁带库不同，其采用物理磁盘作为存储介质，通过虚拟化引擎来模拟机械手臂、磁带驱动器以及磁带插槽。VTL 兼备了物理磁带库和磁盘阵列的优势，首先，由于没有机械零部件，VTL 的可靠性和可维护性相比于物理磁带库有了很大的提高；其次，VTL 采用物理磁盘作为存储介质，具有较高访问性能，而且可以采取压缩、重复数据删除等技术进行备份，其读写性能远远高于物理磁带库，与磁盘阵列不相上下；再者，虚拟磁带库采用了虚拟化引擎，从服务器的角度，它是一个磁带库，操作系统只有通过特定的备份软件才能够对其进行读写操作，避免了数据被误删除或被病毒感染等问题；此外，VTL 可以融入到现有磁带备份环境中，和磁带产品配合使用，构成一个集磁带和磁盘两种技术优势的备份解决方案。不足之处在于，由于 VTL 和磁盘阵列都是采用磁盘作为存储介质，都存在单位存储成本高、整体部署成本高问题；另外，VTL 不能像物理磁带库那样通过增加磁带扩充容量，其容量扩展性能较差。

光盘库是一种带有自动换盘机构（机械手臂）的光盘网络共享设备，由放置光盘的光盘架、自动换盘机构和驱动器三部分组成。光盘库的优势在于光驱、光盘的价格较低，而且光盘介质保存数据的时间长，对保存环境要求较低。光盘库的劣势在于其读写速度慢、容量小、擦写次数受限等，同时，一个光盘库中光驱数量有限，只能支持少数用户并发备份数据。光盘库非常适合于大容量数据信息的存储，尤其适合于各种多媒体信息的存储，比如，银行的票据影像存储、保险机构的资料存储，以及计算机软件、电子图书、影视节目、教育材料的出版发行。一些大型企业也将自己的专用多媒体信息（如企业宣传片、产品宣传片、企业介绍 VCD、广告 VCD 等）和一些重要的技术文档和资料保存在光盘库中。

3. 备份软件

备份软件是备份系统的核心，主要功能是管理备份策略、监控备份作业、分配备份介质。除了给备份系统制定具体的工作规则进行数据的备份或恢复操作，备份软件还对备份介质及其上的生产数据副本进行管理，以实现对应用数据、应用程序或应用系统的全面保护。除了上述主要功能，一些备份软件还具备更多的扩展功能。

备份软件主要由管理服务器软件模块、介质服务器软件模块和客户端代理软件模块三个模块组成，分述如下：1）管理服务器软件模块安装在备份管理服务器上，负责管理和维护客户端、介质代理、备份设备的配置信息和整个备份系统的备份策略，并为用户提供可视化的管理配置界面。在数据备份过程中，管理服务器软件模块按照备份策略统一调度备份系统的各个软件模块，提供备份任务，监控备份作业；在数据恢复过程中，管理服务器软件模块根据恢复策略调配各个软件模块，监控恢复作业的执行情况；2）介质代理服务器软件模块一般安装在掌管备份设备的介质服务器上，负责与管理服务器软件模块、客户端代理软件模块交互，并管理备份介质和生成数据副本；3）客户端代理软件模块一般安装在业务服务器上，负责与管理服务器软件模块、介质服务器软件模块通信，为介质服务器提供需要备份的数据。

部署备份软件的三个软件模块时，需要考虑不同的应用场景。介质服务器软件模块可以单独安装在一个物理服务器上，也可以和管理服务器软件模块装在同一个物理服务器上。介质服务器软件模块有时和客户端代理软件模块一起装在生产主机上。使用备份软件可以使得备份系统能够在灾难来临之前做好充分的准备，轻松地恢复由设备故障、病毒攻击或意外丢失文件等情况引起的丢失数据。接下来，介绍两种典型备份软件，如 Symantec 公司的 NetBackup 软件[82]和 CommVault 公司的 Simpana 软件[83]。

Symantec 的 NetBackup 备份软件的架构如图 11-3 所示，主要由管理服务器软件模块（Master Server）、介质服务器软件模块（Media Server）和客户端代理软件模块（Client）构成。

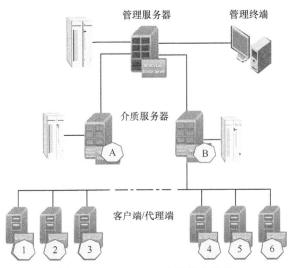

图 11-3　NetBackup 备份软件架构

在 NetBackup 备份平台上，备份管理服务器上安装有备份软件的 Master Server 软件模块，管理终端（Management Console）提供可视化操作界面用于管理备份软件。介质服务器安装有 Media Server 软件模块。客户端/代理端指的是安装了备份软件客户端代理软件模块的业务主机。图 11-3 中显示的是一个完整的备份系统，包括一台备份管理服务器、两台介质服务器、两台备份存储设备和六台业务主机。假设某一时刻，备份系统需要协同完成一个备份任务，其工作流程大致如下。

备份管理服务器发起备份任务，如"介质服务器 A 备份客户端 1 上 C 盘的数据"；

介质服务器 A 收到任务后，检查备份介质（即备份存储设备）是否准备好存储空间，若为是，则向客户端 1 发起就位通知请求传输备份数据；

客户端 1 收到就位信息，通过前端业务网络或后端存储网络将所需备份的数据发送给介质服务器 A；

介质服务器 A 将接收到的数据写入备份介质中，并向管理服务器返回备份成功信息和数据索引信息，如果备份失败则返回备份失败信息。

数据索引信息是数据备份平台的重要组成部分。众所周知，一个数据对象一般是指一个文件、一封邮件或一个文档，而无论数据备份还是归档，都会产生数据索引，记录着对象名、对象大小、存放地址、保留时长等信息。在执行数据恢复时，备份软件需要依赖索引信息才能准确快速定位数据对象。NetBackup 采用传统的集中式索引管理方式，将所有数据索引信息存放在备份管理服务器上，实现起来非常简单并且方便管理。然而，处于当今这个大数据时代，海量数据所对应的索引信息也将会是巨大的，从而集中式索引管理方式面临着诸多挑战，一是备份管理服务器将会成为整个备份系统的性能瓶颈；二是由于大量索引信息也需要备份，生产系统的备份时间也随之延长，业务运作可能会受到影响；三是假设索引信息是集中式存放，一旦丢失或损坏，重建耗时非常长，备份系统将无法正常执行备份或恢复作业。

CommVault 的 Simpana 备份软件架构主要由管理服务器软件模块（CommServe，CS）、介质代理软件模块（MediaAgent，MA）、客户端代理软件模块（iDataAgent，iDA）构成，分别部署在一个备份域中的备份管理节点、备份业务节点和备份客户端上，如图 11-4 所示。

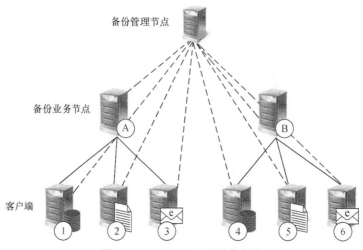

图 11-4　Simpana 备份软件架构

与 NetBackup 平台相似，Simpana 平台将备份软件的 CS 软件模块安装在备份管理服务器（备份管理节点）上，并提供全网的管理控制台，负责安全管理、工作流管理、策略管理等。介质服务器（备份业务节点）安装有 MA 软件模块，负责管理备份介质，一个备份域能够包含一个或者多个 MA 软件模块，利用多个 MA 可以实现负载均衡、故障切换和并行去重操作（重复数据删除技术请参看 11.1.2 小节）。备份客户端安装一个或者多个 iDA 软件模块，利用 iDA 软件模块通过网络与 CS、MA 等模块进行通信交互或传输备份数据。Simpana 平台下，备份介质也称为介质库（Library），主要由磁盘介质设备和磁带介质设备组成。备份任务被触发后，备份系统 CS 的控制下，由 iDA 模块负责从客户端将数据读出并传送至 MA，最后由 MA 将备份数据写入具体的备份介质中。

Simpana 与 NetBackup 二者的最大区别在于数据索引管理方式，NetBackup 采用集中式索引方式，而 Simpana 采用分布式索引方式。分布式索引中索引信息分为两个层级，一级索引主要记录备份作业完成情况以及备份数据的大致位置，索引数据量很少，存放于备份管理服务器上；二级索引用来记录每个数据对象的信息和具体存放位置，索引信息量较大，与备份数据一起存放于备份介质上，由介质服务器管理。恢复数据时，系统根据一级索引信息确定所需恢复数据的副本是否存在，并定位管理该数据副本的 MA，MA 再根据二级索引信息将数据从备份介质中取出并返回给客户端。分布式索引技术能有效地避免集中式索引中存在的性能瓶颈问题，使得 Simpana 备份平台能满足大数据时代海量数据管理的需求。

4. 备份客户端

备份客户端一般为需要备份的业务主机，在业务主机上安装备份软件客户端代理模块。备份客户端利用备份代理模块通过网络与管理服务器、介质服务器通信交互或传输备份数据。每个备份客户端上可安装一个或多个代理模块，通常情况下，文件系统、数据库和应用系统分别有不同的代理。

5. 备份网络

备份网络为备份控制流、备份数据流在备份客户端与备份服务器之间传输的数据通道，其可以是 TCP/IP 网络，也可以是 FC 网络，甚至可以两者兼有。本小节分别对基于局域网的 LAN-Base 组网结构和基于 SAN 的 LAN-Free 组网结构加以阐述。

LAN-Base 是一种基于前端业务网络的拓扑结构，即数据备份和恢复过程中，数据流和控制流的传输都是以业务网为数据通道的。这是一种占用业务网络资源的备份模式，如图 11-5 所示，一般用于小型办公环境。

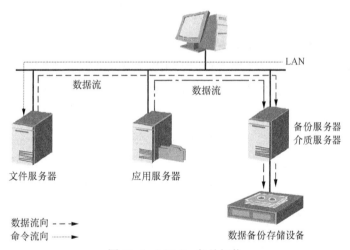

图 11-5 LAN-Ba 备份拓扑

在 LAN-Base 备份系统中，备份管理软件模块和介质代理软件模块安装在同一个服务器（备份服务器）上，两个客户端代理模块分别安装在两台应用服务器上。执行备份任务时，备份服务器通过业务网将控制流传输给应用服务器，客户端代理响应请求，然后通过业务网将所需备份数据传输给备份服务器，并由备份服务器将数据副本存储到备份存储设备上。LAN-Base 这种拓扑结构的优点在于投资经济，并且可以实现备份介质的共享，管理集中。其缺点在于占用业务网资源，增加了业务网络传输压力，特别是在备份数据量大或备份频率高的情况下，业务网的传输性能会受到很大的影响，甚至会出现网络拥塞并造成业务中断；此外，备份代理会占用应用服务器资源，影响用户业务主机性能。

LAN-Free 是一种采用前端业务网传输控制流、采用后端存储网络传输数据流的拓扑结构，其网络拓扑如图 11-6 所示。

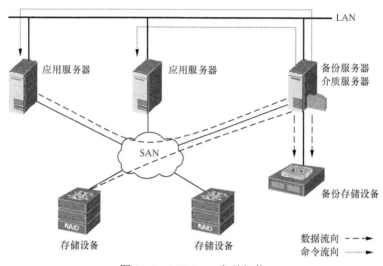

图 11-6　LAN-Free 备份拓扑

LAN-Free 备份系统中，备份管理软件模块和介质代理软件模块安装在备份服务器上，两个客户端代理模块分别安装在两台应用服务器上。执行备份任务时，备份服务器通过业务网将控制流传输给应用服务器，客户端代理响应请求，并通过存储网络将所需备份数据传输给备份服务器，再由备份服务器将数据副本存储到备份存储设备上。基于LAN-Free 的备份拓扑能解决 LAN-Base 备份占用业务网带宽的问题。在 LAN-Free 拓扑结构下，备份数据流不占用业务网资源，并且在不影响用户业务网络性能的情况下大大提高系统备份性能。但是，引入存储网络会增加额外开支，同时，备份代理影响应用服务器性能的问题也没有得到解决。

11.1.2　备份技术

数据备份往往采用各种备份技术来实现，应用较为广泛的备份技术有重复数据删除技术[84]、连续数据保护技术[85]、网络数据管理协议技术[86]等。

重复数据删除（Data Deduplication）也称为去重或消冗，是一种利用算法消除重复数据的技术，其目的在于减小数据占用的存储空间。重删技术的基本原理是将数据按一定粒度进行切分，对相同的数据只保存一次，消除冗余重复数据进而减小数据存储空间。

重删技术在不同的维度上有不同的分类方式：

根据重删实施位置，可以分为源端重删和目标端重删。源端重删是指先删除重复数据，再将重删后数据传输到备份存储设备；目标端重删是指先将数据传输到备份存储设备，存储数据时再删除重复数据。

根据重删实施时机，可以分为在线重删（Online Data Deduplication）、后处理重删（Post-processing Data Deduplication）和自适应重删（Adaptative Data Deduplication）。在线重删是指数据写入磁盘之前进行重复数据删除；后处理重删是指数据写入磁盘之后进行重复数据删除；自适应重删是指性能要求较低时采用在线重删，性能要求较高时采用后处理重删。

根据重删粒度大小，可以分为文件级重删、块级重删和字节级重删。文件级重删也称单实例存储，是指根据索引检查需要存储文件的属性，以文件为单位进行重删操作；块级重删是指将文件/对象分解成固定大小或不定大小的数据块，以数据块为单位进行重删操作；字节级重删是指从字节层次查找和删除重复的内容，一般通过差异压缩策略生成差异部分内容，实现对用户数据进行压缩存储，字节级消冗的优点是去重率比较高，缺点是去重速度比较慢。

根据重删范围，可以分为本地重删和全局重删。本地重删在查找重复数据时，仅和当前存储设备内的数据进行比较；而全局重删在查找重复数据时，需要和整个重删域中的所有存储设备的数据进行比较。

如图 11-7 所示，以固定大小的块级重删为例描述重复数据删除过程：首先，将需要存储的数据按一定粒度切成固定大小的块，如 4KB、16KB 或 32KB；然后，以块为单位进行哈希运算，所得哈希值类似于数据块的指纹信息，内容相同的数据块具有相同的指纹信息，如此便可以通过匹配指纹的方式确认数据块的内容是否相同，大大简化了对比匹配的过程；接着，将数据块与已存在于存储中的数据块进行指纹匹配，对于之前已经存储过的数据块不再进行重复存储，只利用其哈希值作为索引信息记录该数据块，并通过映射将数据块的索引信息与具体存放位置对应起来，对于之前没有存储过的新数据块，先进行物理存储，再利用哈希索引值进行记录。按照上述流程，便可保证相同的数据块在物理介质上只存储一次，达到删除重复数据的目的；同时，通过哈希索引值，可以看到完整的数据块逻辑视图，结合逻辑视图与物理存储，便可以呈现完整的原数据块集合。

重删技术对数据备份而言是非常有价值的，可以节省存储空间，提高存储资源利用率，降低用户的总拥有成本（TCO），减少备份任务所需的完成时间。另外，应用广泛的压缩技术同样可以达到节省存储空间的目的，那么数据压缩技术和重复数据技术两者有何区别呢？数据压缩是在不改变原始数据的情况下，针对单个文件采用空值压缩或缩短高频数据表示值的方法，达到缩小数据的目的；而重删技术可看作一种特殊的压缩，是基于一定的数据粒度，保留唯一的数据源，跨文件消除重复数据，从而实现降低数据存储空间的目的。

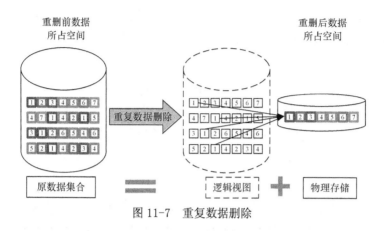

图 11-7　重复数据删除

连续数据保护技术（Continual Data Protection，CDP），是一套基于备份的数据保护方法，通过实时捕获或跟踪数据的变化，并将变化了的数据隔离于生产数据进行独立存放，确保数据可以恢复到过去的尽可能多的时间点。CDP 技术的使用，可以实现以应用为中心的容灾恢复，将数据恢复到自该备份方案实施之后的任意时间点。利用 CDP 技术可以提高数据的可用性，通过将数据捕获并复制到一个独立的存储区域来保障用户关键业务数据的可用性，当某种因素导致业务中断时，将最近时间点的备份数据快速恢复出来，尽可能地缩短停机时间。

根据恢复粒度不同，CDP 可以分为 True CDP 和 Near CDP。True CDP 技术是连续不间断地监控并备份数据，可以将数据恢复到过去任意时间点，是真正的实时备份。Near CDP 技术是按照一定的时间频率记录并备份数据，每次备份有一定时间窗口，当需要恢复数据时，可以恢复到过去备份的时间点，备份时间频率越高就越接近于连续备份，但并不能形成完全意义上的连续保护。实际应用中，大多数 CDP 备份产品都采用 Near CDP 技术，而 True CDP 技术应用较少，原因有两点：一方面是由于 True CDP 技术实现难度较大，需要做到连续不间断地监控和记录数据的变化；另一方面是由于 True CDP 备份数据占用存储空间较大，连续备份产生的数据量远大于其他备份方式产生的数据量，对存储系统造成巨大容量压力，也给用户造成费用负担。

网络数据管理协议（Network Data Management Protocol，NDMP）是一种用于网络数据备份与恢复的开放性通信协议。遵循 NDMP 标准的服务器不需要安装其他备份代理，即可被 NDMP 兼容的备份软件控制进行数据备份和恢复。NDMP 的初衷是在任何备份软件应用与网络连接存储设备之间提供一种通用接口，使得备份应用厂商在各种网络连接服务器上控制本机备份和恢复设备。最初，NDMP 由 NetworkAppliance 和 LegatoSystems 公司联合开发设计，并被存储行业所广泛采用；目前，存储网络工业协会（SNIA）成立了一个工作组专门负责制定此协议标准。

NDMP 定义了一套机制和协议用于扩展备份、恢复以及其他在主存储系统和二级存储系统之间的数据传输。当参与备份和恢复的各方都遵循 NDMP 协议时，数据提供方只需要关注数据的获取和提交的控制，数据接收方只需要负责数据的接收及存储的控制，存储管理软件仅仅负责数据备份和数据恢复的控制，而与数据提供方和接收方所操作数据的具体内容无关。NDMP 通过将传统数据备份和恢复方式中三方（服务器—备份软件—备份设备）之间的控制流和数据流的通信接口分离并标准化，从而实现数据备份和恢复在网络级的完全互操作性，即备份三方无关特性。

数据管理应用程序（Data Management Application，DMA）控制 NDMP 会话。NDMP主机是被 DMA 控制执行备份或恢复操作的主机。NDMP 服务是提供给存储设备的 NDMP 接口，它可以由状态机模型来表示。NDMP 协议规定了三类服务：数据服务、磁带服务和 SCSI服务。数据服务是在主存储系统和客户机之间传输数据的 NDMP 服务，DMA 通过它来读写卷及文件系统的数据并进行数据备份或恢复；磁带服务是在二级存储系统和客户机之间传输数据的 NDMP 服务，DMA 通过它来访问和操作二级存储系统；SCSI 服务是将 SCSI 命令传送到 SCSI 设备的 NDMP 服务，DMA 通过它来控制挂接在 SCSI 总线或光纤通道上的存储介质更换器（如磁带库的机械手臂）。

11.1.3　备份策略的制订

备份策略决定着整个备份系统如何按照一定的规则执行相应操作或步骤，备份策略的制定需要明确备份对象、备份目的地、备份类型、数据保留时间、备份周期和备份窗口等。

1. 备份对象

备份对象是指需要对其进行备份的备份源，即需要保护的数据。备份的数据类型可以是文件/文件夹、数据库、逻辑卷、操作系统、应用软件……。

2. 备份目的地

备份目的地是指备份介质，即指定用于存放备份对象副本的存储设备，其可以是磁盘阵列、磁带库、虚拟磁带库、光盘库等中的一种或多种。应用系统的数据备份决定了该系统的可靠性及可维护性，因此数据备份系统的建设需要充分考虑可靠性、可管理性及维护成本等多方面因素。不同的备份介质对应着不同的备份结构，常见的备份结构包括以下几种。

磁盘—磁盘结构（Disk to Disk，D2D），适用于数据量较大、备份窗口较小、性能要求较高的场合，如数据中心；此外，它不支持数据离线保存。

磁盘—物理磁带库结构（Disk to Physical Tape Library，D2T），适用于备份数据量不大、时间窗口宽裕、离线异地长期保存的场景。

磁盘—虚拟磁带库结构（Disk to Virtual Tape Library，D2V），适用于需要继承企业原有磁带备份架构和策略，又需要提高备份速度的场景。

磁盘—虚拟磁带库—物理磁带结构（Disk to Disk to Physical Tape Library，D2D2T），D2D2T 的备份方式兼具了高可靠性、高可管理性以及高性能等多方面优势，是适应性最强的备份方式。其优势在于：1）采用物理磁盘作为一级备份介质，通过 RAID 技术进行冗余保护，提高了性能和可靠性；2）采用虚拟磁带库技术确保主机端备份系统的可管理性和安全性；3）虚拟磁带库系统能够支持按需存储功能，提高存储空间利用率；4）虚拟磁带库系统能够支持将虚拟磁带的数据导入物理磁带的功能，以便用物理磁带库充当二级备份介质，实现备份数据的归档保存及异地保存。

3. 备份类型与备份周期

根据所采用的备份方式不同，备份类型大致分为三类，即全备份、差异备份和增量备份，如图 11-8 所示。备份周期代表备份作业的频率，可以是每天、每周、每月……。

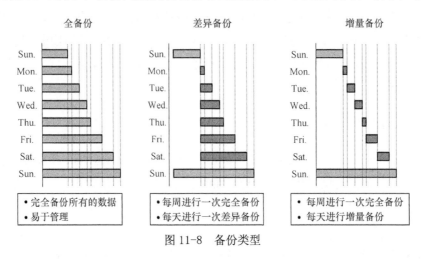

图 11-8　备份类型

全备份又称为全量备份，是指在某一个时间点上所有数据的一个完整拷贝，即，将所选备份内容的所有数据进行备份。在备份发起后到备份结束的这个阶段，如有数据变动，改变的部分数据将在下次备份操作时再进行备份。使用全备份方式，备份过程所需时间较长，备份数据占用的空间也较大，而且在数据改动频率较小的情况下，多次全备份的内容很可能相差无几甚至完全相同。但在恢复数据时，只需要最新的全备份副本，执行一次恢复操作即可恢复全部数据，恢复性能很高。

差异备份是以上一次的全备份为基准，仅备份新产生数据或更改数据的备份方式。如果此次备份操作以前未进行任何过备份，则此次备份需备份所有数据。差异备份方式的备份速度比全备份快，特别是在数据改动频率较小的情况下，差异备份方式的性能优势更大。但在恢复数据时，需要利用最新的全备份副本和最新的增量备份副本，在此基础上，执行两次恢复操作并将所得的两个数据副本进行整合，方可得到所需恢复数据，因此其恢复时间比全备份要长。

增量备份与差异备份的基准是不同的，增量备份是以上一次备份为基准，备份新产生或更改的数据，而不管上次是全备份还是增量备份。如果此次备份操作之前未进行过任何备份，则此次备份需要备份所有数据。增量备份需要存储的数据最少，备份速度是三种备份类型中最快的，但恢复数据所需要的时间是最长的。因为恢复数据时，必须具备最新的全备份副本和此前的所有增量备份副本，在此基础上，执行多次恢复操作，整合多个数据副本方可得到所需恢复数据。

选择备份类型时，需要根据不同的备份对象和应用要求进行具体分析。比如，对于操作系统和应用软件而言，在每一次系统更新或者安装新软件之后需要做一次全备份；对于每天需要大量更新且数据总量不大的关键应用数据而言，可以每天在业务空闲时候做一次全备份；对于每天需要少量更新或数据总量较大的关键应用数据而言，可以每月或每周做一次全备份，在此基础上每天做一次差异备份或增量备份。

4. 数据保留时间

数据保留时间是指存放在介质上的数据副本需要保留的时间，即备份数据有效时间，可以是一周、一月、一年、……。系统管理员可以指定每次备份的数据可以保存的时间，在保存期限内的数据不允许被覆盖。如果数据存放时间超过了保留期限，备份软件会自动将该备份数据的相关信息从备份软件数据库中删除，即使没有从磁带、磁盘等存储介质上对数据进行删除，用户也无法检索到该备份数据的信息。

在一个数据生命周期内，如图 11-9 所示，重要的数据被"创建"生成后，需要"保护"起来，而且可能经常被"访问"。一段时间后，这部分数据的重要性和被访问的频率可能会降低。此时便需要将其"迁移"到一些容量大、性能低的存储设备上，以释放容量小、性能高的存储介质给更为重要的热点数据使用。随着时间的推移，该部分数据的重要性再次降低，此时便需要将这部分数据"归档"。超过预定的期限（即，超过数据保留时间），这部分数据便可以被"删除"，即备份数据失效。

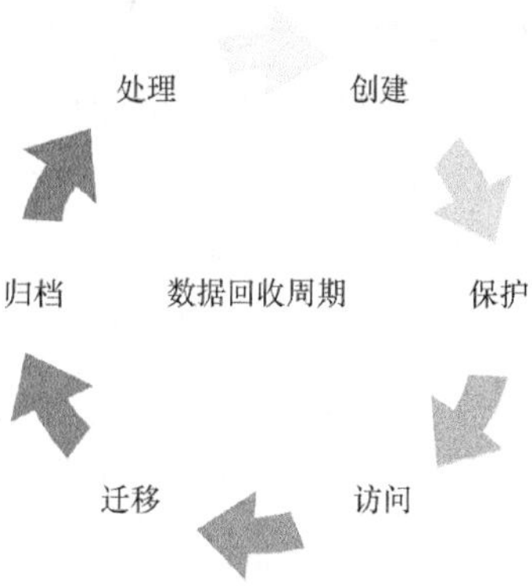

图 11-9 数据生命周期

5. 备份窗口

备份窗口（Backup Window）是指一次备份操作从开始至结束的时间段，可以理解为在不影响业务应用程序的情况下，完成一次指定备份任务所需的时间。毋庸置疑的是，业务运行时应用服务器需要通过生产存储读取数据并占用网络带宽进行数据传输，而数据备份时，同样需要通过生产存储复制数据并通过网络传输数据。如果应用程序与备份软件同时需要对同一份数据进行操作时，存储系统该如何响应呢？如果先响应备份软件，业务的连续性或多或少会受到影响；如果先响应应用程序，备份操作需要暂时搁置，业务繁忙时甚至需要长时间搁置，那么数据丢失的风险会增大。因此，备份系统需要在业务连续性和备份窗口之间作出相应的平衡。

以在 LAN-Base 备份组网架构下设置备份窗口为例，如图 11-10 所示，假设在 8:00—20:00 时间段内该业务网络利用率非常高，而且基于该局域网运行的业务连续性要求很高。若在此时间段设置备份窗口，备份系统需要通过业务网传输控制信号和数据副本，备份数据流必然会占用业务网带宽，进而对用户的业务运行造成影响。因此在设置备份窗口时，应尽量选择网络利用率不高的时间段，以确保业务的连续性。

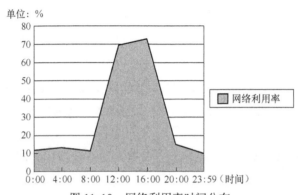

图 11-10　网络利用率时间分布

11.1.4　典型备份方案

虚拟磁带库(VTL)作为备份介质自身拥有诸多优势：1）由于没有机械零部件，VTL 的可靠性和可维护性相比于物理磁带库有了很大的提高；2）VTL 采用物理磁盘作为存储介质，具有较高访问性能，而且可以采取压缩、重复数据删除等技术进行备份，其读/写性能高于物理磁带库；3）虚拟磁带库采用了虚拟化引擎，从服务器的角度，它是一个磁带库，操作系统只有通过特定的备份软件才能够对其进行读写操作，避免了数据被误删除或被病毒感染等问题。然而对于备份数据量巨大的中高端用户而言，选择 VTL 产品也会面临容量扩展性不足、能耗过高等问题。针对此，华为推出一种 VTL 集中备份解决方案，即，新一代基于 VTL6900 的数据保护方案，如图 11-11 所示。VTL 集中备份解决方案能够很好地满足中高端用户对备份系统提出的大容量、高性能、高可靠以及节能降耗等要求。

VTL6900 是一款面向中高端用户的虚拟磁带库产品，它支持重复数据删除、HA 集群、IP 复制、磁带缓冲、磁盘休眠、远程复制等多种技术。VTL 集中备份解决方案利用 VTL6900 系列产品给用户提供灵活的备份架构设计，以满足不同应用场景。其中，一体机设备集备份软件、备份服务器和备份介质于一体，部署简单灵活并且成本低，适用于小型集中式数据备份；单节点设备由单引擎（备份服务器）与存储阵列组成，性价比高，管理维护方便，适用于中小型集中式数据备份；多节点设备由引擎集群与存储阵列组成，支持数据并发备份，稳定可靠且性能高，适用于大规模集中式数据备份。VTL 集中备份解决方案实现了生产数据的集中备份，并且支持数据在存储端进行在线重删或者后台重删，既不占用业务主机资源又能节省存储空间资源。

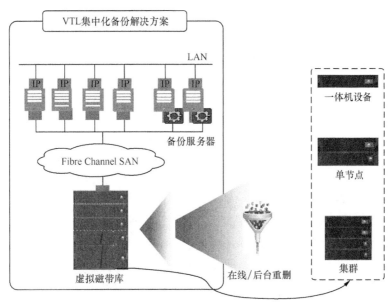

图 11-11　VTL 集中备份解决方案

上述 VTL 集中备份解决方案采用了磁盘—虚拟磁带库结构(D2V)，而华为推出的 VTL 备份归档一体化解决方案则采用了磁盘—虚拟磁带库—物理磁带结构（D2D2T）。如图 11-12 所示，VTL 备份归档一体化解决方案利用高性能的虚拟磁带库（VTL6900）和支持离线长久保存的物理磁带库作为备份介质，将高效备份和智能归档融合于一体。

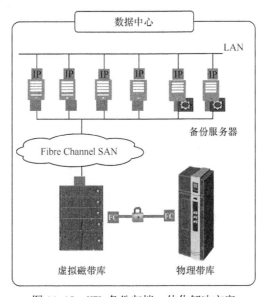

图 11-12　VTL 备份归档一体化解决方案

备份归档一体化设计具有以下高可管理性、高性价比、高存储利用率等优势。

（1）VTL6900 存储性能较高并且可以自动备份数据到带库中，数据管理简单、便捷、统一；

（2）物理磁带库可以实现大量数据的离线归档和长期保存，而且 VTL6900 可兼容现存的物理带库，节约成本；

（3）使用重删技术对备份和归档数据进行去冗，节省存储空间资源，降低网络传输量，缩短备份和归档窗口。

11.2　容灾简介

数据对企业的重要性不言而喻，数据备份往往是在同一个数据中心内部对数据进行本地保护的一种数据保护方式，保存的是历史数据。备份技术在一定程度上可以防范操作失误、病毒、人为破坏、软件缺陷、系统故障等因素引起的数据逻辑错误。然而，如果发生设备级故障、数据中心级灾难或区域性灾难，就有可能造成整个数据中心的永久性数据丢失，此时，基于数据中心内部的数据备份便无能为力了。设备级故障是指硬盘损坏、存储设备组件损坏、整个存储系统宕机等情况；数据中心级灾难是指数据中心长期电源故障、空调故障、火灾等原因导致的整个业务系统瘫痪的情况；区域性灾难是指水灾、地震等重大灾难导致整个区域的 IT 系统瘫痪的情况。为了有效应对这些灾难和故障对业务系统连续性和数据安全性带来的挑战，企业 IT 系统需要引入容灾备份方案，以保证企业业务的连续性和企业信息系统可用性。

11.2.1　容灾概念

容灾通常是指在本地或者异地，建立一套或多套具备生产主系统功能的 IT 系统，并实时或周期性同步生产数据[87]。容灾系统和生产系统二者之间通过健康状态监测，在灾难发生时实现功能切换，以防止设备级故障、数据中心级故障或区域性灾难等造成的数据永久性丢失或 IT 系统业务中断。生产过程中，一旦生产系统出现意外并停止工作，整个业务可以快速切换到容灾系统，实现生产数据的快速恢复，保证生产业务的连续性。

生产数据对业务应用的重要性不言而喻，任何一个容灾方案，都需要满足将生产数据由生产系统实时或者周期性的同步至灾备系统这一基本要求，这就是所谓的数据容灾。数据容灾通常是采用数据复制技术来实现的，数据复制技术是容灾技术的核心，涉及到的主要技术包括，基于日志的复制、基于文件系统的复制、基于卷的复制和镜像、基于数据块的复制和镜像等。

主机镜像是指将本地应用服务器上的应用或数据，通过局域网或广域网复制到远端服务器的数据同步方式。远程复制是容灾过程中常用的一种数据镜像技术，将本地设备的业务数据通过网络实时或周期性地复制到远端设备上，以达到数据保护或灾难恢复的目的。实现远程复制功能的技术较多，使用最为广泛的主要有同步复制和异步复制两种。

如图 11-13 所示，同步复制是将本地设备的业务数据实时地复制到远程设备上，需要在两个设备之间建立安全的链接。当应用向存储设备中写入数据时，主机必须等待本地设备和远端设备都成功写入并返回写入确认信息后，才能向应用反馈写入成功信号。数据从本地设备发送到远端设备，再由远端设备将应答信号发回本地所历经时间称为往返时间。同步复制可以确保了两端设备数据严格一致，可靠性较高；然而，如果两地距离过长，往返时间随着增加，这意味着应用处于等待状态的时间也会增加，应用性能将受到影响。因此，同步复制常用于距离较近、网络延迟较小的场景。

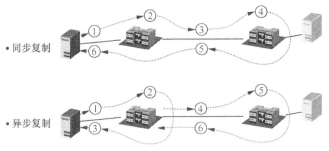

图 11-13　远程复制工作流程

异步复制是将本地设备的数据周期性地复制到远程节点，并且本地主机不用等待远端设备的写入响应，只要本地存储成功写入数据，便可向应用反馈写入成功信号。异步复制并不要求实时数据同步，基本上不会影响应用的响应时间；然而，异步复制可能无法保证两端设备上的数据严格一致，灾难发生后恢复数据时可能会造成部分数据丢失。因此，异步复制常用于距离较远、网络延迟比较大的场景。

如图 11-14 所示，从实现复制功能的设备的角度，数据复制技术大体可分为三个层次，分别为主机层、网络层和存储层。

主机层数据复制包括数据库复制、文件系统复制、卷复制或卷镜像等，通常需要在生产中心和灾备中心的服务器上安装专用的数据复制软件，并引入网络连接作为两中心之间信令交互和数据传输的通道，进而实现远程复制功能，最后达到数据容灾的目的。通过在服务器层增加应用远程切换功能的软件，便可以构成完整的应用级容灾方案。主机层数据复制通常只需采购相关软件而无需添购一系列的专用设备，相对投入较小；同时，兼容性也比较好，可以兼容不同类型的服务器和存储设备，对于硬件组成较为复杂的生产系统而言，采用主机层数据复制是个很不错的选择。然而，数据复制软件通常需要安装在业务主机上，通过软件实现数据同步操作时，必定会占用主机资源，可能会对业务主机造成一定的性能影响。

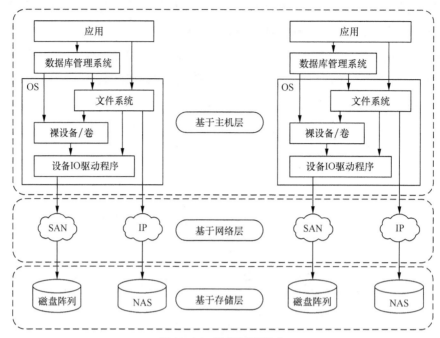

图 11-14　数据复制技术

网络层数据复制指的是基于虚拟化网关实现远程复制和镜像功能的数据复制技术。虚拟化网关又称为存储网关，是指能实现卷复制镜像功能的存储虚拟化设备。存储网关在位于不同存储设备上的两个卷（即，主卷和备份卷）之间建立复制镜像关系，将写入主卷的数据同步到备份卷中，当主存储设备发生故障导致主卷数据丢失时，业务可以切换到备用存储设备上并启用备份卷继续运作，保证数据业务不中断。随着存储交换机技术不断发展，原来由服务器和存储设备实现的许多功能，如今存储交换机也能实现。如果在生产中心和灾备中心部署支持数据复制功能的存储交换机，并在存储交换机之间部署专用链路，便可实现交换机对生产数据的管理和复制。网络层数据复制技术的优点在于不额外占用主机资源且兼容性好，能兼容异构存储阵列。其不足之处在于，由于支持网络层数据复制功能的存储交换机产品尚未得到推广，其价格相对较高。

存储层数据复制包括块复制技术、NAS 复制技术以及虚拟化存储阵列中的镜像技术。目前的存储设备一般都具有先进的数据管理功能，远程数据复制功能几乎是现有中高端存储产品的必备功能，基于存储系统的复制镜像功能足以实现生产中心和灾备中心之间的生产数据同步。存储层数据复制相关技术非常成熟，一方面，数据复制操作独立于业务主机，不会给业务主机造成额外负担；另一方面，可以通过在应用层增加远程集群软件来实现自动灾难切换功能。目前，这种自动灾难切换方案具有稳定性高、不占用业务主机资源、自动化程度高等优势，是容灾方案的主流选择。

11.2.2　容灾分类

不用的业务系统需要不同等级的保护。根据对系统保护程度不同,容灾可以分为数据级容灾、应用级容灾和业务级容灾。

数据级容灾是一种通过建立容灾中心来实现数据远程备份的数据容灾方式,它针对的是生产资料的容灾,其保护对象是生产系统的数据,其目的在于防止意外或灾难造成生产数据的永久性丢失。与前面所述的数据备份类似,当生产数据由于某种原因失效,生产系统需要通过远程复制等技术将数据从远程的容灾中心恢复到本地,这个过程往往耗时较长。所以,数据级容灾在灾难发生时,需要中断应用进行数据的恢复,无法保证业务的连续性。相比于其他容灾级别(如应用级容灾和业务级容灾),数据级容灾具有投入成本低、实施简单等优势。

应用级容灾针对的是生产者和生产资料的容灾,其保护对象主要是生产系统的应用及数据,除了需要实时或周期性备份生产数据之外,还需在容灾中心构建一套能接管生产业务的应用系统。一方面,通过同步或异步复制技术来尽可能保持主备生产系统的数据统一;另一方面,通过多种软件实现多种应用程序在主备生产系统之间进行快速切换,确保灾难发生时关键应用可以在业务可容忍的时间间隔内恢复运行。通过对生产系统实施应用级容灾,有助于保证系统所提供服务是完整而可靠的,进而保证用户业务是连续的,从而尽可能减少灾难带来的损失。

业务级容灾是针对生产环境、生产者和生产资料的全面容灾,其保护对象是整个生产系统及其运作的环境。业务级容灾是全业务的灾备,除了需要同步生产数据和备份应用程序,还需要构建一套具备全部基础设施和相关技术的完整 IT 系统,甚至需要备份一些与 IT 系统无关的设施,如电话、办公地点等。灾难发生时,原有的生产系统和办公场所都可能会受到破坏,数据和应用可以从容灾中心的备份系统中进行恢复,正常开展业务需要的工作场所自然也可以由容灾中心提供。

11.2.3　容灾系统衡量指标

容灾的目的是为了生产系统在灾难发生后能够以最快速度恢复服务,尽可能保障业务的连续性。不同业务对连续性要求不尽相同,自然地,不同业务系统对容灾系统数据恢复能力要求也有所差异,因此在容灾系统建设之初,需要通过与业务部门进行风险分析和业务影响分析,得到具体的设计指标。最常见的容灾系统衡量指标有 RTO 和 RPO,如图 11-15 所示。

恢复时间目标(Recovery Time Objective,RTO)指灾难发生后,信息系统或业务功能从停止运作至必须恢复运作的时间要求,反映的是业务恢复的及时性。RTO 表示业务从中断到恢复正常所需的时间,RTO 值越小表明业务中断时间越短。

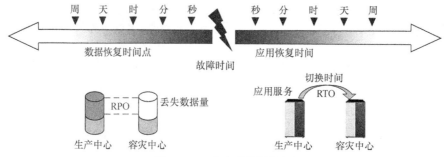

图 11-15　容灾的关键指标

恢复点目标（Recovery Point Objective, RPO）指灾难发生后，信息系统和业务数据必须恢复到的时间点要求，反映的是恢复数据的完整性，RPO 值越小表明丢失的数据越少。实际应用中，由于数据传输和备份时间粒度等因素，业务数据库与容灾备份数据库的数据无法实时同步，二者并非完全相同的，也就是说它们在生产时间线上存在一定的时差，这个时间差即为 RPO，从这个角度，RPO 衡量的是业务数据库与灾备数据库二者在这个时间差内的差异数据的量，即灾难造成的数据损失量。

以某应用发生灾难并恢复的具体过程为例，如图 11-16 所示，某应用在本地有一个生产中心，在相隔甚远的异地有一个容灾中心，彼此之间以异步数据复制的方式进行生产数据的备份，每隔一小时同步一次生产数据。假设在 10:00 时刻完成了一次数据同步，10:50 时刻生产系统出现故障迫使业务暂停，此时，生产系统中的数据发生失效，而容灾系统中的数据是 10:00 时刻的生产数据，10:00 至 10:50 这 50 分钟内更新或新产生的数据将无法恢复，即 RPO 为 50 分钟，其衡量的是这 50 分钟内丢失的数据量。同时，生产系统暂时无法作业，业务需要以最快的速度切换到容灾系统中，应用切换需要一定的时间，于 13:00 时刻业务在容灾系统中正常启动运作完成切换，10:50 至 13:00 之间的 130 分钟内业务处于中断状态，即 RTO 为 130 分钟，其衡量的是业务恢复正常所消耗的时间。

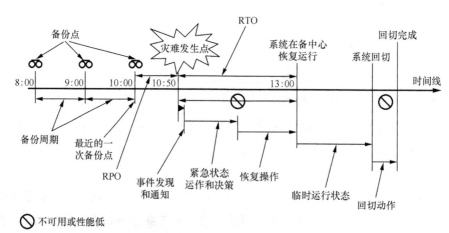

图 11-16　灾难发生与恢复过程

实际应用中，建设容灾系统不能仅仅参考 RTO 和 RPO 两个衡量指标，应针对不同的业务系统和用户需求，综合考虑各方面因素选择最适宜的容灾解决方案，例如，某些地区会周期性地发生特定自然灾害，需要容灾备份中心与生产业务中心保持足够远的距离，此时，距离要求将成为建设容灾系统需要参考的一个重要指标。

11.2.4　典型容灾解决方案——两地三中心

设计容灾方案需要考虑多方面的因素，比如业务特点、数据量大小、地域距离、灾难恢复速度、投入资金等。从不同出发点设计出来的容灾方案往往有所不同。针对不同的错误、故障或灾难而设计的容灾方案也不尽相同，比如，应对设备级故障可以用本地的高可用性容灾方案；应对数据中心级故障可以建立同城的容灾站点；应对区域性灾难可以建立异地的容灾数据中心。

两地三中心是一个典型容灾解决方案，两地指本地和异地，三中心指生产中心、同城容灾中心和远程容灾中心。假设某业务对可靠性要求非常高，采用了两地三中心容灾方案部署了主站点、同城灾备站点和远程灾备站点，实现对生产中心数据及业务的多重保护，如图 11-17 所示。

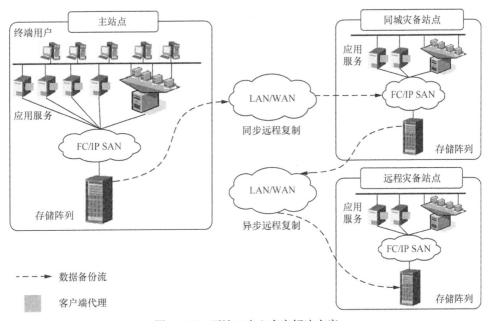

图 11-17　两地三中心容灾解决方案

主站点的生产数据可以在同城灾备站点和远程灾备站点都进行备份，具体采用磁盘阵列的级联复制功能来实现，灾难发生时可以进行数据级恢复。主站点与同城灾备站点距离相对较近，可以采用同步复制方式进行数据实时同步，保持数据严格一致，即保证 RPO 为零。同城灾备站点与远程灾备站点之间距离相对较长，为了降低同步操作对业务主机应用的性能影响，进行数据级容灾时可采用异步复制方式。当主站点发生灾难时，业务可快速切换到同城灾备站点，当主站点和同城灾备站点同时发生灾难时，可以将生产业务切换到远程灾备站点，从而最大程度地保障业务的连续性。

11.3　本章小结

本章介绍了备份和容灾技术，主要阐述了容灾备份的基本概念、相关技术及其相关解决方案。备份是一种为了防范生产过程中由于逻辑错误导致数据永久性丢失的数据保护技术，容灾是针对两个或多个 IT 系统之间对数据、应用或业务进行保护的技术。其中，备份小节着重介绍了备份软件、备份网络拓扑、备份介质、备份关键技术和备份策略制定过程；容灾小节着重介绍了数据容灾概念、容灾技术、容灾分类、容灾系统关键衡量指标。

练习题

一、判断题

1. 备份软件中的介质服务器软件模块和管理服务器软件模块可以部署在同一台服务器上。（　　）

2. 差异备份是以第一次的全备份为基准，仅备份新产生或更改的数据的备份方式。（　　）

3. 重删技术进行数据切分的时候，是按固定大小进行切分的。（　　）

二、选择题

1. 常见的备份介质有哪些？（　　）

A. 带库　　　　　　B. 磁盘阵列　　　　　　C. 虚拟带库　　　　　　D. 光盘塔/库

2. 重删数据中，按照重删粒度，重删技术可以分为？（　　）

A. 文件级重删　　　　　　　　　　B. 块级重删

C. 字节级重删　　　　　　　　　　D. 源端重删

三、填空题

1. LAN-Free 备份服务器通过（　　　　　　）网络将控制流传输给应用服务器；而客户端代理响应请求，通过（　　　　　　）网络将所需备份数据传输给备份服务器，再由备份服务器将数据副本存储到备份存储设备上。

2. 容灾系统常用衡量指标中，（　　　　　　）是指灾难发生后，信息系统或业务功能从停止运作至必须恢复运作的时间要求，值越小表明业务中断时间越（　　　　），（　　　　）是指灾难发生后，系统和数据必须恢复到的时间点要求，值越小表明丢失的数据越（　　　　）。

四、思考题

1. 容灾和备份是什么关系？容灾可以代替备份吗？

2. 同步复制和异步复制能否融合使用？如果可以，应该如何规划设计？

3. 两地三中心容灾解决方案中，是否可以在主站点与远程灾备站点之间采用异步复制方式进行数据级容灾？为什么？

4. 数据容灾过程中能否使用重复数据删除技术？为什么？

第12章
存储系统配置、运维和管理

企业、政府、研究所等机构购买存储设备或存储系统往往需要进行配置与部署。具体地，在使用存储系统时，为了保证业务能正常、顺利地运行，往往需要人为参与管理；而存储系统在运行过程中，经常会遇到因操作不当等因素而引起的人为故障，导致业务中断，甚至数据丢失。因此，掌握存储系统的配置、运维和管理方法是至关重要的，本章将展开详细介绍。

学习目标
- 掌握存储管理软件 DeviceManager 的基本功能与操作；
- 了解存储系统初始化配置；
- 掌握 SAN 和 NAS 存储业务配置；
- 掌握存储基本运维管理方法。

12.1　DeviceManager 介绍

为了轻松便捷地配置、管理和维护存储设备及系统，各存储厂商都会结合自身独有的专利技术，开发自己的存储管理软件。例如，DeviceManager 便是一款面向华为存储系统的存储管理平台软件。华为的存储产品出厂时，DeviceManager 管理程序已集成并加载在存储系统中，用户无需安装，通过浏览器即可登录并使用。

OceanStor 设备出厂的时候都有默认的初始 IP 地址，作为管理 IP（Management IP），其中，控制器 A 和控制器 B 的默认初始 IP 地址分别是 192.168.128.101 和 192.168.

128.102，默认的管理端口为 8088，默认的登录用户名为 admin，密码为 Admin@storage。

在兼容浏览器中输入：https://<management ip> :8088，将进入 DeviceManager 登录界面（如图 12-1 所示），在登录界面输入相应的用户名和密码登录后，将登入管理主界面。

图 12-1　DeviceManager 登录界面

主界面划分成多个功能区，每个功能区分别提供不同的功能。

（1）点击"系统"，可以进入系统功能区，用户可以查看存储系统相关硬件信息和状态信息，包括硬盘类型、硬盘运行状态、电源/风扇状态、备份电池 BBU 状态、接口模块状态和端口详细信息等。

（2）点击"资源分配"，可以查看存储系统相关配置信息或进行存储系统配置。

（3）点击"数据保护"，可以查看存储系统可靠性配置信息或进行数据保护配置。存储系统支持多种数据备份和容灾技术，可以提升部件失效时的数据可靠性，保证数据业务顺利、安全运行。

（4）点击"监控"，可以直观地了解各个监控对象的性能情况，便于用户根据应用程序的实际服务需求来及时调整性能目标，保证阵列的有限资源能够分配给关键业务；除了监控功能，DeviceManager 还允许用户通过告警功能及时发现并处理故障。简言之，用户可以监控存储系统性能变化，处理告警和事件信息，查看系统功耗情况等。

（5）点击"设置"，除了可以查看存储系统的基本信息，用户还可以对系统配置初始化、对设备进行重启和关机，以及导出系统数据等。

除了支持上述简单而有效的管理功能，存储阵列还通过在控制器上内嵌虚拟机特性，以简化部署流程、提升性能效用和降低方案成本。

12.2　系统初始配置

当存储设备硬件顺利上架，并正确连接所有线缆，此时，为了增加系统安全性，用户往往需要重新设置设备的管理 IP、用户名和密码。

要修改设备的管理 IP 地址，首先用串口线连接到控制器的串口（如图 12-2 所示），然后利用具有串行通信能力的终端程序，对每个控制器进行设置。

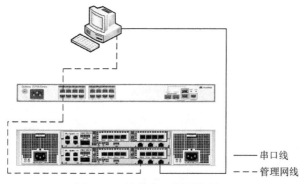

　　　　　　　　　　　　　　　　　　　　　　　—— 串口线
　　　　　　　　　　　　　　　　　　　　　　　--- 管理网线

图 12-2　连接串口线到控制器

串行接口终端程序有很多，最广为人知的则是 PuTTY[88]。当使用终端程序 PuTTY 连接到控制器时，选择相应的串口连接类型，输入维护终端与存储设备相连的串口名称（如 COM1），并设置波特率为 115200。

当 PuTTY 终端和控制器成功建立连接，可使用系统默认的用户名和密码进行登录，登录成功后，将显示命令行提示符 admin:/>，此时，可以使用 show system management_ip 命令查询管理网口的相关信息，然后运行 change system management_ip 命令分别修改控制器 A 和控制器 B 管理网口的 IP 地址。修改完成后，需要通过已修改的管理 IP 地址重新登录 DeviceManager。

12.3　SAN 存储业务配置

通过采用块虚拟化技术对硬盘进行管理，SAN 存储系统能够合理调配存储资源，为应用服务器提供有效的存储空间，并快速响应用户的读写请求。

实现 SAN 存储业务配置要经过以下步骤（如图 12-3 所示）。

存储池是存储空间资源的容器，所有应用服务器使用的存储空间都来自于存储池，而存储池的存储资源来自于硬盘域。因此，首先需要创建一个硬盘域，将物理硬盘空间组织在一起。硬盘域可以由多块相同或不同类型的硬盘组合而成，不同的硬盘域相互隔离，如果将不同的业务承载到不同硬盘域中，可以达到隔离业务之间性能影响和故障影响的目的。

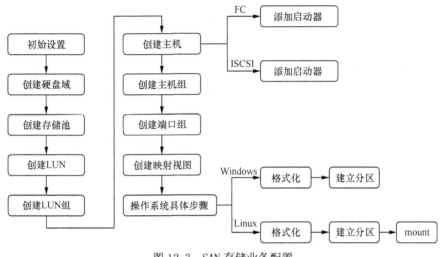

图 12-3　SAN 存储业务配置

　　硬盘域的硬盘类型决定了存储池可以创建的存储层级，在创建时需要指定构成硬盘域的硬盘类型和数量。创建硬盘域时，可以自动或手工选择硬盘类型和热备策略。高性能层由 SSD 盘组成，性能最高；性能层由 SAS 盘组成，性能较高；容量层由 NL-SAS 盘组成，性能最低。当只选择高性能层来构建硬盘域时，硬盘数量最少为 4 盘，当不只选择高性能层时，SSD 盘数最少为 2 盘，其他层至少 4 盘。

　　应用服务器使用的存储空间来自于存储系统的存储池，存储池从硬盘域中划分出来，每个硬盘域都可以划分成一个或多个存储池。存储池是硬盘域中一个或多个存储层的逻辑组合，不同存储层可以配置不同的 RAID 策略，RAID 策略包含 RAID 级别以及组成 RAID 级别的数据块和校验块的个数。管理员在创建存储池的时候，需要考虑后续创建 LUN 的使用场景。

　　成功创建存储池后，存储池的存储空间尚不能被主机识别。只有将存储池中的存储空间划分为多个逻辑单元（LUN），并将 LUN 映射给主机后，主机才能使用分配给它的存储空间。LUN 的 RAID 保护策略和存储池相同。在存储池中可以创建 Thick LUN 和 Thin LUN。Thick LUN 的特点是预先从存储池中分配满额的存储容量，即使 Thick LUN 没有存储任何用户数据，它也会占用 Thick LUN 大小的存储空间；而 Thin LUN 不会预先从存储池中分配满额的存储空间，它是在创建时预先分配一部分存储空间，剩余的空间根据用户写入的数据量从存储池中按需进行分配。Thin LUN 相关内容可参看本书第 8 章的自动精简配置技术。

为了便于管理，主机使用 LUN 时，必须将 LUN 加入到 LUN 组中。一个 LUN 组可以包含一个或多个 LUN，同一个 LUN 也能添加到多个 LUN 组中。通过为 LUN 组和主机组建立映射关系，主机组中的主机就能使用 LUN 组中的 LUN。

为了建立存储设备与应用服务器的连接，需要先在存储设备上创建主机，用这个虚拟的主机来表示远端的应用服务器。因此，要为主机添加启动器（Initiator），启动器号是远端物理服务器的唯一标识，通过给主机添加对应的启动器，才能建立存储虚拟主机和物理应用服务器的对应关系。创建主机时可以设置主机的基本信息，如果主机与存储之间通过 iSCSI 链路连接，建议输入相关描述信息，并且输入主机真实 IP 地址，此 IP 地址仅用于标记，便于管理员管理维护，无实际意义。

主机通过增加的启动器来访问存储资源，若主机与存储通过 FC 链路连接，启动器是主机的 HBA 卡上的端口，目标器是存储设备上与主机传输数据的端口。创建时启动器类型选择 FC，需要使用全球端口名（WWPN），启动器的 WWPN 号必须与应用服务器侧的启动器相同。如果是 FC 网络，则 DeviceManager 可以通过自动扫描发现已配置的启动器，只需从列表中选择相应的启动器添加即可。

若应用服务器与存储通过 iSCSI 链路连接，启动器类型选择 iSCSI，需要使用 iSCSI 合格名（iSCSI Qualified Name，IQN）。如果应用服务器与存储之间已发现并建立了 iSCSI 连接，则 DeviceManager 会自动扫描已配置的启动器，无需再进行创建，仅需从列表中选择相应的启动器再行添加。如果列表中没有可用的启动器，则需手动进行创建。

主机的 IQN 必须是唯一的，但应用服务器的 IQN 号可以人为任意更改。当存储系统与多台应用服务器建立连接时，为了快速定位需要添加的启动器，往往会修改启动器名称，而启动器名称的重复将导致应用服务器与存储系统连接失败。因此在同一个网络中，管理员需要注意避免多台主机存在 IQN 冲突问题。

同样地，为了使主机能使用 LUN，需将主机加入到主机组中。一个主机组可以包含一个或多个主机，一个主机也可以添加给一个或多个主机组。通过为 LUN 组和主机组建立映射关系，能实现主机组中的主机使用 LUN 组中的 LUN。

创建主机组时，选择要添加到主机组的主机，一个 LUN 可以同时映射给多台主机，如果添加给主机组的多个主机不属于同一集群，可能导致数据访问冲突，造成数据丢失。因此，若将 LUN 映射给主机，需要确保主机组内只有一台主机。若有多台主机，在执行该操作前，确保主机安装了集群软件并且组成了集群，避免出现数据丢失问题。

建立 LUN 组和主机组的映射时，也可以选择对应的端口组。端口组是个可选项，它是指将多个物理端口在逻辑上创建的一个组合，存储系统使用指定端口的方式建立存储资源和服务器之间的对应关系。通过创建端口组并将其加入到映射视图，指定 LUN 组中的 LUN 与主机组对应的主机就能使用特定的端口进行通信。否则，存储系统将采用随机分配的可用端口进行通信。

　　将 LUN 组和主机组通过创建映射视图的方式关联起来，根据映射视图使用端口的不同，可以将映射视图分为主机映射和端口映射。主机映射即为 LUN Masking，它指的是 LUN 与主机端口的 WWPN 地址绑定（或 iqn 地址绑定），与主机端口建立一对一或多对一的连接和访问关系。无论主机连接存储的哪一个端口，主机都能识别到相同的 LUN。端口映射即为 LUN Mapping，其指的是 LUN 与存储设备的前端端口进行绑定，主机连接不同的前端端口时所能访问的 LUN 不同。

　　完成存储侧的配置，且存储系统与应用服务器建立连接后，便可以通过在应用服务器上执行硬盘扫描操作来发现新增的硬盘，然后执行格式化操作，格式化之后可以将该 LUN 对应的存储空间视为普通硬盘，在操作系统下对其进行读/写操作。

　　一般物理主机使用 FC 或者 iSCSI 协议通过交换机连接到存储网络。使用 iSCSI 协议，主机检测新 LUN 的方法与 FC 协议有所不同。当使用 iSCSI 协议映射 LUN 到主机时，首先需要使用 iSCSI initiator 软件将 LUN 连接到操作系统。若应用服务器与存储系统通信正常，则可以建立启动器与目标器的连接，建立连接后，可以通过 iSCSI initiator 软件发现目标的状态为已连接；当使用 FC 协议映射 LUN 到主机操作系统时，一旦创建了映射视图，LUN 就立即连接到了操作系统。不管是基于 iSCSI 协议，还是基于 FC 协议，连接到主机操作系统的 LUN，都要经过磁盘管理器的处理之后，Windows 操作系统才能实现对 LUN 的数据存取。

　　新映射的 LUN 将显示在磁盘管理器中（该磁盘尚未初始化），对新增的逻辑磁盘进行初始化，并选择磁盘分区形式，用户便可以对该分区进行高级格式化，即创建文件系统。文件系统创建完成后便可以供操作系统使用，运行在主机上的应用程序可以选择该卷来存储数据。

　　Linux 操作系统主机使用 FC 或者 iSCSI 协议通过交换机连接到存储网络时，操作系统发现新 LUN 的操作与 Windows 操作系统不同。以 RedHat 应用服务器为例。

　　当使用 iSCSI 协议映射 LUN 到主机时，同样需要先使用 iSCSI initiator 将 LUN 连接到操作系统。

　　首先运行 iscsiadm -m discovery -t st -p <IP>命令添加目标器，其中 IP 为存储系统 iSCSI 业务网口地址，然后运行 iscsiadm -m node -l 命令登录目标器，并可通过 iscsiadm -m node 命令查看已经登录的目标器。

　　当 Linux 服务器和存储设备连接并登录后，首先运行 hot_add 命令来扫描新映射的 LUN。

　　查看服务器上存储分配过来的 LUN，可以用 fdisk -l 命令来查看新的逻辑磁盘。如果要使用该新逻辑磁盘，需要对磁盘进行分区并格式化，然后再挂载。

　　运行 mount 挂载命令，查看应用服务器上扫描到的硬盘是否挂载成功；如果挂载成功，则应用服务器可以将扫描到的硬盘作为普通硬盘对其进行读/写操作。

12.4　NAS 存储业务配置

OceanStor V3 存储系统提供文件级访问，支持应用服务器通过 NFS、CIFS、FTP 或者 HTTP 等文件访问协议来访问共享文件。

实现 NAS 存储业务配置要经过以下步骤（如图 12-4 所示）。

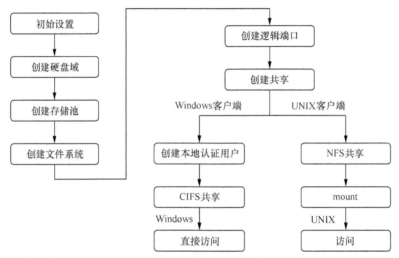

图 12-4　NAS 存储业务配置

与 12.3 节相似，首先需要创建硬盘域，然后创建存储池，具体如下。

硬盘域由多块相同或不同类型的硬盘组合而成，通过创建硬盘域，将物理硬盘空间组织在一起。不同的硬盘域间相互隔离，可以利用不同的硬盘域承载不同的业务，达到隔离业务之间性能影响和故障影响的效果。

存储池是存储空间资源的容器，所有应用服务器使用的存储空间都来自存储池，而存储池的存储资源来自硬盘域。硬盘域的硬盘类型决定了存储池可以创建的存储层级，例如，高性能层由 SSD 盘组成，性能最高；性能层由 SAS 盘组成，性能较高；容量层由 NL-SAS 盘组成，性能最低。

文件系统在存储池之上创建，因此，要先选择用于提供文件存储服务的存储池，然后再创建文件系统，通过创建存储系统可以使存储系统以文件目录的形式共享存储资源。

在创建共享前，需要先创建逻辑端口，V3 存储系统是基于逻辑端口来承载文件业务。逻辑端口可以基于物理以太网端口来创建，也可以通过绑定端口或采用 VLAN 来创建。基于物理端口创建逻辑端口时，该物理端口不能预先有 IP 地址,否则将无法创建逻辑端口。启用 IP 地址漂移后，如果主用端口失效，业务会默认被漂移组内其他可用端口接管，整个过程中业务使用的 IP 地址不变。因此，逻辑端口能够在不中断主机业务的情况下，快速将故障端口的业务切换至其他同种类型的可用端口。当故障端口恢复正常工作后，又可重新接管业务，从而保障业务的连续性。

创建共享时，需要关联可访问该共享的用户。若认证方式为本地认证，还需要创建本地认证用户。即在本地认证的应用中，本地用户用于访问共享。

文件系统只有被共享后，用户才能访问该文件系统。文件系统的共享方式主要包括：NFS 共享、CIFS 共享、FTP 共享和 HTTP 共享。

CIFS（Common Internet File System）是微软公司开发的文件共享协议，主要应用于 Windows 操作系统环境下的文件系统共享。CIFS 共享将文件系统共享给通过认证的用户，包括本地认证用户和域认证用户，用户对 CIFS 共享拥有相应的权限。

NFS（Network File System）是 SUN 公司开发的网络文件系统，主要应用于 Linux、UNIX、Mac OS 和 VMware 操作系统环境的文件系统共享。需要说明的是，当 Linux/UNIX 客户端通过 NFS 访问共享文件系统时，需要执行文件系统挂载操作。

FTP（File Transfer Protocol）是 TCP/IP 网络上两台计算机之间的文件传输协议，主要应用于 Internet 环境。

HTTP（Hypertext Transfer Protocol）是用于从 WWW（World Wide Web）服务器传输超文本到本地浏览器的传送协议，主要应用于 Internet 环境。

当文件系统以各种方式共享后，用户便可以访问该共享的存储空间。

12.5　存储运维管理

1. 日常维护

存储系统在运行一段时间后，往往会出现一些意外或不可控的故障问题。

当故障发生时，请注意收集后续故障处理所需的相关信息，以便更好、更快地定位故障发生的原因，进而排除故障。

故障处理流程如图 12-5 所示，利用该流程，可以对产品使用过程中出现的故障进行排除。

故障排查时，观察并记录指示灯的状态，通过指示灯的状态初步判断发生故障的模块。

指示灯工作状态所代表的含义见表 12-1：

登录 DeviceManager 管理界面，可以查询存储设备的运行状态，并查看是否有告警或事件消息。

如果在 DeviceManager 管理界面中查询到告警或事件信息，则根据 DeviceManager

管理界面提供的处理建议进行处理。

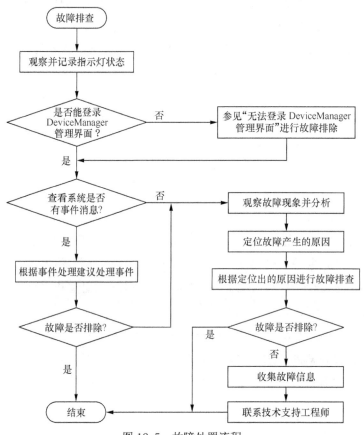

图 12-5　故障处置流程

表 12-1　　　　　　　　　　　　　指示灯状态及其含义

指示灯工作状态	含义
绿灯亮	模块正常、端口的速率值
红灯亮	模块故障
红灯闪	模块正在启动、定位端口、定位硬盘
绿灯闪	端口正在传输数据、BBU 充电、电源模块已接、硬盘传输数据电源但未上电、控制器正在启动、端口模块有热拔插请求
蓝灯亮	端口的速率值
蓝灯闪	端口正在传输数据
橙灯亮	端口的速率值
橙灯闪	管理网口正在传输数据、BBU 正在放电
灯不亮	未上电、未连线、端口模块可以拔插、告警灯灭表示正常、1GB 的 iSCSI 主机端口的速率灯灭表示速率低于 1GB

在进行故障分析处置时，遵循如下故障定位基本原则，帮助用户快速排除无效信息，实现对故障的迅速定位。

故障处理过程中应该遵循以下基本原则。

（1）先定位外部，后定位内部。在进行系统的故障定位时，应该首先排除外部设备的问题。外部设备问题包括光纤、光缆、客户设备等存在的问题；内部问题包括硬盘、控制器、接口模块等故障问题。

（2）先分析高级别告警信息，后分析低级别告警信息。在分析告警时，应该按照级别的优先级依次进行分析，如先分析紧急级别的告警，再分析重要和警告级别的告警。

（3）先分析共性告警，后分析个别告警。在分析告警时，应先分析是个别问题还是共性问题，确定问题的影响范围。需要确定是一个模块出问题，还是多个模块出现类似问题。

如果在 DeviceManager 管理界面中未查询到告警或事件信息，则可以进行信息收集。通过及时收集基础信息、存储设备信息、组网以及应用服务器信息，可以帮助维护人员更快速地定位故障原因并排除故障。主要信息收集项目见表 12-2。

表 12-2　　　　　　　　　　　　信息收集项目

信息类型	名称	说明
基础信息	故障发生时间	确认在故障发生前 DeviceManager 工作是否正常
	故障现象	详细记录从系统正常运行到故障发生前执行的操作
	故障前网管系统状态是否正常	详细记录从故障发生后到向维护人员上报故障前执行的操作
	故障前执行的操作	确认在故障发生前 DeviceManager 工作是否正常
	故障后执行的操作	详细记录从故障发生后到向维护人员上报故障前执行的操作
存储设备信息	硬件模块配置	详细记录存储设备硬件模块的配置信息
	指示灯状态	记录存储设备指示灯状态，尤其需要记录橙色和红色状态的指示灯信息
	配置数据	导出存储设备的配置数据。导出的配置数据文件类型为*.DAT，配置数据文件包含存储系统 RAID 组、LUN 映射、硬盘和 FC 主机端口速率等信息
	运行数据	导出存储设备的运行数据。导出的运行数据文件类型为*.txt，运行数据文件包含在 DeviceManager 上配置的 Email 和电话号码等数据
	硬盘日志	导出存储设备的硬盘日志。导出的硬盘日志文件类型为*.tar，硬盘日志文件包含存储系统根据默认的硬盘信息采集策略周期内采集到的所有数据
	系统日志	导出存储设备的系统日志。导出的系统日志文件类型为*.tar，系统日志文件包含存储系统上的运行数据、事件信息和调试日志
	事件信息	导出存储设备的事件信息。导出的事件信息文件类型为*.csv，事件信息文件包含根据设备名称、事件来源、级别和输入关键字等信息筛选出的事件
组网信息	连接方式	描述应用服务器与存储设备间的网络连接方式，如 FC 组网、iSCSI 组网等
	交换机型号	如果网络中存在交换机，请记录交换机的型号
	网络拓扑结构	描述应用服务器与存储设备间的网络拓扑结构或提供组网图

（续表）

信息类型	名称	说明
组网信息	IP 地址信息	如果应用服务器与存储设备间采用 iSCSI 组网，需要描述 IP 地址划分原则或提供 IP 地址分配列表
应用服务器信息	操作系统版本	记录应用服务器中安装的操作系统类型和版本号
	端口速率	如果应用服务器与存储设备间采用 FC 组网，请记录与存储设备相连的应用服务器端口速率
	操作系统日志	查看并导出操作系统日志信息

存储侧信息收集时，在 DeviceManager 界面，点击"设置"，可以在"任务"区域点击导出数据，从而导出存储设备的运行数据、系统日志和硬盘日志（如图 12-6 所示）。

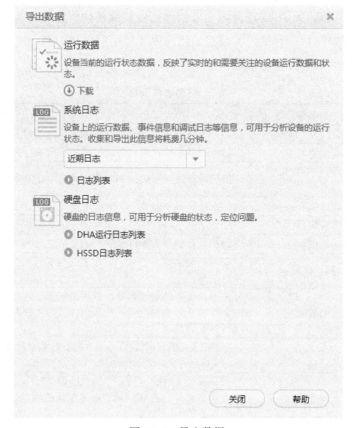

图 12-6　导出数据

2. 常用维护软件

OceanStor ToolKit 是由华为技术有限公司开发的管理工具包，通过该工具包可以帮助技术服务工程师、运维工程师对设备进行部署、维护和升级。

"工具 Store"提供独立安装、部署、维护、升级等功能。可以通过"工具 Store"进行安装、卸载或升级等操作（如图 12-7 所示）。在第一次安装 OceanStor Toolkit 工具箱后，需要输入用户名和密码进行身份验证，以此来激活"工具 Store"。此外，可以

通过"工具 Store"将已安装的工具导出到本地或将本地下载好的工具导入到"工具
Store"中。

图 12-7　OceanStor Toolkit 界面

部署功能可以帮助技术服务工程师、运维工程师进行设备初始化。

维护功能可以帮助技术服务工程师、运维工程师对设备进行日常检查、信息收集等
操作。

升级功能可以帮助技术服务工程师、运维工程师对设备进行在线或离线升级。

进行在线升级时，在升级前需要确保升级包版本支持从当前版本在线升级到升级包
版本。在线升级时，系统首先升级备用控制器（备控）软件，再升级主控制器（主控）
软件。升级备用控制器时，首先将备控的业务切换到主控；然后自动检查需要升级的固
件并依次进行升级；升级完成后重新启动备控系统，等备控系统重新恢复上电后，归属
于备控的业务切换回备控，并将原主控的业务切换到备控。主控软件的升级采用相同的
方式。

离线升级模式下，主控和备控可以同时进行升级，大大缩短了升级时间。由于升级
之前已经中止主机业务读写，这样就降低了系统在升级过程中出现数据丢失、业务中断
的风险。

随着华为存储产品的大规模交付使用，用户对提升故障处理效率的需求也越来越强
烈。传统的服务支持方式为全人工本地服务，在故障发现环节，技术服务人员面临着故
障发现不及时、信息传递不到位的挑战（如图 12-8 所示）。当设备出现故障时，如何及
时将设备故障信息回传到技术支持中心，缩短故障发现时间是企业当前的迫切需求。

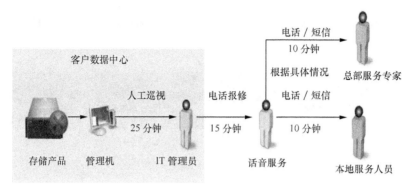

图 12-8　传统故障报修过程

为了提升故障处理效率，设备厂商相继推出了具备告警上报、日志上传和远程接入功能的专业服务工具。以华为的云端 CloudService 为例，它支持设备故障告警信息的自动回传以及帮助故障的快速恢复。当设备出现故障时，CloudService 提供的告警上报功能能够及时将设备故障信息回传到技术支持中心，大大缩短了故障发现时间。

简言之，CloudService 具有主动健康检查、告警即时感知、自动故障上报、故障信息即时回传等功能，发生故障后将自动采集故障信息并上报，将故障报修时间缩短至几分钟（如图 12-9 所示）。

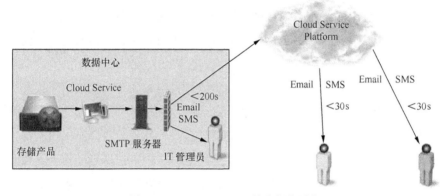

图 12-9　CloudService 故障报修过程

12.6　本章小结

本章简单概述了存储管理软件 DeviceManager 的基本功能与操作，重点介绍了 SAN 和 NAS 存储业务配置以及存储基本运维管理方法。通过块虚拟化技术，SAN 存储能够合理调配存储资源，灵活地为应用服务器提供存储空间；利用文件级访问，NAS 存储能够跨平台访问存储资源，并支持多种文件访问协议来实现存储共享。借助管理平台软件

DeviceManager 和管理工具包 OceanStor ToolKit，技术工程师和运维工程师不仅能够定位并排除故障，而且可以对设备进行部署、维护和升级。

练习题

一、选择题

1. SAN 存储业务配置过程中，创建硬盘域时，一个硬盘域内最小硬盘数为多少（　　　）

A. 3 盘　　　　　B. 4 盘　　　　　C. 5 盘　　　　　D. 6 盘

2. SAN 存储业务配置过程中，在创建主机时，在"设置主机信息"中，输入 IP 地址的意义是（　　　）

A. 用于设备之间通信

B. 用于标识设备，便于管理员管理，无实际意义

C. 此 IP 必须是存储 iSCSI 口的地址

D. 此 IP 必须是主机网口地址

3. NAS 存储业务配置过程中，做 NFS 共享，是否需要创建本地认证用户，并配置用户名密码（　　　）

A. 需要　　　　　　　　　B. 不需要

4. 以下不是故障处置的基本原则的是（　　　）

A. 先外部后内部　　　　　B. 先高级后低级

C. 先共性后个别　　　　　D. 先告警后事件

5. Toolkit 工具的主要功能有哪些（　　　）

A. 部署　　　　　B. 维护　　　　　C. 信息收集　　　　　D. 升级

二、简答题

假设你是存储运维工程师，某天接到用户电话，用户告诉你，存储出现了性能问题，导致业务访问性能下降。请问，你该如何排查解决该故障？

术语表

第1章 信息数据管理

SNIA（Storage Networking Industrial Association）：成员来自存储厂商的行业协会组织，宗旨是领导全世界范围的存储行业开发、推广标准、技术和培训服务，已成为存储行业的领导组织，拥有 420 多家来自世界各地的公司成员，遍及整个存储行业。

ILM（Information Lifecycle Management）：指从一个信息系统数据及其相关元数据产生和初始储存阶段到最后过时被删除时的一套综合管理方法。信息生命周期管理技术根据用户的操作从全方位对数据进行管理，它可以根据各项数据标准自动把数据归到各层，并且自动完成数据在各层之间的移动。

CIA（Confidentiality, Integrity, and Availability）：指数据安全性的三个方面：机密性，完整性和可用性。密文技术主要是针对机密性和完整性，防篡改技术能保证数据的完整性，备份技术能增强数据的可用性和完整性，冗余技术能提供更好的可用性。

第2章 存储系统介绍

POSIX（Portable Operating System Interface of UNIX）：表示可移植操作系统接口标准。POSIX 标准定义了操作系统应该为应用程序提供的接口标准，是 IEEE 为要在各种 UNIX-like 操作系统上运行的软件而定义的一系列 API 标准的总称。

Partition：分区是物理磁盘上的一个物理分隔单元。基本磁盘上，分区被称为基本卷，它包含主分区和扩展分区；在动态磁盘上，分区被称为动态卷，它包含简单卷、带区卷、跨区卷、镜像卷和 RAID-5 卷。

OS（Operating System）：管理和控制计算机硬件与软件资源的计算机程序，是计算机系统中负责支撑应用程序运行环境及用户操作环境的系统软件，知名操作系统有 Windows、Mac OS、Linux 等。

I/O（Input/Output）：即输入/输出端口。每个设备都会有一个专用的 I/O 地址，用来处理自己的输入输出信息。CPU 与外部设备、存储器的连接和数据交换都需要通过接口设备来实现。

CRC（Cyclic Redundancy Check）：是一种根据网络数据包或电脑文件等数据产生简短固定位数校验码的一种散列函数，主要用来检测或校验数据传输或者保存后可能出现的错误。它利用除法及余数的原理来进行错误侦测。

SCSI（Small Computer System Interface）：一种用于计算机和智能设备之间（硬盘、软驱、光驱、打印机、扫描仪等）系统级接口的独立处理器标准。SCSI 是一种智能的通用接口标准，在 SCSI 母线上可以连接主机适配器和八个 SCSI 外设控制器。SCSI 是个多任务接口，设有母线仲裁功能，挂在一个 SCSI 母线上的多个外设可以同时工作。

第3章　存储技术和组网

MAC（Media Access Control）：表示互联网上每一个站点的标识符，采用十六进制数表示，共六个字节（48 位）。MAC 地址实际上就是适配器地址，具有全球唯一性。

BBU（Battery Backup Unit）：借助电池备份单元，能够在系统外部供电失效的情况下，提供后备电源支持，以保证存储系统中业务数据的安全性。

AA（Active Active）：指存储阵列中两个控制器都处于激活状态，可并行处理来自应用服务器的 I/O 请求，一旦某个控制器出现故障或离线，另一个控制器将及时接管其工作，且不影响自己现有的任务。

AP（Active Passive）：指阵列中两个控制器中只有一个控制器处于激活状态，作为主控制器，用于处理应用服务器的 I/O 请求，当主控制器出现故障或者处于离线状态时，另外一个处于空闲状态的控制器处接管其工作。

第4章　传统磁盘驱动器的读写技术

LUN（Logical Unit Number）：磁盘阵列中每个设备都可以看作逻辑单元，每个都分配有用于识别 SCSI 控制命令过程的唯一识别号，即，逻辑单元号。服务器可以直接与磁盘阵列连接在一起，也可以通过交换设备与之相连。一旦服务器和磁盘阵列的 LUN 连接上，就可以通过当前的网络接口将数据传输到磁盘阵列上。

Hot spare：热备盘指上电却未使用的空闲盘，在 RAID 中，它指代一个正常的可以用来顶替 RAID 组失效磁盘的备用磁盘。

RAID (Redundant Arrays of Independent Disks)：由多个价格较便宜的磁盘组合成一个容量巨大的磁盘组，其利用数据分片技术将数据分布到多个磁盘上，提高了数据访问并行性，提升整个磁盘系统效能；同时，通过存放冗余数据也增加了容错能力，按照数据分片大小、校验存放方式和校验生成方法，其分成多个 RAID 级别。

JBOD (Just a Bunch Of Disks)：在一个底部上安装多个磁盘驱动器的一种存储设备。和 RAID 阵列不同，JBOD 没有前端逻辑来管理磁盘上数据分布，每个磁盘都进行单独寻址，作为独立的存储资源而存在。

Parity Parity 指校验数据。在 RAID 中，它是从两个或更多原始数据产生的一个冗余数据，用于 RAID 的 2、3、4、5 级别中。

第 5 章　RAID 2.0+技术

无

第 6 章　DAS 技术介绍

USB (Universal Serial Bus)：是一个外部总线标准，用于规范电脑与外部设备的连接和通讯。USB 是 PC 领域的常用接口，支持设备的即插即用和热插拔功能。

DAS (Direct Attached Storage)：是一种将存储设备通过连接电缆直接连接到主机服务器上的一种存储方式。数据存储设备采用 SCSI 或 FC 协议直接连接在内部总线上，构成整个服务器结构的一部分。

iSCSI (Internet Small Computer System Interface)：一种基于 TCP/IP 的 SCSI 指令传输协议，用来建立和管理 IP 存储设备、主机和客户机等之间的相互连接，并创建存储区域网络（SAN）。借助该协议，可以在 IP 网络上传输 SCSI 指令集，即，使用 IP 网络访问远程存储设备。它采用 C/S 模型，Initiator 为客户端，Target 为存储设备端。

第 7 章　SAN 技术介绍

OSI (Open System Interconnect)：是国际标准化组织制定的计算机互联标准，描述了计算机网络通信的基本框架。OSI 模型把网络通信的工作分为 7 层，分别是物理层、数据链路层、网络层、传输层、会话层、表示层和应用层。

FCoE（Fibre Channel over Ethernet）：是一种以光纤通道 FC 存储协议为核心的 I/O 整合方案，它将 FC 帧封装到以太网帧中，以实现直接在增强型无损以太网基础设施上传输光纤信道信号的功能。

WAN（Wide Area Network）：通常指跨接很大物理范围的网络，所覆盖的范围从几十公里到几千公里，它能连接多个城市或国家，或横跨几个洲并能提供远距离通信，形成国际性的远程网络。

IP（Internet Protocol）：为计算机网络相互连接进行通信而设计的协议。在 Internet 中，它是能使连接到网上的所有计算机网络实现相互通信的一套规则，规定了计算机在因特网上进行通信时应当遵守的规则。任何厂家生产的计算机系统，只要遵守该协议就可以与因特网互连互通。

HBA（Host Bus Adapter）：一种能插入计算机、服务器或大型主机的板卡或集成电路适配器，在服务器和存储设备之间提供 I/O 处理和物理连接。光纤通道的主机总线适配器卡是将主机接入 FC 网络必不可少的设备。

Gateway：一种在网络层之上失效网络互联的连接器，既可以用于广域网互连，也可以用于局域网互连。另外，网关又称为协议转换器，用于两个高层协议不同的网络互连。

SAN（Storage Area Network）：一种专门为存储建立的独立于 TCP/IP 网络之外的专用网络。通常采用网状通道（Fibre Channel）技术，通过 FC 交换机连接存储阵列和服务器主机，建立专用于数据存储的区域网络。由于 SAN 网络独立于数据网络存在，因此存取速度很快，另外，SAN 一般采用高端的 RAID 阵列，通常用于企业级存储。目前常见的 SAN 有 FC SAN 和 IP SAN，其中 FC SAN 为通过光纤通道协议转发 SCSI 协议，IP SAN 通过 TCP 协议转发 SCSI 协议。

Ethernet：由 Xerox 公司创建的基带局域网规范，是现有局域网采用的最通用的通信协议标准。它使用 CSMA/CD（载波监听多路访问及冲突检测）技术，包括包括标准以太网（10Mbit/s）、快速以太网（100Mbit/s）和高速以太网（1Gbit/s 和 10Gbit/s），它们都符合 IEEE802.3 标准。

WWN（World Wide Name）：指全球唯一名字，通常是由权威的组织分配的唯一的 48 位或 64 位数字，以区分一个或一组网络连接，用来标识网络上的一个连接或连接集合，主要用于 FC。

QoS（Quality of Service）：指一个网络利用各种基础技术，为指定的网络通信提供更好的服务能力。QoS 是网络的一种安全机制，是用来解决网络延迟和阻塞等问题的一种技术。

LAN（Local Area Network）：指在某一局部区域内（如一个学校、企业、机关）由多台计算机互联而成的计算机组。一般是方圆几千米以内，各种计算机，外部设备和数据库等互相联接起来组成的计算机通信网，在该网络内，可以实现文件管理、应用软件共享、打印机共享、扫描仪共享等服务功能。

第 8 章　常用存储高级技术

HSM (Hierarchical Storage Management)：分层存储技术首先将不同的存储设备进行分级管理，形成多个存储级别；然后通过预先定义的数据生命周期或者迁移策略将数据自动迁移到相应级别的存储中，将访问频率高的热数据迁移到高性能的存储层级，将访问频率低的冷数据迁移到低性能大容量的存储层级。

RPO (Recovery Point Objective)：指灾难发生后信息系统和业务数据必须恢复的时间点要求，反映恢复数据的完整性，恢复时间目标的值越小表明丢失的数据越少。

RTO (Recovery Time Objective)：指灾难发生后信息系统或业务功能从停止运作至必须恢复运作的时间要求，表示业务从中断到恢复正常所需的时间，值越小表明业务中断时间越短。

第 9 章　NAS 技术介绍

CIFS (Common Internet File System)：是微软公司开发的文件共享协议，主要应用于 Windows 操作系统环境的文件系统共享。CIFS 共享是指把文件系统共享给通过认证的用户，包括本地认证用户和域认证用户，用户对 CIFS 共享拥有相应的权限。

NIS (Network Information Service)：网络信息服务是一种可以集中管理系统数据库的目录服务技术，提供了一个网络黄页的功能，为网络中所有的主机提供网络信息。

AD (Active Directory)：微软 Windows Server 中，负责架构中大型网络环境的集中式目录管理服务 (Directory Services)

NAS (Network Attached Storage)：一种特殊的专用数据存储服务器，包括存储器件（例如磁盘阵列）和内嵌系统软件，可提供跨平台文件共享功能。NAS 通常在一个 LAN 上占有自己的节点，无需应用服务器的干预，允许用户在网络上存取数据，在这种配置中，NAS 集中管理和处理网络上的所有数据，将负载从应用或企业服务器上卸载下来，有效降低总拥有成本，保护用户投资。NAS 支持多种协议（如 NFS、CIFS、FTP、HTTP 等），而且能够支持各种操作系统。

LDAP (Lightweight Directory Access Protocol)：一种用于支持网络环境下的目录服务。在 LDAP 域环境中，当用户需要访问应用程序时，客户端将用户名和密码提供给 LDAP 服务器，LDAP 服务器将其与目录数据库中的认证信息进行比对来确定用户身份的合法性。LDAP 已逐渐成为网络管理的重要工具。

NFS（Network File System）：由 SUN 公司开发的网络文件系统，主要应用于 Linux、UNIX、Mac OS 和 VMware 操作系统环境的文件系统共享。

第 10 章　大数据存储基础

无

第 11 章　容灾备份技术基础

VTL（Virtual Tape Library）：称为虚拟磁带库，一种采用物理磁盘为存储介质，通过虚拟化引擎来模拟机械手臂、磁带驱动器以及磁带插槽的磁带库，它不是真正意义上的物理磁带库。VTL 兼具物理磁带库和磁盘阵列的优势。

CDP（Continual Data Protection）：一套基于备份的数据保护方法，通过实时捕获或跟踪数据的变化，将变化了的数据独立存放，确保数据可以恢复到过去的尽可能多的时间点。

TL（Tape Library）：一种基于磁带的存储设备，由驱动器、磁带槽、机械手臂组成，机械手臂可以按照预定程序自动拆卸或装载磁带，实现自动备份和恢复功能。

Dedup（De-duplication）：一种利用算法消除重复数据的技术，也称为去重、消冗技术。其基本原理是将数据按一定粒度进行切分，对相同的数据只保存一次，消除冗余重复数据进而降低存储容量要求。

NDMP（Network Data Management Protocol）：一种用于网络数据备份与恢复的开放性通信协议。遵循 NDMP 标准的服务器不需要安装其他备份代理，即可被支持 NDMP 协议的备份软件控制进行数据备份和恢复。

第 12 章　存储系统配置、运维和管理

IQN（iSCSI Qualified Name）：iSCSI 中，target 端识别 initiator 的唯一标识，其格式为："iqn" + "年月" + "." + "域名的颠倒" + "：" + "设备的具 体名称"，如 iqn.2012-04.com.redhat:2cc7d328b934。借助 initiator 端的 IQN 号，target 端把新设备/dev/sdb 注册给 initiator，这样 initiator 就可以使用新磁盘。

FTP（File Transfer Protocol）：用于 TCP/IP 网络上两台计算机之间的文件传输协议，主要应用于 Internet 环境。

HTTP（Hypertext Transfer Protocol）：用于从 WWW（World Wide Web）服务器传输超文本到本地浏览器的传送协议，主要应用于 Internet 环境。

参考文献

[1] 刘家林, 黄利飞. 探析词媒体传播[J]. 新闻知识, 2011(3).

[2] Rief T. Information lifecycle management[J]. Computer Technology Review, 2003, 23(8): 38-39.

[3] Reiner D, Press G, Lenaghan M, et al. Information lifecycle management: the EMC perspective[C]// Proceedings the 20th International Conference on Data Engineering, New Jersey:IEEE, 2004: 804-807.

[4] Gantz J, Reinsel D. The digital universe in 2020: Big data, bigger digital shadows, and biggest growth in the far east[J]. IDC iView: IDC Analyze the future, 2012, 2007(2012): 1-16.

[5] 刘锦, 顾加强. 我国物联网现状及发展策略[J]. 企业经济, 2013 (4): 114-117.

[6] 陈康, 郑纬民. 云计算:系统实例与研究现状[J]. 软件学报, 2009, 20(5): 1337-1348.

[7] Beaver D, Kumar S, Li H C, et al. Finding a Needle in Haystack: Facebook's Photo Storage[C]. Berkeley, CA: USENIX Association 2010, 10(2010): 1-8.

[8] Shvachko K, Kuang H, Radia S, et al. The hadoop distributed file system[C] of the 2010 IEEE 26th symposium on Mass storage systems and technologies (MSST'10), New Jersey:IEEE, 2010: 1-10.

[9] Borthakur D, Gray J, Sarma J S, et al. Apache Hadoop goes realtime at Facebook[C]. New York:ACM, 2011: 1071-1080.

[10] Hansen P A, Brown A, Jones K M, et al. Intelligent power management for a rack of servers[P]. USA:7, 043, 647. 2006.

[11] Bechtolsheim A V, Lach J E, Phillips P G. Modular blade server[P]. USA: 12/101, 727. 2008.

[12] Borghoff U M, Rödig P, Schmitz L, et al. Long-term preservation of digital documents[M]. Berlin: Springer Berlin Heidelberg, 2006.

[13] Anglin M J, Tevis G J, Warren D P. Data storage hierarchy with shared storage level[P]. USA:5,239,647. 1993.

[14] Troppens U, Müller‐Friedt W, Wolafka R, et al. The SNIA Shared Storage Model[J]. Storage Networks Explained: Basics and Application of Fibre Channel SAN, NAS, iSCSI, InfiniBand and FCoE, Second Edition, 2002: 449-493.

[15] Richter J, Cabrera L F. A File System for the 21ST Century: Previewing the Windows NT 5.0 File System-Many programming tasks will be simplified by innovations in NTFS, the Windows NT 5.0 file system. We'll show you some[J]. Microsoft Systems Journal-US Edition, 1998: 19-36.

[16] Tweedie S. Ext3, journaling filesystem[C]USA: 2005 USENIX Annual Technical conference, 2000: 24-29.

[17] Ts'o T Y, Tweedie S. Planned extensions to the Linux EXT2/EXT3 filesystem[C]USA: 2002 USENIX Annual Technical Conference, 2002: 235-244.

[18] Braam P J, Zahir R. Lustre: A scalable, high performance file system[J]. Cluster File Systems, Inc, 2002.

[19] Thusoo A, Shao Z, Anthony S, et al. Data warehousing and analytics infrastructure at facebook[C]. New York:ACM, 2010: 1013-1020.

[20] Borthakur D. HDFS architecture guide[J]. Hadoop Apache Project, 2008, 53.

[21] Hetzler S R, Kabelac W J. Sector architecture for fixed block disk drive[P]: USA: 5,523,903. 1996.

[22] Chen S W. Solid-state disk[P]. USA:12/068, 757. 2008.

[23] Chen F, Koufaty D A, Zhang X. Understanding intrinsic characteristics and system implications of flash memory based solid state drives[C]. New York: ACM, 2009, 37(1): 181-192.

[24] Park C, Talawar P, Won D, et al. A high performance controller for NAND flash-based solid state disk (NSSD)[C]. New Jersey:IEEE, 2006: 17-20.

[25] 刘朝斌. 存储虚拟化关键技术研究[D]. 武汉：华中科技大学, 2004.

[26] Singh A, Korupolu M, Mohapatra D. Server-storage virtualization: integration and load balancing in data centers[C]. New Jersey:IEEE, 2008: 53-64.

[27] 华为技术有限公司. OceanStor 5300 V3&5500 V3&5600 V3&5800V3&6800 V3 存储系统 V300R002 IP Scale-out 部署指南[EB/OL], 2015.

[28] Appuswamy R, Gkantsidis C, Narayanan D, et al. Scale-up vs scale-out for hadoop: Time to rethink?[C]. New York: ACM, 2013: 20.

[29] Recio R, Culley P, Garcia D, et al. An RDMA protocol specification[R]. IETF Internet-draft draft-ietf-rddp-rdmap-03. txt (work in progress), 2005.

[30] Chaganty S, Jaswa V, Karlcut A. Active-passive flow switch failover technology[P]. USA: 6,285,656. 2001.

[31] Davies I R, Maine G, Vedder R W. Method for efficient inter-processor communication in an active-active RAID system using PCI-express links[P]. USA:7,315,911. 2008.

[32] 华为技术有限公司. OceanStor UltraPath for Linux V100R008C00 用户指南[EB/OL], 2015.

[33] Patterson D, Gibson G, Katz R. A case for redundant arrays of inexpensive disks (RAID)[C] New York:ACM, 1988:109-116.

[34] Chen P, Lee E, Gibson G. et al. RAID: High-performance, reliable secondary storage[J]. ACM Computing Surveys (CSUR), 1994, 26(2):145-185.

[35] Kenneth S, Hector G. M. Disk striping[C]. New Jersey:IEEE, 1986: 336-342.

[36] Kim M Y. Synchronized disk interleaving[J]. IEEE Trans. Computers, 1986, 35(11): 978-988.

[37] Schwarz T, Burkhard W. Reliability and performance of RAIDs[J]. IEEE Transactions on Magnetics, 1995, 31(2): 1161-1166.

[38] Lary R. System and method for calculating RAID 6 check codes[P]. USA: 5,499,253, 1996.

[39] 冯丹, 张江陵. 不同负载分布下磁盘阵列响应时间分析[J]. 计算机研究与发展, 2001, 38(9): 1144-1148.

[40] Karrotu V, Chakkravarthy K, Joshi N. System And Method For Managing Raid Storage System Having A Hot Spare Drive[P]. USA: 14/732,375, 2015.

[41] Rothberg M. Disk drive for receiving setup data in a self monitoring analysis and reporting technology (SMART) command[P]. USA: 6,895,500, 2005.

[42] Stallmo D. On-line reconstruction of a failed redundant array system[P]. USA: 5,208,813, 1993.

[43] Arnott R M, Wong J T. Rebuilding redundant disk arrays using distributed hot spare space[P]: USA: 6,976,187, 2005.

[44] Bao B. Storage virtualization[P]. USA:11/212,224, 2005.

[45] Nichols C, Hetrick W. Methods and structure for improved migration of raid logical volumes[P]. USA:11/305,992, 2005.

[46] 陈凯, 白英彩. 网络存储技术及发展趋势[J]. 电子学报, 2002, 30(Z1):1-6.

[47] 李村合. 谈网络环境下的信息存储技术[J]. 情报学报, 2002, 21(1):48-51.

[48] Zhang M, Yang Q, He X. SPEK: a storage performance evaluation kernel module for block level storage systems[C] New Jersey: IEEE, 2003: 88-95.

[49] INCITS T10 Technical Committee. SCSI Architecture Model - 4 (SAM-4)[S]. ASNI T10/1683-D Revision 14. 2008.

[50] Birk Y, Bishara N. Distributed-and-split data-control extension to SCSI for scalable storage area networks[C]. New Jersey: IEEE, 2002: 77-82.

[51] 蔡皖东. 基于 SAN 的高可用性网络存储解决方案[J]. 小型微型计算机系统, 2001, 22(3): 284-287.

[52] 张建中, 陈松乔, 方正等. 一种基于 SAN 架构的存储网络系统的设计与实现[J]. 中南大学学报(自然科学版), 2008, 39(2): 350-355.

[53] Schreck G. Slaying the Storage Beast[R]. Forrester Research Report, Cambridge, MA, March 2001.

[54] 白广思. FC SAN 与 IP SAN 架构比较新论[J]. 情报科学, 2007, 25(9): 1369-1372, 1377.

[55] 谢长生, 傅湘林, 韩德志等. 一种基于 iSCSI 的 SAN 的研究与实现[J]. 计算机研究与发展, 2003, 40(5): 746-751.

[56] 吴同. 一种 iSCSI 目标器在 SAN 存储控制器中的实现[D]. 成都: 电子科技大学, 2009.

[57] International Committee for Information Technology Standards. Information technology - Fibre Channel-Backbone -5 (FC-BB-5). New York: ANSI, 2010.

[58] Kamiya S, Ichino K, Yasuda M, et.al. Advanced FCoE: Extension of Fibre Channel over Ethernet[C]. San Francisco, California: ITCP, 2011: 1-8.

[59] Hough G, Sandeep S. 3PAR Thin Provisioning[R]. 3PARdata, Inc, 2003: 1-14.

[60] Song W, Xiao Z, Chen Q, et al. Adaptive Resource Provisioning for the Cloud Using Online Bin Packing[J]. IEEE Transactions on Computers. 2014, 63(11): 2647-2660.

[61] 赵晓南, 李战怀, 曾雷杰等. 分级存储管理技术研究[J]. 计算机研究与发展,

2011, 48(z1): 105-111.

[62] Luo T, Ma S, Lee R, et al. S-CAVE: effective SSD caching to improve virtual machine storage performance[C]. New Jersey: IEEE, 2013:103-112.

[63] Peterson Z, Burns R. Ext3cow: a time-shifting filesystem for regulatory compliance [J]. ACM Transactions on Storage (TOS). 2005, 1(2):190-212.

[64] Suk j, Kim M, Eom H, et al. Snapshot-Based Data Backup Scheme: Open ROW Snapshot[C]. Baton Rouge, LA, USA, 2009:657:666.

[65] Mirzoev T. Synchronous replication of remote storage[J]. Journal of Communication and Computer. 2009, 6(3):34-39.

[66] 韩德志, 余顺争, 谢长生. 融合 NAS 和 SAN 的存储网络设计与实现[J]. 电子学报. 2006, 34(11): 2012-2018.

[67] Sandberg R, Goldberg D, Kleiman S, et.al. Design and implementation of the Sun network filesystem[C] //Proceedings of the Summer USENIX Conference, 1985: 119-130.

[68] Pawlowski B, Shepler S, Beame C, et al. The NFS version 4 protocol[C]. Sebastopol: OReilly Media. 2000, 2(5):50-69.

[69] Leach P J, Naik D. A common Internet file system (CIFS/1.0) protocol[S]. Internet-Draft, IETF, 1997.

[70] Allen R, Lowe-Norris A. Active directory[M]. Sebastopol: OReilly Media, 2003.

[71] Sermersheim J. Lightweight directory access protocol (LDAP): The protocol [S], 2006.

[72] Heuer K, Sippel R. Network Information Service (NIS)[M]. Springer, 2004: 315-343.

[73] Kirsch N. OneFS[M]. High Performance Parallel I/O. Chapman and Hall/CRC, 2014: 135-147.

[74] 孟小峰, 慈祥. 大数据管理: 概念、技术与挑战[J]. 计算机研究与发展, 2013, 50(1):146-169.

[75] 王元卓, 靳小龙, 程学旗. 网络大数据: 现状与展望[J]. 计算机学报, 2013, 6(36): 1125-1138.

[76] Zhang H, Chen G, Ooi B C, et.al.. In-memory Big Data Management and Processing: A Survey[J]. IEEE Transactions on Knowledge and Data Engineering, 2015, 27(7):1920-1948.

[77] 赵国栋, 易欢欢, 糜万军, 等. 大数据时代的历史机遇: 产业变革与数据科

学[M]. 北京：清华出版社，2013：1-403.

[78] White T. Hadoop: The Definitive Guide[M]. Sebastopol: OReilly Media, 2012.

[79] 华为技术有限公司. OceanStor 9000 V100R001C20 管理员指南[EB/OL]，2015.

[80] 华为技术有限公司. FusionStorage V100R006C00 用户指南[EB/OL]，2017.

[81] 张艳. 信息系统灾难备份和恢复技术的研究及实现[D]. 成都:四川大学，2006.

[82] Symantec Corporation. Symantec NetBackup 7.5 Administrator's Guide for Windows, Volume I[EB/OL]，2015.

[83] CommVault System Inc. CommVault Simpana Archive 8.0 Integration Guide[EB/OL]，2011.

[84] 敖莉，舒继武，李明强. 重复数据删除技术[J]. 软件学报，2010，21(5)：916-929.

[85] 王超，李战怀，张小芳，等. 基于数据差异的连续数据保护恢复算法[J]. 计算机学报，2013，36(11)：2303-2315.

[86] 汤文晖，网络数据管理协议的研究和设计[D]. 武汉：华中科技大学，2003.

[87] 杨义先，姚文斌，陈钊. 信息系统灾备技术综论[J]. 北京邮电大学学报，2010，33(2):1-6.

[88] Tatham S, Dunn O, Harris B, et.al. PuTTY: A free Telnet/SSH client [CP/DK]. Available on Site: http://www.chiark.greenend.org.uk/~sgtatham/putty. 2006.

其他信息来源

华为（中国）官方网站：http://www.huawei.com/cn/

华为信息与网络技术学院官方网站：https://www.huaweiacad.com

IEEE 802 标准委员会网站：http://www.ieee802.org

IANA 官方网站：http://www.iana.org

ICANN 官方网站：https://www.icann.org

ITU 官方网站：http://www.itu.int

ISO 官方网站：https://www.iso.org

IETF 官方网站：http://www.ietf.org

IETF 官方网站 RFC 文档查询链接：https://www.rfc-editor.org/search/rfc_search.php

维基百科英文：https://en.wikipedia.org